■ 彩插图2-1　长白猪

■ 彩插图2-2　约克夏猪

■ 彩插图2-3　杜洛克猪

■ 彩插图2-4　东北民猪

■ 彩插图2-5　八眉猪

■ 彩插图2-6　太湖猪

■ 彩插图2-7　内江猪

■ 彩插图2-8　北京黑猪

畜禽繁育

■ 彩插图2-9　泰川牛

■ 彩插图2-10　南阳牛

■ 彩插图2-11　鲁西牛

■ 彩插图2-12　晋南牛

■ 彩插图2-13　延边牛

■ 彩插图2-14　夏洛来牛

■ 彩插图2-15　中国荷斯坦奶牛

■ 彩插图2-16　利木赞牛

■ 彩插图2-17　西门塔尔牛

■ 彩插图2-18　美利奴羊

■ 彩插图2-19　新疆细毛羊

■ 彩插图2-20　东北细毛羊

■ 彩插图2-21　湖羊

■ 彩插图2-22　浦东鸡

■ 彩插图2-23　狼山鸡（白羽和黑羽）

■ 彩插图2-24　来航鸡

■ 彩插图2-25　洛克鸡

■ 彩插图2-26　洛岛红鸡

"十二五"职业教育国家规划教材

经全国职业教育教材审定委员会审定

畜禽繁育

第二版

宋连喜　田长永　主编

化学工业出版社

·北京·

《畜禽繁育》（第二版）是在国家示范性高职院校优质核心课程系列教材基础上修订的工学结合特色教材。教材按照岗位能力培养需要，依据工作过程系统化的思想，建立了"选种—选配—扩繁"的设计思路，并以此思路设计了8个具体的学习任务（畜禽遗传性状的表达、畜禽的选种、畜禽的选配、发情鉴定、人工授精、妊娠与分娩、胚胎移植、畜牧场繁殖综合管理），24个子任务，按照"资讯、计划、决策、实施、检查和评价"的课程实施步骤安排教材内容；采用问题引导的方式进行资讯；采用过程记录单，建立学习过程的促进机制；使本教材具有教学、学习和实践的综合性功能，成为培养学生综合能力的有效载体。

教材配套有《畜禽繁育课程学生实践技能训练工作手册》以及电子课件，电子课件可从 www. cipedu. com. cn 下载使用。

本教材可供农业高职高专院校畜牧、畜牧兽医专业学生使用，也可以作为动物生产类其他专业师生和广大养殖户、经营者的参考用书。

图书在版编目（CIP）数据

畜禽繁育/宋连喜，田长永主编. —2版. —北京：化学工业出版社，2016.10（2024.6重印）
"十二五"职业教育国家规划教材
ISBN 978-7-122-27814-2

Ⅰ.①畜…　Ⅱ.①宋…②田…　Ⅲ.①畜禽育种-高等职业教育-教材　Ⅳ.①S813.2

中国版本图书馆 CIP 数据核字（2016）第 185431 号

责任编辑：李植峰　迟　蕾　　　　　　　　装帧设计：史利平
责任校对：王　静

出版发行：化学工业出版社（北京市东城区青年湖南街 13 号　邮政编码 100011）
印　　装：涿州市般润文化传播有限公司
787mm×1092mm　1/16　印张 20¼　彩插 2　字数 517 千字　2024 年 6 月北京第 2 版第 8 次印刷

购书咨询：010-64518888　　　　　　　售后服务：010-64518899
网　　址：http://www.cip.com.cn
凡购买本书，如有缺损质量问题，本社销售中心负责调换。

定　　价：**48.00 元**

《畜禽繁育》(第二版)编审人员

主　　编　宋连喜　田长永

副 主 编　俞美子　孙淑琴　范　强　李　刚　刘　全

参编人员　(按姓名汉语拼音排序)

范　强　(辽宁农业职业技术学院)

何国新　(抚顺市农业特产学校)

李　刚　(辽宁职业学院)

梁　坤　(黑龙江省家畜繁育指导站)

刘大伟　(黑龙江农业工程职业学院)

刘　全　(辽宁省动物卫生监测预警中心)

柳志余　(辽宁农业职业技术学院)

宋连喜　(辽宁农业职业技术学院)

孙淑琴　(辽宁农业职业技术学院)

田长永　(辽宁农业职业技术学院)

王心竹　(辽宁农业职业技术学院)

杨剑波　(江苏农林职业技术学院)

俞美子　(辽宁农业职业技术学院)

赵希彦　(辽宁农业职业技术学院)

周丽荣　(辽宁农业职业技术学院)

庄　岩　(辽宁农业职业技术学院)

主　　审　马泽芳　(青岛农业大学)

本教材为"十二五"职业教育国家规划教材。教材以《教育部关于"十二五"职业教育教材建设的若干意见》为指导，以《高等职业学校专业教学标准（试行）》、"辽宁省中高职衔接畜牧兽医专业人才培养方案"及"畜禽繁育课程标准"为依据，在第一版的基础上，充分考虑中高职不同阶段人才培养的需求，为培养适合现代畜牧行业畜禽繁育工作岗位需要的高素质技术技能型人才而服务。

本教材是高职畜牧兽医类专业的核心课程，是对应繁育工作岗位的行动导向课程。教材按照"理实一体化"的设计和改革思路，对课程结构和内容安排进行了全面完善和调整。在具体内容安排上，按照岗位能力培养需要，依据工作过程系统化的思想，建立了"选种—选配—扩繁"的设计思路，并对应中高职阶段开展具体的学习任务设计，按照"资讯、计划、决策、实施、检查和评价"的课程实施步骤安排教材内容：采用问题引导的方式进行资讯；采用过程记录单，建立学习过程的促进机制；使教材具有教学、学习和实践的综合性功能，成为培养学生职业综合能力的有效载体。同时，本教材作为中高职衔接教材，充分考虑了中高职两个阶段授课内容和定位的差别，对内容进行了系统的设计和安排，明确了中高职不同阶段学习的关键内容。为了拓展学生学习视野，针对不同任务特点，增设了拓展资源。

本教材配套有《畜禽繁育课程学生实践技能工作手册》以及电子课件，电子课件可从 www.cipedu.com.cn 下载使用。

本教材主要是在辽宁农业职业技术学院国家示范院重点建设专业——畜牧兽医专业的课程改革的成果基础上，再版修订的。教材凝聚了整个课程改革团队的心血和智慧，创新了课程的结构，促进了教学新方法的运用；同时，教材编写过程中，参考和借鉴了有关教材、论著、论文及相关材料，学院专家进行了认真把关，有关单位的技术人员和领导给予大力的支持和帮助，在此一并表示诚挚的谢意。尽管如此，课程涉及的内容和方法仍属改革的内容，不成熟和疏漏之处在所难免，恳请专家和广大读者批评指正。

编者

2016 年 4 月

本教材是依据教育部《关于加强高职高专教育人才培养工作的意见》的要求，按照国家示范院校建设改革的需要，依据《高职畜牧兽医专业人才培养方案》及畜禽繁育课程标准而编写，为培养适合现代畜牧行业畜禽繁育工作岗位需要的高素质技能型人才而服务。

畜禽繁育是畜牧兽医类专业的核心课程，是对应繁育工作岗位的行动导向课程。本教材按照课程"理实一体化"的设计和改革思路，全面地对课程结构和内容安排进行了调整，强化学生对问题综合解决能力和职业能力的全面提升。在教材具体内容安排上，按照岗位能力培养需要，依据工作过程系统化的思想，建立了"选种—选配—扩繁"的设计思路，并以此思路设计了具体的学习任务，按照"资讯、计划、决策、实施、检查和评价"的课程实施步骤安排教材内容；采用引导问题的方式进行资讯；采用过程记录单，建立学习过程的促进机制；使本教材具有教学、学习和实践的综合性功能，成为培养学生综合能力的有效载体。

本教材按照"选种—选配—扩繁"思路，共分6个学习任务，任务一由范强、张林嫒和庄岩编写，任务二和任务三由俞美子和柳志余编写，任务四和任务五由田长永、宋连喜和孙淑琴编写，任务六由周丽荣、梁坤和李刚编写，最后统稿由田长永完成。

本教材是辽宁农业职业技术学院示范院校重点建设专业畜牧兽医专业的"以行动为导向"课程改革的成果，凝聚了整个课程改革团队的心血和智慧，创新了课程的结构，促进了教学新方法的运用；同时，在教材编写过程中，参考和借鉴了有关教材、论著、论文和相关材料，学院专家进行了认真把关，有关单位的技术人员和领导给予了大力的支持和帮助，使教材增色不少，在此向他们表示诚挚的谢意。尽管如此，课程涉及的内容和方法仍属改革的内容，不成熟和疏漏之处在所难免，恳请专家和广大读者批评指正。

编者
2011 年 1 月

目录

任务 1

畜禽遗传性状的表达

❖ 学习目标

■ 能够利用所学知识，分析畜禽主要经济性状产生的原因，掌握性状表达的基本方式；能够解释生产实践中出现的性状变异现象，阐述变异现象的发生规律和育种意义。

■ 能够通过对遗传性状表达的基本规律的学习和运用，为畜禽某些质量性状的表达、控制和改造提供理论依据。

■ 能够通过对数量性状研究方法的学习和运用，为畜禽某些常见经济性状的表达、预估和利用提供理论依据。

❖ 任务说明

■ 任务概述

畜禽繁育工作的基础在于对畜禽遗传性状的分析和选择；而对性状进行分析和选择，不仅要从直接的表现进行分析，更要从它的内在特性和规律进行综合分析，并进一步充分认识其表达的规律。最后，采用这些规律指导生产实践活动。为了达到这一效果，通常需要我们从性状观察入手，进行特性分析，进而对规律进行了解和阐释，寻求控制的方法，最终为实现选种和利用提供基础依据。

因此，该任务是畜禽繁育工作中的基础性任务，也是具有指导意义的任务。

■ 任务完成的前提及要求

主要家畜、家禽某些性状的外在表现和观察资料。

■ 技术流程

❖ 任务开展的依据

子任务	工作依据及资讯	适用对象	工作页
1-1 性状的遗传基础	细胞、染色体、DNA、中心法则	中职生、高职生	1-1
1-2 性状的表达方式	遗传基本规律及其扩展	中职生、高职生	1-2
1-3 性别的决定方式	性别决定、伴性遗传、限性遗传	中职生、高职生	1-3
1-4 性状的变异现象	变异现象、染色体变异、基因突变	中职生、高职生	1-4
1-5 群体遗传的特征	基因/基因型频率、基因平衡理论	高职生	1-5
1-6 性状的研究方法	质量性状、数量性状、遗传参数	高职生	1-6

❖ 子任务 1-1　性状的遗传基础

➤ 资讯

在自然界中，除病毒、立克次体等少数低等生物外，绝大多数生物是由共同的结构单位——细胞所构成的。

细胞的形状多种多样，这与其所处的解剖部位和生理功能密切相关。游离的细胞大多为圆形或椭圆形，如血细胞；紧密连接的细胞多为扁平形、方形或柱形等，如上皮细胞；具有收缩功能的细胞多为纺锤形或纤维形，如肌细胞；具有传导功能的细胞多为星形，且有长的突起，如神经细胞。

生物机体的任何一种细胞，无论其在数量、大小、形态上存在怎样的差异，在形态结构上都具有共同的特征，而且所含的生命物质也大致相同，主要由核酸、蛋白质、类脂、碳水化合物、无机盐和水等组成。

某些低等生物的细胞内没有成形的细胞核（核物质存在于细胞质中的一定区域），称为原核细胞，如细菌、蓝藻等；而高等动物的细胞一般由细胞膜、细胞质和细胞核 3 部分组成，具有明显的细胞核和核膜，称为真核细胞，如图 1-1 所示。

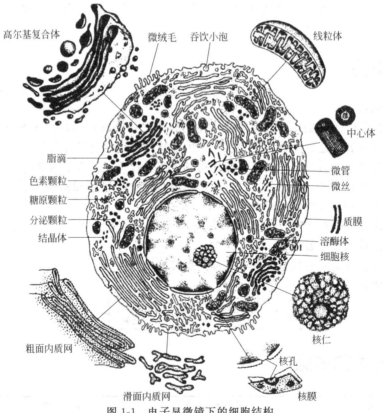

图 1-1　电子显微镜下的细胞结构

一、细胞

（一）细胞膜

细胞膜是一层嵌有蛋白质的类脂双分子层结构膜（图 1-2），是细胞与外界环境的界膜。在细胞膜的中间是磷脂双分子层，是细胞膜的基本骨架。在磷脂双分子层的外侧和内侧，有许多球形的蛋白质分子，以不同深度镶嵌在磷脂分子层中，或者覆盖在磷脂分子层的表面。这些磷脂分子和蛋白质分子大都是可以流动的。因此，细胞膜具有一定的流动性。

许多细胞的细胞膜还含有少量的糖类，形成糖脂和糖蛋白。存在于细胞膜上的糖蛋白（即抗原）参与细胞的识别与免疫，可以作为某些特殊品系的选育指标。例如，具有抗原 B^{21} 的鸡群对马立克病有抵抗力，而具有抗原 B^2 的鸡群对淋巴白血病具有抵抗力。因此，通过对表面特异性抗原的选择，可以培育出特定的抗病品系。

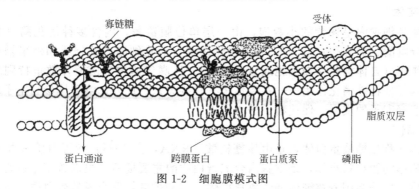

图1-2　细胞膜模式图

细胞膜的主要功能是维持细胞的正常形态，保持内环境的相对稳定性，不断与外界环境进行物质交换、能量和信息的传递，对细胞的生存、生长、分裂和分化都至关重要。此外，细胞表面也是一些生化反应的场所。

（二）细胞质

细胞质是细胞膜内与细胞核外的物质，包括基质、细胞器和内含物等。其中，基质是细胞内进行生化反应的内环境，是未分化的细胞质，呈均质的半透明液态，包括参与反应所需的酶类、底物和离子；内含物是细胞质内非细胞器成分的有形部分，是细胞的代谢产物或储存的营养物质，如糖原、脂类、结晶和色素等；细胞器是细胞质内具有一定形态特点和功能的结构颗粒，具有一定的折光性，是高度专门化的细胞成分。

高等动物体细胞内的主要细胞器有以下几种。

1. 内质网

内质网是相互通连的扁平囊泡状膜性管道系统，与细胞膜或核膜的外膜相连，主要对细胞起到机械支持作用，还能与基质进行物质交换，并将细胞内的物质运送到细胞外。依据表面是否附着核糖体而分为粗面内质网与滑面内质网两种。粗面内质网主要参与蛋白质的合成与运输，滑面内质网与脂类合成以及糖原的代谢有关，也参与细胞内物质运输。

2. 高尔基体

高尔基体是位于细胞核周围或内质网附近的扁平网状或袋状结构（也包括散布在周围的小囊泡结构）。高尔基体表面光滑，本身不能合成蛋白质，但对新合成的蛋白质具有贮存、加工和浓缩的作用。当高尔基体内积存分泌物时，呈现为球状，从而转变为浓缩分泌泡，与细胞分泌物的形成有关。此外，在精子形成的过程中，高尔基体参与了精子顶体的形成。

3. 线粒体

线粒体在活细胞中可用占纳司绿（Janus green）染成蓝绿色，是细胞内丝状、棒状或粒状的膜状结构，具有内、外两层单位膜。内膜向内折叠形成褶脊，褶脊上存在多种生物酶的颗粒，以氧化酶为最多。线粒体是细胞内物质（如葡萄糖、脂肪酸、氨基酸等）氧化磷酸化的场所，素有"细胞动力站"之称。线粒体是动物细胞核外唯一含有 DNA 的细胞器。线粒体 DNA 的功能虽然受核 DNA 的调节，但是，线粒体 DNA 构成了独立的核外遗传体系——母系遗传，为研究生物的起源、进化提供了可靠的理论依据。近年来，有人试验用"线粒体互补法"进行生物育种工作，即将两个亲本的线粒体从细胞中分离出来并加以混合，如果测出混合后的呼吸率比两亲本高，证明杂交后代的杂种优势强，应用这种育种方法，能增强育种工作的预见性，缩短育种年限。

4. 溶酶体

溶酶体是细胞内呈球状的小囊泡，由一层单位膜覆盖，内含多种消化酶（如蛋白质酶、核酸分解酶、糖苷酶），具有细胞内消化作用（消化细胞内的物质和外来颗粒）以及细胞自溶作用（自体消化受损细胞或衰老细胞）。巨噬细胞内的溶酶体数量特别多而且体积大，与其行使特殊消化作用——吞噬作用有直接关系。此外，溶酶体参与精子顶体的形成，能够溶穿卵子的皮层，促使精子进入卵子。

5. 核糖体

核糖体又称核糖核蛋白体，是由核糖核酸（RNA，占 60%）和蛋白质（占 40%）构成的略呈球形的颗粒状小体，是细胞内合成蛋白质的主要场所。根据核糖体是否附着在内质网上，核糖体分为固着核糖体和游离核糖体。固着核糖体所合成的蛋白质是供给膜上及膜外蛋白质，主要是运输到细胞外的分泌物，如抗体或蛋白质类激素等；游离核糖体合成的蛋白质是供给膜内蛋白质，不经过高尔基体浓缩、加工，直接在基质内的酶的作用下，形成在细胞质中或供细胞本身生长所需要的蛋白质。

6. 中心体

中心体是由靠近细胞核的两个互成直角的圆筒状结构（中心粒）及其周围透明的、电子密度高的物质组成，位置相对固定，具有极性的结构。动物细胞的中心体与有丝分裂有密切关系，主要参与纺锤体的形成和染色体分离，此外还参与细胞的纤毛和鞭毛的形成，如精子的尾部就是由中心体形成的。

在细胞质内除上述结构外，还有微丝和微管等结构，它们的主要功能不只是对细胞起骨架支持作用以维持细胞的形状，例如在红血细胞微管成束平行排列于盘形细胞的周缘，又如上皮细胞微绒毛中的微丝；而且也参加细胞的运动，如有丝分裂的纺锤丝，以及纤毛、鞭毛的微管。

（三）细胞核

细胞核是细胞内的一个重要组成部分，是由更加黏稠的物质构成的。一般真核生物细胞内只有一个细胞核，但自然界存在两个或多个细胞核的细胞。例如，肌细胞内有多个细胞核，蟾蜍的肝细胞有 2 个细胞核，而鼠和兔肝细胞的细胞核达 10 个左右。极少数高度分化的细胞没有细胞核，如哺乳动物成熟的红细胞无细胞核，但是家禽的红细胞都含有细胞核。

1. 核膜

核膜是由内、外两层单位膜所构成的多孔状双膜结构，与内质网相通，是细胞核与细胞质进行物质交换的通道之一。例如，信使 RNA（mRNA）和核糖体 RNA（rRNA）就是通过这些孔道由细胞核进入到细胞质的。

2. 核质

核质是核膜与核仁之间的物质，由核液和染色质组成。当细胞固定后，用碱性染料

（醋酸洋红、甲基绿、苏木精等）染色时，核内非染色或染色很浅的基质为核液，是细胞行使各种功能的内环境；而被碱性染料着色的嗜碱性物质为染色质，主要是由 DNA 和蛋白质组成的核组蛋白，是合成 RNA 的场所。

在细胞分裂时，染色质蜷缩成一定数目和形态的染色体，染色体具有自我复制功能，在生物性状的遗传与变异上具有极其重要的作用。在细胞分裂间期，染色质呈纤维状结构为染色质丝，经过固定后呈现深浅不同的两种区域：着色深的区域为异染色质（功能不活跃区域，染色质螺旋程度高）；着色浅的区域为常染色质（功能活跃区域，染色质丝呈解螺旋状态）。

3. 核仁

核仁是细胞核内圆球形或形状不规则的致密结构，主要由蛋白质和 DNA 组成。核仁最主要的功能是合成核糖体 RNA，并与核糖体的生物合成有关。此外，核仁与个别染色体的次缢痕相联结，称为核仁组织区或核仁组织中心，与核仁组织者的 RNA 保持密切联系。

二、染色体

染色体是细胞核中载有遗传信息的物质，主要由 DNA 和蛋白质组成，在细胞分裂过程中易被碱性染料着色，因此得名。染色体最大的特点是具有自我复制的能力，在生物性状的遗传与变异上具有极其重要的作用。

当细胞处于分裂期，核内细长的染色质逐渐变短、变粗，高度螺旋化，形成一定数目和形态的染色体。当细胞分裂结束时，染色体又逐渐恢复为染色质状态。因此，染色体与染色质是同一物质在细胞分裂周期的不同阶段所表现的不同形态。

（一）染色体的形态

真核生物的染色体一般呈圆柱形，外有表膜，内有基质。在基质穴中有两根卷曲而又互相缠绕的染色线，染色线上常出现有一定排列顺序且容易着色的颗粒，称为染色粒。同一染色体上的染色粒大小不等，以不规则的间隔排列。染色体的形态结构见图1-3。

1. 主缢痕

染色体上有一个缢缩且不易着色的区域，为主缢痕（即着丝点）。每条染色体只有一个着丝粒，是纺锤丝附着处，与细胞分裂时染色体移动有关。主缢痕在每条染色体上的位置是恒定的，并且将染色体分为两条臂，长的一端为长臂（q），短的一端为短臂（p）。

2. 次缢痕

某些染色体上有一个与主缢痕类似的结构，为次缢痕。次缢痕的位置也是固定的，常用于鉴别特定的染色体。

3. 随体

某些染色体末段上有一根与染色体细丝相连的圆形或长形的突出物，为随体。

4. 核仁组织区

极少数染色体的次缢痕处有一个染色很深的核仁组织区（NOR），与核仁形成有密切关系。

5. 端粒

端粒是线状染色体末端的一种特殊结构，主要由 DNA 重复序列组成。端粒可以防止染色体间末端连接，保护染色体不被核酸

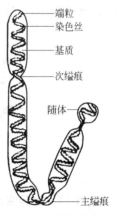

端粒
染色丝
基质
次缢痕

随体

主缢痕

图1-3 染色体的
形态结构

酶降解，具有稳定染色体末端的功能，并可补偿滞后链 5′末端在消除 RNA 引物后造成的空缺。在体细胞中，随着细胞分裂次数增多，染色体的端粒磨损越多，长度逐渐变短，寿命也逐渐变短。通常情况下，运动加速细胞的分裂，动量越大，细胞分裂次数越多，因此寿命越短。

不同染色体在长度、形态上存在差异。因此，鉴定染色体形态的标准是主缢痕的位置、次缢痕和随体的存在与否和位置。根据染色体上主缢痕的位置将染色体分为 4 类：中部着丝点染色体（M）；近中部着丝点染色体（SM）；近端着丝点染色体（ST）；末端着丝点染色体（T）。

（二）染色体的显微结构

染色体主要是由 DNA 和蛋白质所组成的复合物，DNA 紧密复合到蛋白质中，形成了核蛋白纤丝（即染色丝），其上有许多组蛋白组成的圆珠（称为核小体），构成了染色体结构的主要基础。每条染色体有两条平行且相互缠绕的染色丝，贯穿于整个染色体。

不同核小体之间由 DNA 分子缠绕相连，形成一条以 DNA 为骨架的 DNA 蛋白纤丝，即绳珠模型，这种纤丝螺旋化形成的线圈结构称为螺旋体，螺旋体进一步螺旋化形成的圆筒叫做超螺旋体，超螺旋体的高度折叠和螺旋化就形成四级结构——染色体。

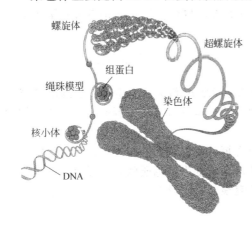

图 1-4　染色体四级结构模型

根据四级结构模型（图 1-4），从 DNA 双链螺旋化到染色体，先后经过 7 倍、6 倍、40 倍和 5 倍的四级压缩，即染色体中的 DNA 双螺旋最初长度被压缩近万倍。

（三）染色体的数目

在真核生物中，每一物种都有特定的染色体数目，如牛有 60 条（图 1-5），猪有 38 条，鸡有 78 条。绝大多数高等动物都是二倍体（2n），即每一体细胞有两套同样的染色体，这两套染色体分别来自于两个亲本，来自亲本的每一配子的一套染色体称为一个染色体组（n）。因此，高等动物的染色体数目在体细胞中为 2n，在性细胞中为 n。

图 1-5　牛的染色体（左为雌性，右为雄性）

对于同一物种来说，体细胞内的染色体数目恒定不变，这对维持物种的遗传稳定性具有重要的意义。其中，染色体数目最少的生物是线虫，只有 2 条；最多的是羊齿植物，数目多达 500 条。部分动物的染色体数目见表 1-1。

表 1-1 部分动物的染色体数目（2n）

动　物	染色体数	动　物	染色体数	动　物	染色体数
黄牛	60	猪	38	鸭	80
瘤牛	60	犬	78	鸽	80
牦牛	60	猫	38	鸡	78
水牛	48	兔	44	火鸡	82
山羊	60	家鼠	60	水貂	30
马	64	豚鼠	64	黑猩猩	48
驴	62	果蝇	8	人	46

各种生物体细胞中的染色体通常成对存在，即在一个体细胞中相同的染色体各有两条，一条来自父本，一条来自母本。遗传学上，将分别来自于父方或母方且长度、直径、着丝点位置和染色粒排列都相同的一对染色体称为同源染色体。其中，有一对大小、形状、作用不同而且与性别发育有关的染色体称作性染色体（如 X、Y 和 Z、W），而其他成对的染色体统称为常染色体（A）。

（四）染色体的核型分析

将某一物种细胞核内所有染色体按照相对长度、长短臂的比率、着丝粒的位置以及随体的有无等特征进行分析，称为染色体组型分析，简称核型分析。在有丝分裂中期，首先对细胞进行适当的处理、染色并制片，然后进行镜检和显微拍照，并将照片上的染色体逐一剪下来，按照一定的顺序排列，并予以编号（性染色体排在最后）。如牛的染色体为 30 对（2n＝60），其核型见图 1-5 和图 1-6，可简记为：♂：60，XY；♀：60，XX。

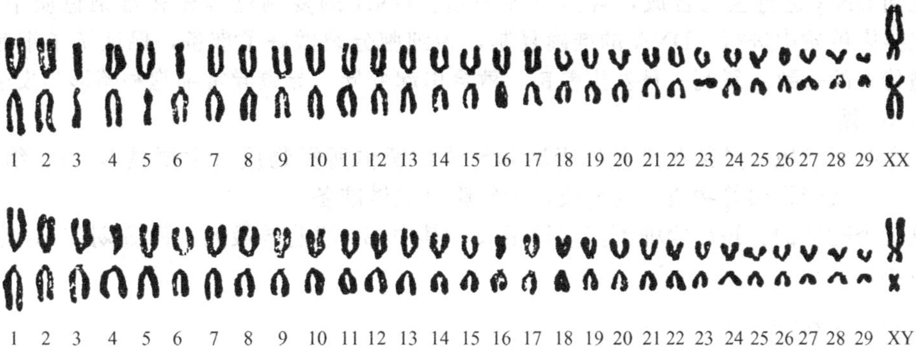

1 2 3   4 5 6   7 8 9 10 11 12 13 14 15 16 17 18 19 20 21 22 23 24 25 26 27 28 29 XX

1 2 3   4 5 6   7 8 9 10 11 12 13 14 15 16 17 18 19 20 21 22 23 24 25 26 27 28 29 XY

图 1-6 牛的染色体组型（上为雌性，下为雄性）

染色体组型分析广泛用于动物染色体数目和结构变异的分析、染色体来源的鉴定、通过细胞融合得到的杂种细胞的研究以及基因定位研究中特定染色体的识别等方面，在动物分类和生物进化研究中得到广泛的应用。

采用染色体分带技术（如荧光带型分析、姬姆萨带型分析等）对染色体核型进行检查，观察染色体是否出现异常，可以甄别染色体畸形所造成的遗传性疾病，如肿瘤的临床诊断、预后及药物疗效的观察，及时进行淘汰。通过对羊水中的胎儿脱屑细胞或胎盘绒毛膜细胞的染色体组型分析，有助于对胎儿的性别和染色体异常的产前诊断。

（五）染色体的化学组成

染色体的化学成分主要是 DNA 和蛋白质结合而成的核蛋白，其中蛋白质（包括组蛋白和非组蛋白）占 48.5%，DNA 占 48.0%，RNA 占 1.2%，类脂及无机物占 2.3%。

组蛋白是带正电荷的蛋白质，易与带负电荷的 DNA 结合形成核小体，即由各两个分子的组蛋白 H_2A、H_2B、H_3 和 H_4 形成八聚体的核心组蛋白，再与 H_1 蛋白结合，之后进一步压缩，在核内组装成染色体。非组蛋白带负电荷，是专一性基因调节的作用物。

三、细胞分裂

生物体内的细胞要不断地更新，即原有的细胞衰老、死亡，新的细胞产生、成长，这些都是通过细胞增殖来实现的。细胞有多种增殖方式，产生体细胞的过程为有丝分裂，产生性细胞的过程为减数分裂。

通常，将细胞从一次分裂结束到下一次分裂结束之间的期限，称为细胞增殖周期或细胞周期，可以细分为间期（Ⅰ）和分裂期（M）两个阶段。

（一）间 期

细胞从一次分裂结束到下一次分裂开始之间的期限，称为细胞间期或生长期。间期细胞核处于高度活跃状态，进行着一系列的生化反应，包括 DNA 复制、RNA 转录和蛋白质合成等，为子细胞的形成进行物质和能量的准备。

根据 DNA 的复制情况可将间期细分为 3 个时期，即复制前期（G_1 期）、复制期（S 期）和复制后期（G_2 期）。

1. G_1 期

此期细胞核中除了核仁看不出什么变化。细胞体积明显增大，细胞进行着复杂的生物合成，如 RNA、结构蛋白和细胞生长所需要的酶类合成，为 S 期做准备。

2. S 期

此期 DNA 进行生物合成，含量增加一倍。DNA 的复制过程先在常染色质中进行，然后在异染色质中进行。DNA 的准确复制，为细胞分裂做好了准备，保证了子细胞与母细胞遗传上的一致。复制一旦发生差错，就会引起变异，导致异常细胞和畸形的发生。

3. G_2 期

此期时间较短，是某些染色体凝聚和形成纺锤体所需物质（主要是 RNA、组蛋白、非组蛋白、微管蛋白等物质）的合成，为细胞分裂做准备。

这三个时期的长短因物种不同差异很大，其中 G_1 期差异最大，而 S 期和 G_2 期相对差异较小。

（二）分裂期

细胞分裂的方式可以分为无丝分裂、有丝分裂和减数分裂三种，但是它们的分裂过程并不相同。

1. 无丝分裂

无丝分裂是一种简单的分裂方式，其分裂过程先是细胞体积增大，细胞核延伸和细胞质同时缢裂成两部分，形成两个子细胞，也称直接分裂。无丝分裂多见于原核生物，如细菌；真核生物的某些组织和细胞也采取这种分裂方式，如肿瘤细胞、愈伤组织、某些腺细胞、神经细胞等。此外，蛙的红细胞的增殖也是这种分裂方式。

2. 有丝分裂

细胞的主要分裂方式，包括两个过程：一是核分裂，二是质分裂（细胞分裂）。依据细胞内物质形态变化特征分为前、中、后、末四个时期（图 1-7）。

（1）前期　细胞核膨大，染色质高度螺旋化，形成由着丝点相连的两条染色单体，

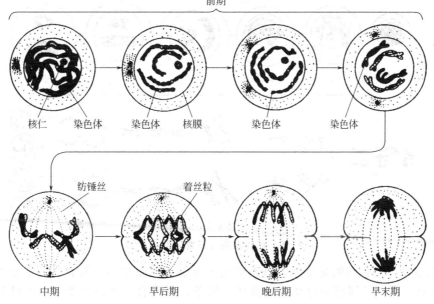

图 1-7 动物细胞的有丝分裂模式图

中心体一分为二，并向两极移动，周围出现纺锤丝。核仁逐渐消失，核膜开始破裂而消失。

（2）中期　核仁和核膜完全消失。染色体有规律地排列在赤道平面上，形成赤道板，但未发生联会现象。染色体的两条姐妹染色体连在一起而未分离，染色体也缩短到比较固定的状态，适宜进行染色体形态和数目的观察。

（3）后期　由于着丝点的分裂，染色单体形成独立的子染色体，并由纺锤丝牵引向细胞的两极运动。由于着丝点的位置存在差异，所以染色体呈现"V"、"L"或"I"形。

（4）末期　染色体分别向细胞的一极聚集，逐渐变成染色质丝，纺锤丝逐渐消失，核仁、核膜重新出现，细胞质分裂形成两个子细胞。复制纵裂后的染色体均等而准确地分配到两个子细胞中，保证了子细胞与母细胞在染色体数目、形态结构等方面的一致性。

3. 减数分裂

动物到达一定年龄后，睾丸的精原细胞（卵巢的卵原细胞）先以有丝分裂方式进行若干代增殖，产生大量的精原细胞（卵原细胞），这一段时间为繁殖期。最后一代的精原细胞（卵原细胞）不再进行有丝分裂，而进入生长期（此处生长期不同于细胞周期中的生长期，而是指性细胞形成过程的一个阶段），细胞质增加，细胞体积增大。经过生长期后，精原细胞（卵原细胞）称作初级精母细胞（初级卵母细胞），并开始进行减数分裂。

减数分裂包括连续的两次分裂，分别叫做减数第一次分裂（用Ⅰ表示）和减数第二次分裂（用Ⅱ表示）。在两次分裂中，也各分为前、中、后、末四期（图1-8）。

（1）减数第一次分裂（Ⅰ）

① 前期Ⅰ　此期复杂，进一步分为以下5个时期。

a. 细线期　染色质浓缩呈细线状盘绕成团，染色线上染色粒表现明显。染色体已经复制，但很难区别，看不出双重性。

b. 偶线期　同源染色体发生严格的配对现象，称为联会。配对时，同源染色体相互接触的染色体粒在大小、形状上相同。

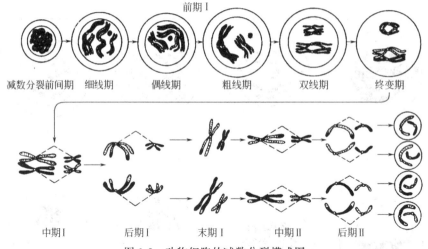

前期Ⅰ

减数分裂前间期　细线期　偶线期　粗线期　双线期　终变期

中期Ⅰ　后期Ⅰ　末期Ⅰ　中期Ⅱ　后期Ⅱ

图1-8　动物细胞的减数分裂模式图

c. 粗线期　染色体缩短变粗，每条染色体分裂为两条单体，但着丝点未分离，共享一个着丝点。配对的同源染色体叫二价体，每条二价体有4个染色单体，所以又称为四分体。

在同源染色体中，同一条着丝点上的两条染色单体互称姊妹染色体；非同一着丝点上的两条染色单体互称非姊妹染色体。

此时，非姊妹染色单体之间发生DNA片段互换，即基因交换，其结果导致基因重组。

d. 双线期　染色体继续缩短，周围出现基质，组成二价体的两条同源染色体开始分离。非姊妹染色体在某些部位互相连接在一起的现象为交叉现象。随着双线期的进行，着丝点分开且交叉点减少，交叉向两端移动并达到末端，这个过程为交叉端化。

e. 终变期　染色体变得更粗短，染色体继续盘旋，基质增加，染色体外廓明显，是染色体辨别鉴定和记数最佳时期。二价体开始向赤道板移动，纺锤丝开始出现。

② 中期Ⅰ　核膜、核仁消失，二价体的着丝点排列在赤道上的两侧。但是，由于存在交叉现象，交叉点位于赤道板上。两个配对染色体的着丝点逐渐向两极分离，是识别染色体的适当时期。

③ 后期Ⅰ　由于纺锤丝的收缩，同源染色体向两极移动，姊妹染色体仍共享一个着丝点，未分开。

④ 末期Ⅰ　纺锤丝开始消失，核膜、核仁重新形成，细胞质分裂，形成两个子细胞，但着丝点仍未分裂，染色体数目从$2n$变为n，实现了减半。哺乳动物形成两个次级精母细胞或一个次级卵母细胞和一个极体。

第一次分裂末期之后，经过很短的时间即进行第二次分裂。

(2) 减数第二次分裂（Ⅱ）　染色单体排列在赤道板上，着丝点分裂，姊妹染色单体分别向两极移动，最后形成两个新核，细胞质也随之分裂，形成两个子细胞（即两个精子或一个卵子和一个极体）。

因此，一个初级精母细胞经过两次连续分裂，可以形成4个精子；而一个初级卵母细胞经过两次连续分裂，可以形成1个卵子和3个极体。

四、遗传物质

每一种生物都有各自特有的形态特征和生命活动规律。子代与亲代在性状上的相似性或相异性，主要是亲本通过性细胞的结合、发育将遗传物质传给子代。所以，物种延续和进化过程的实质就是遗传物质的传递过程。

作为遗传物质，必须具备以下几个条件：①具有高度的稳定性和一定的可变性；②能够贮存、表达和传递遗传信息；③具有自我复制的能力和以自己为模板控制其他物质新陈代谢的能力。

（一）遗传物质是核酸

根据化学分析，染色体主要由蛋白质、脱氧核糖核酸（DNA）和核糖核酸（RNA）所组成，究竟哪一种物质是遗传物质呢？

1. 肺炎双球菌转化实验

肺炎双球菌能引起人的肺炎和小鼠的败血症的发生。已知肺炎双球菌有两种类型：一种是 S 型，其细胞壁的外表有一层多糖的荚膜，具有毒性，能致病；另一种为 R 型，无荚膜，也无毒性，不致病。根据血清学免疫反应的差异，肺炎双球菌又细分为 SⅠ、SⅡ、SⅢ和 RⅠ、RⅡ等抗原型。

1928 年，英国学者格里费斯（Griffith）用肺炎双球菌做实验，结果发现：用灭活的SⅢ型菌与活的 RⅡ型菌混合注射，小鼠发病死亡；单独用灭活的 SⅢ型菌或活的 RⅡ型菌注射，小鼠均未感染。上述结果说明，灭活的 SⅢ型菌中的某些转化因子能使非致病的RⅡ型菌转化成致病的 SⅢ型菌，具有感染能力。

1944 年，美国学者艾弗里（Avery）等将灭活的 SⅢ型菌过滤液中的各种成分纯化，提取了多糖、RNA、DNA 和蛋白质等，分别加入到 RⅡ型菌中培养，结果只有DNA 能将活的 RⅡ型菌转化成 SⅢ型菌，证明该转化因子是 DNA，而非蛋白质和其他物质。

2. 噬菌体感染实验

噬菌体是一类感染细菌的病毒，其化学成分主要为蛋白质（约占 60%）和 DNA（约占 40%）组成。此外，蛋白质中含有硫（S）不含磷（P），而 DNA 中含有 P 不含 S，二者存在差异。

1952 年，美国学者赫尔谢（A. Hershey）和蔡斯（M. Chase）用放射性同位素^{35}S和^{32}P 分别标记蛋白质和 DNA，进行噬菌体感染实验。结果发现，用噬菌体去感染被^{35}S或^{32}P 标记的大肠杆菌，子代噬菌体内含有^{35}S 或^{32}P；用被^{35}S 或^{32}P 标记的噬菌体去感染大肠杆菌，大肠杆菌细胞内发现^{32}P，而^{35}S 保留在大肠杆菌细胞外。噬菌体感染实验证明了 DNA 是遗传物质，并参与了噬菌体的增殖，而蛋白质并没有参与增殖。

3. 烟草花病毒重建实验

绝大多数生物的细胞内含有 DNA，DNA 就是遗传物质。某些病毒，如烟草花叶病毒（TMV）和车前草病毒（HRV），只有蛋白质和 RNA，不含 DNA。这两种病毒结构相似，都含有一圆筒状的蛋白质外壳，单链的 RNA 分子沿内壁在蛋白质亚基间盘旋。

1956 年，德国科学家格勒（A. Gierer）和施拉姆（G. Schramm）将烟草花叶病毒放在水和苯酚中震荡，使 RNA 和蛋白质分离开，然后用 RNA 和蛋白质分别去感染烟草。结果只有 RNA 能感染烟草并产生了典型的病斑，只是感染能力弱一些；如果用RNA 酶（RNase）处理 RNA 后，则病毒失去感染能力。此实验证明了 RNA 是遗传物质，但是，蛋白质被苯酚破坏，不能感染烟草，所以不能完全说明蛋白质不是遗传物质。

1956 年，美国学者康拉特（Conrat）和桑格（B. Singer）为了证明 RNA 是遗传物质，进行了著名的植物病毒重建实验。首先，用弱碱水解掉 RNA，得到病毒的蛋白质外壳，用表面活性剂使蛋白质失活，得到病毒的 RNA。然后，将不同病毒的 RNA 与蛋白质外壳聚合，重建一种新的杂种病毒，并感染烟草。结果表明，烟草的病症总是与 RNA 授体的病毒斑一致。如将 TMV 的蛋白质外壳与 HRV 的 RNA 聚合并感染烟草，病症与 HRV 病毒斑一致，反之亦然。

此外，脊髓灰质炎病毒的 RNA、脑炎病毒的 RNA、新城疫病毒（ND）的 RNA 都能单独引起感染。所以，在不含 DNA、只含 RNA 的病毒中，复制和形成新病毒颗粒的遗传信息都是携带在 RNA 上，RNA 就是遗传物质。

综上所述，细胞内含有 DNA 的生物中，遗传物质是 DNA；细胞内不含 DNA 而含有 RNA 的生物中，遗传物质是 RNA。

（二）核酸的一级结构

核酸是广泛存在于生物体内的一种高分子化合物，不仅在蛋白质复制和生物合成中起着储存和传递遗传信息的作用，而且在生长、遗传、变异等现象中起决定性的作用。

组成核酸的基本结构单位是核苷酸，由碱基（含氮有机碱）、戊糖（即五碳糖）和磷酸基团三部分构成。其中，DNA 分子中有 4 种碱基，A（腺嘌呤）、G（鸟嘌呤）、C（胞嘧啶）和 T（胸腺嘧啶），而 RNA 中的 4 种碱基是 A、G、C 和 U（尿嘧啶），不含有 T。

1950 年，奥地利生化学家查伽夫（Chargaff）注意到，在 DNA 分子中，A 和 T、G 和 C 的摩尔含量是相等的，即 [A] = [T]、[G] = [C]，[A+G] = [T+C]，故嘌呤的总量与嘧啶的总量是相等的，这个规律为 Chargaff 当量规律。该规律揭示了 DNA 分子中碱基的对应关系，即 A 与 T、G 与 C 配对，碱基之间的这种一一对应关系被称为碱基互补配对原则。

根据化学组成的不同，核酸可分为核糖核酸（RNA）和脱氧核糖核酸（DNA）两类。其中，组成 DNA 的脱氧核糖核苷酸主要是 dAMP、dGMP、dCMP 和 dTMP，组成 RNA 的核糖核苷酸主要是 AMP、GMP、CMP 和 UMP。

多个核苷酸通过磷酸二酯键按线性顺序连接，即前一个核苷酸的 $3'$ 羟基和下一个核苷酸的 $5'$ 磷酸相连接，形成一条 DNA 链或 RNA 链。习惯上，将 DNA 链或 RNA 链上含有游离磷酸基团的末端核苷酸写在左边，称为 $5'$ 端，另一端含有羟基，写在右边，称为 $3'$ 端。所以，核酸链具有方向性，是若干核苷酸以 $3'$，$5'$ 磷酸二酯键构成的无分支结构的线性分子。

除了某些噬菌体或病毒的 DNA 分子以单链形式存在外，绝大部分生物的 DNA 分子是由两条单链组成的，并以线性或环状的形式存在，而 RNA 分子多以单链形式存在。

（三）DNA 的二级结构

1868 年，瑞士生物学家米希尔（Miescher）首先发现了核酸的存在。但是，当时的科学家只认为它是细胞的正常成分之一，并没有引起足够的重视。艾弗里（Avery）等的纯化转化实验结果证明了 DNA 是遗传物质，促进了人们对核酸的深入研究。

1953 年，美国学者沃森（Watson）和英国学者克里克（Crick）通过 X 射线衍射法，研究和总结同时代其他学者的研究成果，提出了 DNA 双螺旋构造模型（图 1-9），大致内容如下：

DNA 分子是一个右旋的双螺旋结构，由两条核苷酸链以互补配对原则所构成。不同的核苷酸以"糖-磷酸-糖"的共价键形式连接，形成 DNA 单链。两条 DNA 单链之间的碱基以互补配对原则通过氢键相连，即 A 与 T 之间以双键形式连接，C 与 G 之间以三键

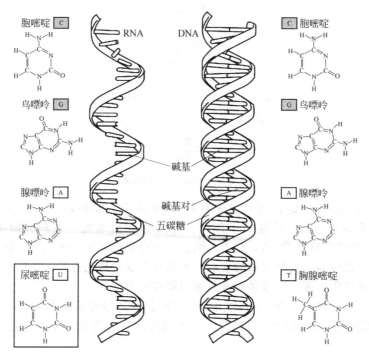

图 1-9　DNA 与 RNA 结构模式图

形式连接。

核苷酸的磷酸基团与脱氧核糖在螺旋的外侧,通过磷酸二酯键相连,构成 DNA 分子的骨架,脱氧核糖的平面与纵轴平行;配对的碱基在螺旋的内侧,碱基的环为平面,且与螺旋的中轴垂直,螺旋轴心穿过氢键的中心。双螺旋的直径是 2nm,螺距为 3.4nm,上下相邻碱基的垂直距离为 0.24nm,交角为 36°,每个螺旋有 10 个碱基对。

在 DNA 分子中,每一碱基对受严格的配对规律所限制,只能是 A 与 T 以及 G 与 C配对,所以这两条链是互补的。但碱基的前后排列顺序则不受规律限制,一个 DNA 分子所含的碱基有几十万或几百万对,4 种碱基以无穷无尽的排列方式出现,决定了 DNA 的多样性。

五、中心法则及其发展

生物体的遗传信息以遗传密码的形式编码在 DNA 分子上,表现为特定的核苷酸序列,是产生具有特异性的蛋白质的模板,而生物体的遗传特性需要通过蛋白质来表达。一个细胞可以含有几千种不同的蛋白质分子,不同蛋白质各有一定成分和结构,执行不同的功能,引起一系列复杂的代谢变化,最后呈现出不同的形态特征和生理性状。

各种蛋白质是在 DNA 控制下形成的,即以 DNA 为模板在细胞核内合成 RNA,然后转移到细胞质中,在核糖体上控制蛋白质的合成。也就是说,DNA 先把遗传信息转录给RNA,再翻译为蛋白质,这就是中心法则(图 1-10)。

中心法则自 1958 年提出后,科学家又陆续发现,那些只含有 RNA 而不含 DNA 的病毒(如植物病毒、噬菌体以及流感病毒),在感染宿主细胞后,RNA 与宿主的核糖体结合,形成一种 RNA 复制酶,在此酶催化作用下,以 RNA 为模板复制出 RNA。

近年来,科学家又发现 RNA 病毒复制的另一种形式。路斯肿瘤病毒(RSV)是单链环状 RNA 病毒,存在反转录酶,侵染鸡细胞后,能以 RNA 为模板合成 DNA(反转录),

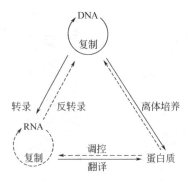

图 1-10　中心法则的发展

并整合到宿主染色体的一定位置上，成为 DNA 前病毒。前病毒可与宿主染色体同时复制，并通过细胞有丝分裂，传递给子细胞，并成为肿瘤细胞。某些肿瘤细胞以前病毒 DNA 为模板，合成前病毒 RNA，并进入细胞质中合成病毒外壳蛋白质，最后病毒体释放出来，进行第二次侵染。反转录酶的发现，不仅具有重要理论意义，而且对肿瘤机理的研究，以及在遗传工程方面，以这种酶合成基因都有重要作用。

迄今为止，科学家只发现 DNA 或 RNA 中所包含的遗传信息单向流向蛋白质，不存在 DNA 蛋白质的信息逆向地流向核酸。这种遗传信息的流向，就是中心法则的遗传学意义。

六、拓展资源

1. 欧阳叙向. 家畜遗传育种. 北京：中国农业出版社，2001.

2. 赵寿元. 现代遗传学. 北京：高等教育出版社，2001.

3. 徐崇任. 动物生物学. 北京：高等教育出版社，2000.

4. 《畜禽繁育》网络课程：http://portal. lnnzy. cn/kczx/xuqinfanyu/index. html.

➤ 工作页

子任务 1-1　性状的遗传基础资讯单见《学生实践技能训练工作手册》。

子任务 1-1　性状的遗传基础记录单见《学生实践技能训练工作手册》。

❖ 子任务 1-2　性状的表达方式

➤ 资讯

1865 年，奥地利神父孟德尔（G. Mendel）在前人实践的基础上，通过 8 年的杂交试验，研究了豌豆的 7 对不同性状的遗传现象，发表了题为《植物杂交试验》的论文，揭示了一对相对性状和两对相对性状的遗传规律，即遗传学的分离定律和自由组合定律（统称为孟德尔定律），为遗传学的诞生和发展奠定了基础。由于孟德尔利用统计学知识分析生命现象，试验的方法和论文的表达方式也是全新的，使得同时代的博物学家很难理解论文的主旨，并没有引起足够的重视。

1900 年，荷兰植物学家德弗里斯（De Vries）、德国植物学家科伦斯（C. Correns）、奥地利植物学家丘歇马克（Tschermak）通过各自独立的植物杂交试验，几乎同时验证了孟德尔论文的正确性。科学史上将这一重大事件称为孟德尔论文的重新发现，同时，1900年被视为现代遗传学的开端。

1906 年，英国学者贝特生（W. Bateson）、桑德斯（E. R. Saunders）和彭乃特（C. Punnett）在研究香豌豆花色遗传时发现一种不符合孟德尔定律的遗传现象。1910年，美国学者摩尔根（Morgen）以黑腹果蝇为实验材料，经过深入的研究，提出了连锁定律。

分离定律、自由组合定律和连锁定律是遗传学的 3 个基本规律，在微生物、动物和植物等方面进行了广泛的研究和检验，是生物界普遍存在的遗传现象，是研究畜禽质量性状表达的基本规律。

一、一对相对性状的杂交试验

（一）分离现象

科克猎犬的被毛颜色有黑色和棕色两种，是一对相对性状，将具有该性状的不同个体杂交，观察其后代被毛颜色的变化情况，具体如图 1-11 所示。

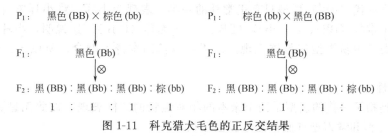

图 1-11　科克猎犬毛色的正反交结果

从毛色的表现来看，正、反交结果大致相同：子一代（F_1）全为黑色个体，无棕色个体出现，说明黑色性状获得表达，棕色性状没有表达；子一代互交，所产生的子二代（F_2）既有黑色个体，又有棕色个体，比例为 3：1。

遗传学中，将杂交时两亲本的相对性状能在子一代中表现出来的特性称为显性性状，不能表现的特性称为隐性性状；将子一代不出现隐性性状、只出现显性性状的现象称为显性现象；将子二代出现性状分离的现象称为分离现象，后代比值呈现 3：1 数量关系的规律性称为分离定律。

对于本杂交结果，可以采用孟德尔的"遗传因子"进行解释：相对性状黑色或棕色分别由相对遗传因子 B 或 b 控制，两者在体细胞中成对存在，保持独立性，并不融合；成对的遗传因子分别来自两个亲本，形成配子时彼此完全分离；纯合子（BB 或 bb）只能产生 1 种配子，即 B 或 b 配子；杂合子（Bb）产生两种配子（B 和 b）的数目相等；所有异性配子结合的几率相等，而且结合具有随机性，只能形成 BB、Bb 和 bb 三种类型。

分离定律可采用测交的方式进行检验，即用杂合子（Bb）与隐性个体（bb）进行交配，子一代只有 Bb 和 bb 两种类型，理论比例为 1：1。根据测交的观察结果与预期结果相比较，并用 χ^2 检验，二者无显著差异，说明结果符合孟德尔的预测结果。

（二）分离定律的扩展

科克猎犬的毛色在子一代只出现显性性状，子二代表现出 3：1 的分离比，属于完全显性作用。自然界中，生物体的大部分性状不是简单的显隐性关系。某种情况下，等位基因之间的显隐关系并不那么严格，显性作用仅仅是部分的、不完全的，这时情况就不同了，具体可分为下列几种情况。

1. 不完全显性

不完全显性是指性状的表达是不完全的，存在中间类型的现象。

（1）镶嵌型显性　镶嵌型显性是指子一代的表型是两个亲本的相对性状的分别表现，而且表现出非等量的显性。如巴克夏和波中猪的黑毛色、牛的毛色、鞘翅瓢虫的色斑遗传等等，都属于此类不完全显性。

英国短角牛的毛色有红色（WW）和白色（W'W'）两种，都能真实遗传。将红色牛与白色牛杂交，子一代（WW'）既不是白色，也不是红色，而是沙毛（每根毛纤维的根部为红色，尖部为白色）。将沙毛牛相互交配，后代出现 1/4 红色（WW）、2/4 沙毛（WW'）、1/4 白色（W'W'），分离比 1∶2∶1。这个结果似乎与分离定律的 3∶1 不符，其实质是表现型与基因型相一致性，客观上说明了分离定律的正确性。

（2）中间型显性　中间型显性是指子一代的表型是两个亲本的相对性状的综合表现，无完全的显隐性区别。如绵羊耳的长度、安达鲁西鸡的羽色、鸡的羽毛卷曲、马的皮毛、金鱼的身体透明度、人的地中海贫血症等，都属于此类不完全显性。

绵羊的耳型有正常耳（BB）和无耳（B'B'）两种，都能真实遗传。将正常耳羊与无耳羊杂交，子一代（BB'）耳型只有正常耳的一半，表现为小耳。将小耳羊自群繁殖，后代出现 1/4 正常耳（BB）、2/4 小耳（BB'）、1/4 无耳（B'B'）。这说明，小耳是两亲本性状相互影响而产生新类型的具体表现。由于等位基因本身不融合，所以子二代又出现了分离。

2. 等显性性状

等显性是指子一代的表型是两个亲本的相对性状的共同表现，彼此无显隐性的关系。如人的 MN 血型和镰刀型贫血都是等显性性状。

人的 MN 血型是由一对基因 L^M 和 L^N 控制，二者之间作用相同，没有显隐之分。基因型 $L^M L^M$ 的人是 M 型，基因型 $L^N L^N$ 的人是 N 型，基因型 $L^M L^N$ 的人是 MN 型，是共显性作用的结果。

（三）致死基因

1907 年，法国学者库恩奥（Cuenot）发现黄色小家鼠的毛色不能真实遗传，后代分离比为 2∶1。现列举两个杂交方案及其后代表现结果（综合多位研究者的资料）如下：

方案一　黄鼠×黑鼠→黄鼠 2378 只∶黑鼠 2398 只

方案二　黄鼠×黄鼠→黄鼠 2396 只∶黑鼠 1235 只

从第二种交配结果来看，黄鼠很像杂合子，因为后代出现了黑鼠。若黄鼠是杂合子，则黄鼠与黄鼠交配，后代的分离比应该是 3∶1，与实际观测的 2∶1 不符。此外，黄鼠与黄鼠交配产生的后代，每窝小鼠数要比黄鼠与黑鼠交配产生的后代少 1/4 左右。于是，假设黄鼠与黄鼠交配应产生 1/4 纯合黄色、2/4 杂合黄色、1/4 黑鼠 3 种组合。其中，1/4 纯合黄色组不能生存，即纯合时对个体发育有致死作用，因而分离比为 2∶1。

这种假设后来被试验所证明，黄鼠与黄鼠交配产生的胚胎，一部分在胚胎早期死亡，大约占 1/4 左右。故存活的黄鼠为杂合体，基因型用 $A^Y a$ 表示，黑鼠基因型为 aa。这个 A^Y 基因就叫做致死基因，即其发挥作用时可以导致个体死亡的基因。

致死基因的作用可以发生在配子期、胚胎期或出生后的仔畜阶段，与个体所处的环境有一定的关系。在畜牧业中，致死基因引起的家畜遗传缺陷颇多，如牛的软骨发育不全、先天性水肿，马的结肠闭锁，羊的无颌、肌肉挛缩，猪的脑积水，鸡的下颚缺损和爬行病等，患畜（禽）往往在出生后不久死亡。

（四）复等位基因

在同种生物群体中，可能存在多个基因共同占据同一位点的现象。将在群体中占据同源染色体上相同位点的两个以上的基因定义为复等位基因。同一群体内的复等位基因无论有多少个，在每一个个体的体细胞内最多只有其中的任意两个，仍然是一对等位基因。这是由于每个个体的体细胞内的某一同源染色体只有两条，其上的等位基因只能是一对。

复等位基因的表示方法是，用一个字母作为该位点的基础符号，不同的等位基因就以这字母的右上方作不同的标记，作为基础符号的字母可大写和小写，分别表示显性和隐性。

1. 等显性的复等位基因

人的 ABO 血型系统有 4 种常见的血型，由 3 个等位基因 I^A、I^B 和 i 所决定，即 AB 型（$I^A I^B$）、A 型（$I^A I^A$，$I^A i$）、B 型（$I^B I^B$，$I^B i$）、O 型（ii），其中 I^A 和 I^B 作用相同，相对于 i 都是显性，记为 $I^A = I^B > i$。

2. 显性等级的复等位基因

在家兔中有毛色不同的 4 个品种：全色（全灰或全黑）、银灰（青紫蓝色）、喜马拉雅（八黑性状）和白化（白色、眼色淡红）。

通过杂交试验发现，让纯种的全色家兔与上述 3 种任何毛色的家兔杂交，后代全部为全色；让银灰色与喜马拉雅、白化杂交，后代全部为银灰色；让喜马拉雅与白化杂交，后代为喜马拉雅型。每个杂交组合的子二代都出现 3∶1 的关系，这说明家兔的毛色之间存在明显的等级关系：全色＞银灰＞八黑＞白化，记做 $C\_ > c^{ch}\_ > c^h\_ > cc$。

此外，藏獒的毛色有铁包金色、黑色、麻色、金色与其他色等区别，也属于等级显性。其中，铁包金色和纯黑色为藏獒的主流颜色，黄色为选育色，麻色为原始色，其他颜色都是由这三种颜色组合变换而来。

二、二对相对性状的表达

（一）自由组合定律

波斯猫的毛色有白色和黑色（受 B 和 b 控制），毛长有短毛与长毛之分（受 W 和 w 控制），将纯种的白色短毛与黑色长毛的个体交配，观察后代性状的变化情况，如图 9-12 所示。

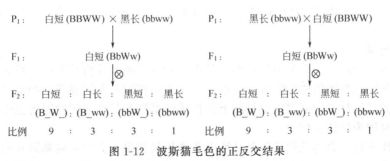

图 1-12　波斯猫毛色的正反交结果

从性状表达的结果来看，正、反交完全相同，子一代都是白短性状；子二代出现多样性现象，白短占 9/16、白长占 3/16、黑短占 3/16、黑长占 1/16。

不难看出，就单一性状而言，白∶黑＝3∶1；短∶长＝3∶1，符合分离定律的比值。子二代的 4 种性状表型比 9∶3∶3∶1，可以看作两个性状的（3∶1）互乘。

对于本实验，也可以采用"遗传因子"来解释。假设雌、雄配子的种类与比例都相同，子二代应该出现 9 种基因型，表现型经过合并后为 4 种，比例为 9：3：3：1。

如果用杂合子（BbWw）与隐性个体（bbww）进行测交，理论上后代应该出现 4 种基因型，比例为 1：1：1：1，并用 χ^2 检验观察结果与预期结果是否一致。

（二）基因互作现象

生物的性状不是孤立的，而是受到多个基因的相互作用。这些非等位基因在控制某一性状上所表现出的各种形式的相互作用，称为基因互作。基因互作现象是贝特森（Bateson）和彭乃特（Punnett）在研究鸡的冠型遗传过程中发现的。

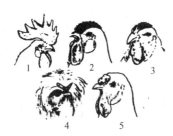

图 1-13　鸡的冠型
1—单冠；2—玫瑰冠；3—豆冠；
4—复合冠；5—胡桃冠

家鸡的冠型有豆冠、玫瑰冠、胡桃冠和单冠等（图 1-13）。玫瑰冠白温多特鸡与豆冠科尼什鸡交配，F_1 代全为胡桃冠，而 F_2 代表现为 4 种冠型：胡桃冠：玫瑰冠：豆冠：单冠，比例为 9：3：3：1。其中，胡桃冠和单冠是新冠型，而不是亲本类型。

假定控制玫瑰冠的基因是 R，控制豆冠的基因是 P，且都是显性，则玫瑰冠的基因型是 RRpp，豆冠的基因型是 rrPP。二者杂交得到的 F_1 代是 RrPp。由于 R 与 P 有相互作用，出现了新性状胡桃冠。F_1 代的公、母鸡都可以形成 RP、Rp、rP 和 rp 四种配子，则 F_2 代出现 4 种表型，胡桃冠（R _ P _）、豆冠（rrP _）、玫瑰冠（R _ pp）和单冠（rrpp），其比例为 9：3：3：1。

不难看出，鸡冠的表型分离比与自由组合定律相似，但是二者的实质存在差异。因为鸡的冠型是一个性状，受不同位点基因的控制，而自由组合定律是两对基因分别控制不同的性状，这是有区别的。

1. 互补作用

在控制同一性状的两个基因位点中，若是一个或两个位点存在隐性纯合时，表现为相同的表型，而两个位点都存在显性基因（纯合和杂合）的情况下，由于其互作作用而表现为另一个表型的遗传现象。

鸡的抱性就是互补现象。鸡有抱性和非抱性两种，其中具有抱性的纯合个体的基因型为 AACC，非抱性的纯合个体的基因型为 aacc，二者杂交，F_1 代全部具有抱性，F_2 代出现抱性（9A _ C _）与非抱性（3A _ cc、3aaC _、1aacc），比例为 9：7，这就是互补作用。

2. 上位作用

在控制同一性状的两个基因位点中，其中一对基因抑制或掩盖了另一对非等位基因的作用，这种非等位基因间的抑制或遮盖作用称为上位作用，起抑制作用的基因称为上位基因，被抑制的基因称下位基因。如果起上位作用的基因是显性基因时称为显性上位，如果是隐性基因时称为隐性上位。

（1）显性上位　犬的毛色遗传是显性上位作用的结果。犬有一对基因 ii 与形成黑色或褐色皮毛有关。当 ii 存在时，具有 B 基因的犬，皮毛呈黑色；具有 bb 基因的犬，皮毛呈褐色。显性基因 I 能阻止任何色素的形成，所以，当 I 基因存在时，皮毛呈白色，而不呈现其他颜色。若褐色犬（bbii）与白色犬（BBII）杂交，F_1 代都是白色犬（BbIi）。F_1 代雄、雌犬互交，F_2 代出现白色（9B _ I _、3bbI _）、黑色（3B _ ii）、褐色（1bbii）三种类型，比例是 12：3：1。

（2）隐性上位　家鼠毛色遗传属于隐性上位作用。试验表明：将能真实遗传的灰色鼠（AACC）与能真实遗传的白鼠（aacc）杂交，F₁代全部是灰鼠（AaCc）。F₁代互交，F₂代出现灰鼠（9C＿A＿）、黑鼠（3C＿aa）、白鼠（3ccA＿、1ccaa）3 种类型，比例为9：3：4。其中，隐性上位基因 c，当其纯合时，能抑制非等位基因 A 的作用，而表现出白色；灰色是黑色 C 与白色 A 互作的结果，而白化个体必须纯化时才表现。

3. 重叠作用

在控制同一性状的两个基因位点中，若两个位点隐性纯合时表现为相同的表型，而一个或两个位点存在显性基因时，由于作用相同，而表现为另一种表型的遗传现象。

猪的阴囊疝的遗传机制相对复杂。携带阴囊疝基因的公猪出生时不表现，在 1 月龄后才陆续表现；母猪虽不发生阴囊疝，但可能携带这种缺陷基因，只能凭后裔测验来推断。将两个正常的公猪（H₁H₁h₂h₂）与正常的母猪（h₁h₁H₂H₂）交配，子一代（H₁H₁H₂h₂）外表都正常，子二代出现阴囊疝个体。子二代中，若只考虑公猪，阴囊疝公猪（h₁h₁h₂h₂）与正常猪（非 h₁h₁h₂h₂）的遗传分离比为 1：15，若同时考虑公、母个体，比例为 1：31。

4. 抑制作用

在控制同一性状的两个基因位点中，当一对显性基因存在时，它能抑制另一对显性基因的表现，但自身不控制性状的表现，这类基因称为抑制基因，这种现象为抑制现象。

鸡的羽色受基因 C 和 c 控制，同时受基因 I 与 i 抑制。当 I 存在时，抑制 C 色素的形成，表现为白羽，而 c 是白化基因。当白羽鸡（CCII）与白羽鸡（ccii）杂交时，子一代（CcIi）全部是白羽，子二代中，出现白羽（9C＿I＿、3ccI＿、1ccii）与色羽（3C＿ii）两种表型，比例为 13：3。需要补充说明的是，抑制基因 I 可掩盖黑色或浅黄色基因，但对红色和黄色基因的抑制不完全，杂合子 Ii 公鸡肩背或母鸡胸部常有黄羽或红羽出现。此外，家蚕的白茧与黄茧性状也属于这种遗传方式。

5. 累加作用

在控制同一性状的两个基因位点中，当两种显性基因同时存在时，由于累加作用产生一种性状，单独存在时分别表现出相似的性状，而同时不存在时又表现出另一种性状。

杜洛克猪有红、棕、白三种毛色，若用两种不同基因型的棕色杜洛克猪（AAbb）与（aaBB）杂交，F₁代产生出全部红毛后代（AaBb），F₂代有三种表型：红毛（9A＿B＿）、棕毛（3A＿bb 和 3aaB＿）、白毛（1aabb），比例为 9：6：1。

三、连锁与互换现象

一系列的实验论证了染色体就是基因的载体。但是，任何生物染色体的数目是有限的，而控制性状的基因数目众多。如犬只有 78 条染色体，而控制性状的基因多达 40000个。因此，每条染色体上必然携带成群的基因。位于同一染色体上的基因不能进行独立分配，必然随着整条染色体作为一个共同行动单位而传递，从而表现了另一种遗传现象，即连锁遗传现象。美国学者摩尔（Morgen）根通过果蝇的杂交试验，探明了连锁遗传的机理，并对此现象进行了解释。

（一）连锁与互换遗传现象

果蝇的灰身（B）对黑身（b）和长翅（V）对残翅（v）分别是显性性状，灰身长翅（BBVV）和黑身残翅（bbvv）杂交后代如图 1-14 所示。

从图 1-14 可以看出，F₁代全部为灰身长翅，说明灰身和长翅都是显性性状。而当 F₁

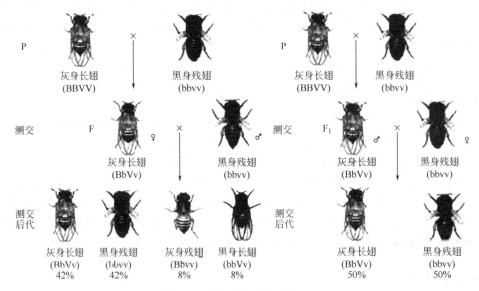

图 1-14　果蝇的连锁与互换现象

代雄性个体与雌性亲本测交时，F₂ 代中只出现灰身长翅和黑身残翅个体，无灰身残翅和黑身长翅个体，说明控制这两个性状的基因位点在配子形成过程中不出现自由组合现象，这种现象就是连锁现象。而当 F₁ 代雌性个体与雄性亲本测交时，F₂ 代中现灰身长翅、黑身残翅、灰身残翅和黑身长翅，说明控制这两个性状的基因位点在配子形成过程中，出现自由组合现象，这种现象就是互换现象。

假设上述两个基因 B 和 V 位于同一个染色体上，则 b 和 v 对应地位于其同源染色体上，那么连锁现象就可以得到比较圆满的解释。

若采用"—"代表一条染色体，则位于同一条染色体上的 B 和 V 可以表示为"$\underline{BV}$"，位于另一条染色体上的 b 和 v 则表示为"$\underline{bv}$"。若采用"="代表两条同源染色体，则基因型 BbVv 的个体（即杂合子 F₁）可以表示为 $\dfrac{BV}{bv}$。

F₁ 代雄果蝇形成配子时，同源染色体进入不同的配子中，只能形成 BV 和 bv 配子，与双隐性亲本测交时，后代只有 BbVv 和 bbvv 两种，表现为灰身长翅和黑身残翅，比例为 1∶1。而 F₁ 代雌果蝇形成配子时，同源染色体发生互换，形成 BV、bv、Bv 和 bV 配子，与双隐性亲本测交时，后代有 BbVv、bbvv、Bbvv 和 bbVv 四种，表现为灰身长翅、黑身残翅、灰身残翅和黑身长翅，比例为 42∶42∶8∶8。

（二）基因定位和基因连锁图

大多数情况下，并不是全部性母细胞在某两个基因位点间发生互换，不发生互换的性母细胞所形成的配子都属于亲本组合。当有 40% 的性母细胞发生互换时，重组型配子占总配子数的 20%，即发生互换的性母细胞的一半。

互换值（重组值）是在连锁情况下重组型配子数占总配子数的百分率，代表基因间的连锁强度，计算公式如下：

$$互换值（\%）=\frac{重组型配子数}{总配子数}\times100\%=\frac{重组型个体数}{重组型个体数+亲本型个体数}\times100\%$$

由于连锁基因的互换值在一定的条件下是恒定的，因此常用它（去掉"%"）表示基因间相对距离的单位，即遗传图距。如上例中互换值为 8％，则遗传图距为 8。但交换值也受内外条件的影响而变化，如性别、年龄、温度等条件对连锁基因间的交换率都会产生影响。

一般来说，互换值越大，说明互换现象发生的概率大，两个基因位点在染色体上的距离越远，反之距离较近。可以通过测交的方法了解基因间的位置关系，即将同源染色体上的基因的次序、相对距离在一条直线上标示出来，这样的示意图叫作连锁图。

制作连锁图同常采用的方法为两点测验法和三点测验法。前者需要进行三次杂交和三次测交，手续烦琐；后者通过一次杂交获得三对连锁的等位基因的杂合体，与三个隐性等位基因的个体进行一次测交，同时测定三对基因在染色体上的位置和次序，但计算时要考虑双互换现象，避免出现错误。此外，当两个基因间的遗传距离大于 5 个图距时，由于发生双互换，两点测验法得到的互换值可能偏小，从而出现一定的偏差。

四、畜禽主要的表型特征

(一) 毛色

在家畜育种实践中，毛色的遗传表现一直受到重视。当毛色作为品种的主要特征时，常常根据毛色来判定该个体的品种归属。对于毛用、绒用或裘皮用的家畜来说，毛色更是人们关注的主要经济性状。

决定家畜被毛毛色的黑色素存在于黑色素细胞质中的黑色素体内，这些黑色素体在被毛生长过程中通过胞吐作用转移到被毛中，形成家畜不同的毛色特征。在胚胎发育过程中，黑色素细胞由神经胚转移到身体的其他部位，出现色素沉着。在没有黑色素细胞的部位出现白斑，色素沉着也伴随色素细胞活性的降低而减弱。

黑色素分为真黑色素和褐色素两大类，前者负责黑色和棕色，后者负责红色、红棕色、褐色和黄色。家畜毛色的形成是受多基因控制的，这就决定了毛色的多样性，而且许多毛色还存在修饰基因，导致毛的颜色和图案更加复杂。

家畜的毛色等位基因主要有 6 个系列：鼠灰色（野生）系列（A）、褐色系列（B）、白化系列（C）、淡化系列（D）、扩散系列（E）和红眼系列（P）。

1. 绵羊

世界各国绵羊品种的毛色，根据色素类型、毛色图案和是否存在白斑，大致分为 16 种类型，受 11 个毛色基因位点控制。

1988 年，由国际绵羊和山羊遗传学命名委员会（COGNOSAG）提出了毛色命名、基因座位、等位基因数量及基因效应等，见表 1-2。

2. 山羊

山羊毛色的基因位点大约有 5 个，即鼠灰色（A）、褐色（B）、扩散色（E）、沙毛色（R）和斑块位点（S），少于绵羊的 11 个基因位点。其中，鼠灰色位点有 11 个等位基因，褐色位点有 3 个等位基因。

3. 牛

牛的毛色大致分为白色、红色、黑色、褐色、灰色、白斑等 6 类。如牛的白色有 3 种：

(1) 不完全显性白 WW 是红毛、WW′是沙毛（红沙）、W′W′是白毛，见于英国短角牛。若 WW′存在黑色基因（B），则表现为蓝灰色或称为蓝沙，是黑毛与白毛混杂，在阳光下呈现为蓝灰色。

表 1-2　绵羊毛色基因的基因位点

基因座位	符号	等位基因数量	等位基因作用
鼠灰色	A	16	控制棕褐(或白色)以及黑或巧克力褐、真黑色素的毛色图案
褐色	B	2	产生黑或巧克力褐、真黑色素
白化	C	2	全色或白化
扩散	E	2	显性黑色的有或无
斑点	S	2	隐性白斑的有或无
苏尔色	G	2	鼠灰带的有无
白色	W	3	显性白色(波斯)和沙毛(致死显性灰)的有或无
白颈(领)	WC	2	白颈(领)的有或无
黑头波斯	BP	2	黑头白体的有或无
阿卡拉曼斑点	L	2	显性花斑点的有或无
蒙古沙毛	MRN	2	是否存在非致死沙毛

（2）白化　皮肤、毛发、眼均为无色素，是隐性纯合子（cc），见于荷兰牛、海福特牛。

（3）白斑最大化　全身白毛，只有耳部有黑毛，见于瑞典高地牛，是白斑最大化的结果。

4. 猪

猪的毛色有鼠灰色（A）、扩散色（E）、显性白（I）和条带（B）等多个系列。

猪的毛色主要有白色、黑色、褐色和花斑 4 类，其中白色属于显性，可以掩盖其他毛色。黑色基因在不同品种中表现不同，如汉普夏猪和我国多数黑猪的黑毛色是完全显性，但巴克夏猪和波中猪的黑毛色是不完全显性。当黑色巴克夏与红毛杜洛克猪杂交，子一代是黑底红斑，子二代 3 黑底红斑：1 全红。

5. 鸡

人们对鸡的多种遗传性状进行了深入的研究，主要集中在羽色、肤色、冠形、羽形、羽速等方面。

（1）羽色　主要有白羽和色羽两大类，由不同基因位点的等位基因控制，相互之间有程度不同的上位作用。

白羽有显性白羽（如白来航鸡、白考尼什鸡）和隐性白羽（白温多德鸡）两种。显性白羽鸡有色素抑制基因 I，可抑制黑色和浅黄色，但是对红色和黄色抑制不完全，杂合子（Ii）公鸡肩部和母鸡胸部常有黄羽或红羽出现。隐性白羽鸡是白化个体，由隐性基因 a 控制。

黑羽鸡品种（如狼山鸡、澳洲黑鸡、黑来航鸡）一般都有产生色素的基因 C 和色素扩散基因 E。隐性纯合子（ee）表现哥伦比亚羽色，即颈部、主副翼羽、尾羽等都是黑色，其余部位为白色或非黑色的其他单一色泽，如浅花沙塞克司。

（2）羽速　在快羽鸡品种中，还有一个位于常染色体上的基因位点影响羽速快慢，为显性等级的复等位基因，T（羽毛生长正常）＞t^S（缺少副翼羽的迟缓基因）＞t（有副翼羽的迟缓基因）。

（3）伴性遗传　鸡的银色羽（Z^S）与金色羽（Z^s）、横斑羽（Z^B）与非横斑羽（Z^b）和快羽（Z^k）与慢羽（Z^K），都是性连锁基因，可以进行辅助性别鉴定。

（二）角

牛、绵羊、山羊等反刍类家畜的某些质量性状，如角的有无，在进化与分类上有许多共同点和相似之处，因此做一简单讨论。

1. 牛

在肉牛品种，有许多无角品种，如安格斯牛、海福特牛等，无角基因对有角基因为显性。在无角牛中常表现出角的痕迹，称为"痕迹角"，是由另一个基因位点 Sc 和 sc 控制的。Sc 基因有此作用，而 sc 基因无此作用，二者之间为显隐性关系。牛的痕迹角常因性别而发生变化，Sc 在公牛为显性，在母牛为隐性，sc 则相反。如将无角牛品种与有角牛品种杂交，子一代母牛无角，而公牛头上有角样组织，这说明性别影响角的生长。

2. 绵羊

绵羊角的遗传是由一个基因位点上的 3 个复等位基因控制的，为显性等级为：H（雌、雄均无角）＞H′（雌、雄均有角）＞h（雌无角、雄有角）。

根据角的有无，绵羊品种可分为 3 类：①雌雄均有角，如陶塞特羊；②雌无角而雄有角，如美利奴羊、寒羊；③雌雄均无角，如雪洛浦羊和塞福克。

3. 山羊

山羊的角的有无是由一对基因 P 和 p 控制的。其中，纯合子 PP 和杂合子 Pp 都是无角，纯合子 pp 都是有角。PP 和 Pp 可以根据头骨的 2 个骨质角根的形态来识别，PP 公羊的 2 个隆起是圆的，界限清楚而无角根；Pp 公羊则有指向前方的"V"形豆状隆起，常有 2～3cm 的角根，在山羊 3 月龄就能区别，在 5～6 月龄时识别更为准确。

通常公羔和初生重大的羔羊长角较早。有角山羊（如阿尔派山羊）出生时尚未长角，但在 28 日龄前就长出角。尤其头上角芽上的毛旋表明将来要长角。

常见畜禽相对性状的显性关系见表 1-3。

表 1-3　常见畜禽相对性状的显隐性关系

畜别	性状	显性	隐性	备注
猪	毛色	白色 黑六白 棕色 花斑（华中型） 白带（汉普夏）	有色（黑色、黑六白、棕、花斑） 黑色、花斑 黑六白（巴克夏、波中猪） 黑色（华北型） 黑六白	有时子一代六白不全 棕色更深并略带黑斑 子一代不规则黑白花斑 受修饰基因的影响
	耳型	垂耳（民猪） 前伸平直（长白）	立耳（哈白） 垂耳、立耳	耳型一般为不完全显性，子一代有时耳尖下垂
鸡	冠形	玫瑰冠 豆冠 胡桃冠 角冠（V 型冠）	单冠 单冠 单冠 单冠、玫瑰冠、豆冠	双显性基因控制 为不完全显性
	羽色	白色（白来航） 芦花 银色	有色 非芦花（白来航除外） 金羽	
	羽形	正常羽	丝毛羽	
	脚形	矮脚	正常脚	
	脚色	浅色	深色	
	脚毛	有	无	
	肤色	白色	黄色	
	蛋壳	青色	非青色	

畜别	性状	显性	隐性	备注
牛	毛色	黑色 红色(短角牛) 黑白花 白头(海福特)	红色 黄色(吉林) 黄色 有色头	
	角	无角	有角	
	肤色	黑色	白色	
	花斑	全色	花斑	
绵羊	毛色	白色	黑色	个别品种相反,或不完全
		灰色	黑色	显性、子一代出现花斑
马	毛色	青色 骝色 黑色 龟褐色	骊色 黑色 栗色 其他色(鼠灰、银灰)	

(三)其他性状

1. 绵羊多胎性

某些绵羊品种中有多胎基因,如美利奴羊的一个品系中的 Booroola 基因,能使每只母羊的胎产仔数增加 1 只;冰岛绵羊中的 Thoka 基因,能使每只母羊胎产仔数增加 0.6～0.7 只;在印度尼西亚绵羊和剑桥绵羊中也发现了多胎基因。国际绵羊和山羊遗传学命名委员会将这 4 种基因分别命名为 Fec * B、FecI * F、FecC * F 和 FecJ * F。

2. 山羊的肉垂

有肉垂的山羊(WW 或 Ww)比无肉垂的山羊(ww)的多产性大约高 7% 左右。不同品种山羊的基因频率差别很大,如法国的科西嘉山羊无肉垂的基因频率为 0.51,而安哥拉山羊的无肉垂的基因频率接近 1.0。

五、拓展资源

1. 欧阳叙向. 家畜遗传育种. 北京:中国农业出版社,2001.
2. 赵寿元. 现代遗传学. 北京:高等教育出版社,2001.
3. 徐崇任. 动物生物学. 北京:高等教育出版社,2000.
4. 《畜禽繁育》网络课程:http://portal. lnnzy. cn/kczx/xuqinfanyu/index. html.

➤ 工作页

子任务 1-2 性状的表达方式资讯单见《学生实践技能训练工作手册》。
子任务 1-2 性状的表达方式记录单见《学生实践技能训练工作手册》。

❖ 子任务 1-3 性别的决定方式

➤ 资讯

性别是动物中最容易区别的性状,性别的差异不仅反映在性征上,而且也反映在生产力和繁殖力上。在有性繁殖的动物群体中，雌、雄比例接近 1∶1，类似孟德尔的测交结果，即一性别是纯合子，另一性别是杂合子，说明性别与其他性状一样，也和染色体及染色体上的基因有关。

一、性别决定

（一）性染色体类型

前面提到，在染色体组型中，有一对特殊的性染色体，是决定动物性别的基础。通常，决定动物性别的性染色体构型可分 XY、ZW、XO、ZO 四种类型。

1. XY 型

凡是雄性具有两个异型性染色体，雌性具有两个同型性染色体，称为 XY 决定型，即雌性为 XX 型，雄性为 XY 型。XY 型性别决定方式较为普遍，很多昆虫、某些鱼类（硬骨鱼类）、某些两栖类以及所有哺乳动物的性别决定，都属于 XY 型。

2. ZW 型

凡是雌性具有两个异型性染色体，雄性具有两个同型性染色体，称为 ZW 决定型，即雌性为 ZW 型，雄性为 ZZ 型。显然这种性别决定方式与 XY 型相反，为了与 XY 型相区别，命名为 ZW 型。属于 ZW 型性决定的有鸟（禽）类、某些爬行类、某些鱼类以及家蚕和若干鳞翅目昆虫。

3. XO 型

XO 决定型生物中，雌性为 XX，雄性为 XO，即缺乏 Y 染色体。属这一类型性的生物主要是昆虫，如蝗虫、虱子和蜚蠊等。

4. ZO 型

ZO 决定型生物中，雄性有为 ZZ，雌性为 ZO，即只有一条 Z 染色体。如鲱形目鳀科的短颌鲚，雄性 XX，$2n=48$，雌性 ZO，$2n=47$。

性染色体理论被大量实验所证实，但动物的性别决定远比上述复杂，具体说明如下。

（二）性别发育与环境条件

1. 营养与性别

蜜蜂有雄蜂、工蜂和蜂王 3 种。其中，雄蜂（$n=16$）由未受精卵孤雌生殖产生；而受精卵（$2n=32$）经过 21d 的发育，可形成具有繁育能力的蜂王和没有繁育能力的工蜂，二者区别是形成蜂王的幼虫比形成工蜂的幼虫吃蜂王浆时间长（分别为 5d 和 2～3d）。此外，蚂蚁、黄蜂和小蜂的性别决定与蜜蜂相似，是营养条件对性别的分化起着重要作用。

2. 温度与性别

蛙的性染色体构型为 XY 型，其性别分化受水温影响较大。在 20～25℃条件下，幼体蝌蚪发育的后代雌雄比为 1∶1；而在 30～35℃条件下雄性的比例为 74%，在 18℃以下雄蛙比例为 35.1%。温度依赖型性别决定的生物，如鳄鱼、蜥蜴、龟类、蛇类也与蛙类相似，染色体构型未发生改变，只是环境（温度）改变性别的表现型。又如蜥蜴卵在 26～27℃下孵化则为雌性，在 29℃下孵化则为雄性；鳄鱼卵在 33℃下孵化全为雄性，在 31℃下孵化全为雌性。

3. 生物学特性与性别

海洋蠕虫生物后螠的性别发育很特别，幼虫无性别区别，若自由生活则发育成雌性。

若幼虫落在雌体吻部，则定向发育成雄性，最后寄生于雌虫的子宫内。但是，将发育未完全的幼虫从雌体吻部移出，则发育成中间性，畸形程度视在雌虫口吻上时间的长短。这是由于雌虫的吻部有一种类似激素的化学物质，影响了幼虫的性别分化。

4. 性反转现象

许多动物在胚胎期能形成雌雄两种生殖腺。如果胚胎发育成雌性，则雌性生殖腺分泌雌性激素维持雌性性腺发育，同时抑制雄性性腺发育。反之，如果胚胎发育成雄性，则雄性生殖腺分泌雄性激素维持雄性性腺发育，同时抑制雌性性腺发育。

黄鳝的性别很特殊，从胚胎期到第一次性成熟时为雌性，产卵后卵巢开始退化，起源于细胞索中的精巢组织开始发生，逐步分枝和增大，性腺向雄性方向发展，这一阶段处于雌雄间体状态。之后卵巢完全退化消失，精巢组织充分发育，产生精原细胞，直到形成成熟的精子，第二次性腺成熟时为雄性，此后终生为雄性。所以，达到性成熟的黄鳝群体中，较小的个体是雌性，较大的个体主要是雄性，中间个体为雌雄间体。

5. 自由马丁现象

高等动物的两性结构同时存在，性别的分化取决于有无 Y 染色体上的睾丸决定基因、雄性激素及其受体，即性腺分泌的性激素对性别分化的影响十分明显。

在异性双生牛犊中，雄犊可发育为有生育能力的雄牛；而雌犊卵巢退化，子宫和外生殖器官发育不全，长大后不发情，也不能生育，外形也有雄性表现，称为自由马丁。这种双生犊虽然是不同性别的受精卵发育而成，但是由于胎盘的绒毛膜血管互相融合，胎儿有共同的血液循环，而且睾丸比卵巢先发育，睾丸激素比卵巢激素先进入血液循环，抑制雌性犊牛的卵巢进一步发育，最后形成为中间性。在多胎动物，如犬、猫、兔等雌雄同胎，由于胎盘不融合，或有融合但血管彼此不吻合，故不发生此类现象。

（三）性别畸形

1. 雌雄嵌合体

同时存在雌、雄两种生殖腺体的个体为雌、雄嵌合体。牛的染色体组型可能为(60,XX)/(60,XY)的细胞嵌合体，多见于异性双胎的雌牛犊。由于胎儿的细胞也可以通过绒毛膜血管流向对方。因此，在孪生雄牛犊的体内曾发现有 XX 型的雌细胞，由于 Y 染色体的强烈的雄性化作用，促使雄性性腺的形成，所以雄犊牛可能发育正常。而雌牛犊体内有 60%～70%细胞为（60，XX 型）、30%～40%细胞为（60，XY）型，表现为外阴小，但一般具有两性的生殖系统或发育不全的雌性生殖系统，没有生殖能力。

此外，还有(60,XY)/(61,XYY)、(60,XX)/(61,XXY)、(60,XY)/(61,XXY)等嵌合体。第一种类型的雄牛，常表现睾丸发育不全，精子生产能力低下，血液中性激素含量不足，后两种组型的嵌合体，常表现为不育。

2. 性别间性

动物有多种染色体构型出现异常所引起的性畸形，列举如下：

（1）睾丸退化征 牛的染色体组型为（61，XXY）或（62，XXXY）。细胞内虽然存在多条 X 染色体，但是只有一条染色体具有生物活性，其他 X 染色体浓缩成巴氏小体而失活。因此，该牛第二性征为雄性。此外，失活的 X 染色体可能不是全部失活，仍然影响性腺的发育，所以该个体表现为睾丸发育不全、不育。

（2）卵巢退化征 染色体组型为（59，XO），外貌类似雌性。由于 X 染色体失活，无巴氏小体存在，卵巢发育不全，无生殖细胞，不育。

二、与性别有关的遗传

（一）伴性遗传

性染色体是性别决定的主要遗传物质，性染色体上也有某些控制性状的基因存在，这些基因伴随着染色体而传递。遗传学中，将处在性染色体上的基因所控制的性状称为伴性遗传，也叫性连锁遗传。

下面以芦花鸡为例，说明伴性遗传现象。芦花雏鸡的绒羽黑色，头上有一黄斑可与其他品种黑色鸡相区别。芦花鸡的成羽有黑白相间的横纹，控制条纹的基因在 Z 染色体上。如果用芦花鸡与非芦花鸡进行正反交，结果如图 1-15 所示：

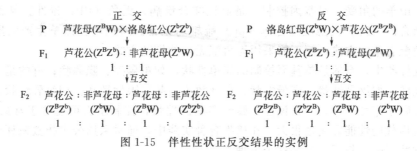

图 1-15　伴性性状正反交结果的实例

需要补充说明的是，纯合子芦花公鸡的羽色比芦花母鸡或杂合子芦花公鸡的羽色淡一些，这是因为前者有一对横斑基因，后二者只有一个横斑基因，产生剂量效应。

相对常染色体遗传，伴性遗传有以下特点：①性状的分离比与常染色体的分离比不一致；②性状的分离比在两性间不一致；③正反交结果不一致，出现隔代遗传（交叉遗传）；④染色体异型隐性基因（如 Z^bW、XY^b）也可能表现，出现假显性。

人的血友病、红绿色盲和 γ-球蛋白贫血症，犬的血友病、肌营养不良、髋关节发育不良，牛下颚发育不全等都是常见的伴性遗传病。伴性遗传的具体应用主要在性别的早期识别，如鸡的伴性性状（慢羽 Z^K/快羽 Z^k、芦花羽 Z^B/非芦花羽 Z^b、银色羽 Z^s/非银色羽 Z^S）和家蚕中油蚕的伴性性状（皮肤正常/皮肤油纸样透明），都得到广泛应用。

（二）从性遗传

从性遗传又称性影响性状，是指常染色体上某些基因控制的性状，由于内分泌等因素的影响，其性状只在一种性别中表现，或者一性别为显性、另一性别为隐性的遗传方式。

绵羊按照角的有无可以分为三类：雌雄均有角，如陶塞特羊；雌无角而雄有角，如美利奴羊、寒羊；雌雄均无角，如雪洛浦羊和塞福克羊。将有角的陶塞特羊与无角的塞福克羊进行正反交，结果如图 1-16 所示。

相对常染色体遗传，从性遗传有以下特点：①正反交结果表型完全一致；②性状的分离比在两性间不一致，与性别有关，杂合子中呈颠倒的显隐性关系。

将有角的陶塞特（HH）与无角的塞幅克羊（hh）进行杂交，子一代（Hh）公羊有角、母羊无角，这表明 H 在公羊为显性，而在母羊为隐性。此外，美利奴羊的角也是从性遗传，雄性有角为显性，雌性无角为显性。

（三）限性遗传

限性遗传是指只在一个性别才表现的性状，控制该状的基因可以在常染色体上或处

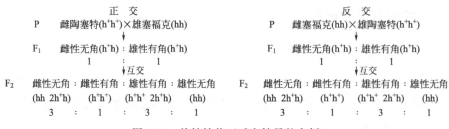

图 1-16 从性性状正反交结果的实例

在性染色体上。限性性状的表达多与性激素的存在与否有密切关系。

如山羊的间性遗传。山羊性情粗暴，公羊有角易伤人，所以饲养者有目的地选留无角山羊繁殖。山羊的角受一对基因控制，是显性纯合疾病，无角（PP）雄性正常而雌性呈中间性；杂合体（Pp）或隐性纯合体（pp）雌雄均正常。所以，在山羊生产实践中，应该采取无角配有角的方式，而不能采用无角配无角的繁殖方式。

在限性性状中，有的是单基因控制的简单性状，如单睾症、隐睾症；有的是多基因控制的数量性状，如泌乳性状、产蛋性状、产仔数等。某些限性性状，如泌乳性状、产蛋性状等虽然只限于雌性个体，但是该性状属于多基因性状，控制基因可能位于常染色体上，雄性个体对后代的性能影响也很大。在奶牛育种实践中，通常采用公牛指数来评价公牛对后代泌乳性状影响的指标，就是这个道理。

三、拓展资源

1. 欧阳叙向. 家畜遗传育种. 北京：中国农业出版社，2001.
2. 赵寿元. 现代遗传学. 北京：高等教育出版社，2001.
3. 徐崇任. 动物生物学. 北京：高等教育出版社，2000.
4. 《畜禽繁育》网络课程：http://portal. lnnzy. cn/kczx/xuqinfanyu/index. html.

➤ 工作页

子任务 1-3　性别的决定方式资讯单见《学生实践技能训练工作手册》。
子任务 1-3　性别的决定方式记录单见《学生实践技能训练工作手册》。

❖ 子任务 1-4　性状的变异现象

➤ 资讯

变异是指同一生物类型（主要是同一物种）之间显著的或不显著的个体差异，是生物界普遍存在的现象，是生物的共同特征之一。变异可以使生物具有多样性，并使生物通过自然选择而产生进化，从而影响生物的性状。

一、染色体变异

在细胞分裂过程中，染色体活动异常，在数量和结构上发生某些变化，称为染色体畸变。引起染色体畸变的因素有自然因素和理化因素（如紫外线、X 射线、γ 射线、中子和化学药剂）两大类。按染色体变异的性质，可以分为数目变异和结构变异两种。

（一）染色体数目变异

染色体数目的变化是指体细胞中的染色体，以染色体为单位发生数目上的变化。这种变化又可归纳为两种类型，即整倍体的变异和非整倍体的变异。

1. 整倍体的变异

整倍体的变异是指以一个染色体组为单位，发生数目的增加与减少的现象。

（1）单倍体　含有一个染色体组的细胞或生物为一倍体（x），含有配子染色体数的生物为单倍体（n）。对于动物来说，单倍体就是一倍体，体细胞含有一个染色体组，一般高度不育。单倍体在减数分裂时同源染色体不能发生联会，单独一条染色体会随机趋向两极，产生正常配子的几率很小。自然界中，雄蜂、黄蜂、蚂蚁是由未受精卵经过孤雌生殖而发育的，是正常的单倍体。高等动物的单倍体出现频率很低，很难发育成独立个体。

（2）多倍体　凡是体细胞含有 3 个或 3 个以上染色体组的细胞或生物统称为多倍体。通常，含有 n 个染色体组就称为 n 倍体，如含有 3 个染色体组就称为三倍体。多倍体中，根据染色体组的种类又可分为同源多倍体、异源多倍体、同源异源多倍体、节段异源多倍体等。

① 同源多倍体　染色体组起源于同一物种的多倍体为同源多倍体。若 A 代表一个染色体组，则二倍体为 AA，三倍体为 AAA，四倍体（染色体已复制而细胞质未分裂）为 AAAA。减数分裂时，同源多倍体的染色体联会容易发生混乱，产生染色体数目不均衡的配子，繁殖力降低。

② 异源多倍体　染色体组起源于非同一物种的多倍体为异源多倍体。若 A 和 B 代表两个不同物种的染色体组，杂交产生的子一代为 AB，用秋水仙素等处理后，染色体加倍后形成四倍体 AABB。异源多倍体在减数分裂时能进行正常的联会，产生有功能的配子，一般繁殖力正常。如我国培育出的异源四倍体小黑麦、异源八倍体小黑，取得了可喜的成绩。

③ 自然界的多倍体　多倍体在植物中普遍存在，大约占 65% 以上，禾本科植物占 75% 以上。因为植物多为雌雄同株或同花，其两性配子可能同时发生不正常的减数分裂，配子中染色体数目未减半，通过自体受精自然形成多倍体。

高等动物中多倍体十分罕见，仅发现马蛔虫（$2n=4$）和金仓鼠（$2n=4X$，44），分别属于同源多倍体和异源多倍体，这与动、植物的发育及繁殖方式不同有关。动物多为雌雄异体，不能进行营养繁殖，配子发生非正常分裂的几率极低，染色体稍有不平衡，就会导致不育。

但是，在扁形虫、水蛭和海虾中发现了多倍体，与其通过孤雌生殖方式有关。在某些鱼类、两栖动物和爬行动物也有多倍体，与其多种繁殖方式有关。某些鱼类是由单个的多倍体在进化中产生了完整的分离群。

2. 非整倍体的变异

非整倍体是指在正常体细胞的基础上发生个别染色体增减的现象。按照其变异情况又分为以下几种。

（1）单体　单体是指二倍体染色体组缺少一条染色体（$2n-1$）的生物个体。大多数生物的单体不能存活，但多倍体植物的单体可以存活且能够繁殖。在动物的单体中，主要是以缺失一条性染色体的形式存在，而常染色体的单体一般在胚胎的早期就死亡。如蝗虫、蟋蟀、某些甲虫的雌性个体染色体组型为 XX 型，雄性为 XO 型。又如牛（59，XO），表现为先天性卵巢发育不全，没有生育能力。

（2）多体　多体是指二倍体染色体组增加了一条或多条染色体的生物个体。其中以三体（2n＋1）、四体（2n＋2）、双三体（2n＋1＋1）最为常见。

三体可以存活，甚至可以生育。三体主要是多一条性染色体，如牛的性染色体三体[（61,XXX）和（61,XXY）]，母牛表现繁殖功能上的缺陷，公牛则表现为性腺发育不全，生长发育受阻。在动物中同样存在多种类型的常染色体三体，均表现一定的异常。如牛的18-三体造成致死三体综合征，23-三体的母犊表现侏儒症等。

（3）缺体　缺体是指二倍体染色体组丢失一对同源染色体（2n－2）的生物个体，又称为零体。由于丢失的染色体上带有的基因是别的染色体所不具备的，无法补偿其功能，故一般是致死性的。

3. 染色体不分离

细胞分裂的中、后期，某对姊妹染色单体或同源染色体未正常分离而进入同一子细胞中的现象叫做染色体不分离现象。染色体不分离发生在减数分裂时，可以产生（n＋1）和（n－1）两种配子，与正常配子结合则相应产生三体和单体。

（二）染色体结构变异

在减数分裂过程中，由于染色体断裂并以不同的方式重新粘连起来，导致染色体上的碱基排列顺序异常，称为染色体结构变异。染色体结构变异主要是染色体发生片段的丧失、添加和位置的改变，具体表现为以下几种类型。

1. 缺失

缺失指染色体某一片段及其带有的基因一起丢失的现象。根据缺失发生的位置，可分为中间缺失与顶端缺失两种。

中间缺失指染色体中部缺少了某一个片段，这种缺失较为普遍，也比较稳定，故较常见；而末端缺失主要是端粒的丢失，暴露的断裂面常与其他染色体断裂片段重新愈合，形成双着丝粒染色体或发生易位，也可能自身相连形成环状染色体。发生缺失后，携带着丝粒的一段染色体仍可继续留在新细胞中，没有着丝粒的片段将伴随细胞的分裂而丢失。

一对同源染色体中的一条染色体发生缺失，另一条染色体正常，形成了缺失杂合体；若一对同源染色体都发生相同的缺失，就形成了缺失纯合子。动物中发现的染色体缺失多为缺失杂合体，其生活力比较低，繁殖出现障碍，甚至出现致死现象。

缺失的遗传效应主要有：改变正常的连锁群，影响基因间的交换与重组；引起某些隐性基因由于没有同位基因的存在，而出现假显性或拟显性。

2. 重复

重复指正常染色体上增加了相同的某一片段的现象。根据重复片段的方向，可以分为顺接重复与反接重复两种。

重复与缺失总是伴随出现的，某染色体的一个区段转移到同源染色体的另一个染色体上，自身就成为缺失染色体了。将一条染色体正常而对应同源染色体有重复的个体称做重复杂合体，其生活力虽然受到一定的影响，但是要比缺失杂合体的生活力高。

如果蝇眼色有朱红色和红色两种，分别由 V 和 V^+ 基因控制，V^+ 为显性。V^+V 个体的眼色是红的，可是基因型为 V^+VV 的重复杂合体，其眼色却是朱红色，即 2 个隐性基因的作用超过了 1 个显性基因作用，表现出剂量效应。

重复的遗传效应主要有：由于重复结构的存在，产生一定的剂量效应；改变了原有基因间的位置关系，即产生位置效应，影响基因间的交换率。

3. 倒位

倒位指染色体某一片段正常排列的顺序发生 180° 颠倒的现象。根据倒位区段是否包含着丝粒，可以分为臂内倒位和臂间倒位两种。

将一条染色体正常而对应同源染色体发生倒位的个体称做倒位杂合体。当大片段染色体倒位时，倒位杂合子表现高度不育，倒位纯合子生活力无影响。由于染色体一次一次地发生倒位，倒位通过自交会出现纯合子后代，可以产生生殖隔离，从而促进物种进化。

倒位的遗传效应主要有：改变基因序列和相邻基因的位置，引起基因重排，破坏了连锁群，影响基因间的交换率；同时也使遗传密码的阅读结果发生改变，导致相应的表型变化；与原来的物种产生生殖隔离，从进新物种的进化。

4. 易位

易位指两对非同源染色体之间发生片段转移的现象。染色体某一片段单向连接到另一条染色体上的现象为单向易位；两条染色体各自交换了某一片段为相互易位。

相互易位与基因交换有本质的区别：基因交换发生在同源染色体上，相互易位发生在非同源染色体上。基因交换所产生的配子都是可育的；相互易位产生的配子 2/3 是不育的；易位杂合子与正常个体杂交，子一代 50% 是不育的。

易位的遗传效应主要有：改变了正常的连锁群，实现连锁遗传与独立遗传的相互转换；由于基因的重排，构建了新的连锁群。

5. 罗伯逊易位

通常端部着丝粒的两条非同源染色体，在着丝粒处连接并融合为具有中部或亚中部着丝粒的染色体的现象为罗伯逊易位。如马鹿（$2n=68$）与梅花鹿（$2n=66$）就是发生罗伯逊易位，起源于同一祖先两个不同物种。

此现象对家畜染色体变化中非常重要，对研究家畜起源、近源种之间的亲缘关系和家畜育种也有十分重要意义。

（三）染色体结构变异的原因

染色体的每一种畸变都是一条或多条染色体发生了一个或多个断裂的结果。一个断裂可以形成两个断口，如果断裂在断口处重新连接，则染色体不会发生结构性改变；如果断裂末端未能按照原来顺序连接，可以形成缺失、倒位或者重复等现象。若断裂发生在两条非同源染色体上，断裂区段之间还能单向粘接或者双向粘接，重新连接后形成易位现象。

当染色体发生断裂产生一个含有着丝粒的片段和一个不含有着丝粒的片段时，前者形成染色体的缺失现象，后者无着丝粒牵引而不能定向移动而丢失。当染色体发生断裂产生三个片段时，中间的片段扭转 180° 后重新连接形成倒位现象。若断裂发生在两条同源染色体的不同位置，重新连接后形成染色体重复或缺失现象。

二、基因突变

基因突变是指染色体上某一基因位点内发生了化学结构的变化，所以也称为"点突变"，其实质是一个基因变为它的等位基因。基因突变在生物界普遍存在，而且突变后所出现的性状跟环境条件之间看不出对应关系。如獭兔毛色的变异，卷羽鸡和短腿安康羊的出现，这些在形态生理和代谢产物等方面表现的相对性差异，都是发生基因突变而形成的。

（一）基因突变的原因

基因突变是由于内外因素引起基因内部的化学变化或位置效应的结果，即 DNA 分子结构的改变。染色体或基因的复制通常是十分准确的。在生物进化过程中，有时也会发生改变，并且会进一步发展改变它的遗传结构。换言之，一个基因仅是 DNA 分子的一个小片段，如果某一片段核苷酸任何一个发生变化，或在这一片段中更微小的片段发生位置变化，即所谓发生位置效应，就会引起基因突变。

如人的镰刀型细胞贫血症是人类发现的第一个分子病，是以红细胞呈新月状为特点的一种慢性溶血性贫血。其发病的分子基础是：正常血红蛋白的 β 链上 DNA 分子的一个碱基发生了改变，即 A→T，导致第 6 位编码谷氨酸的密码子 GAG 被编码缬氨酸的密码子 GUG 替代，即 GAG→GUG，从而造成异常血红蛋白，产生镰刀状细胞贫血症。

(二) 基因突变的种类及其影响因素

基因突变可分为自然突变和诱发突变两种。凡是在没有特殊的诱变条件下，由外界环境条件的自然作用或生物体内的生理和生化变化而发生的突变，称为自然突变。而在专门的诱变因素，如各种化学药剂、辐射线、温差剧变或其他外界条件影响下引起的突变，称为诱发突变。

引起诱发突变的因素主要有：①物理诱变因素，包括电离辐射线，中子流等；非电离射线，包括紫外线、激光、电子流及超声波等；②化学诱变因素，有烷化剂，如乙烯亚胺 (EI)、硫酸二乙酯 (DES)、亚硝酸、亚硝基甲基脲等，5-溴尿嘧啶 (5-Bu)、2-氨基嘌呤 (2-AP) 等某些碱基结构类似物，还有能引起转录和转译错误的吖啶类染料等。

(三) 基因突变的时期和频率

1. 突变发生的频率

突变发生的频率简称突变率，是指在一定时间内突变可能发生的次数，即突变个体占总观察个体数的比值。基因突变在自然界是普遍存在的，但在自然条件下，突变发生的频率很低，而且随生物的种类和基因不同有很大差异。如人类中的自发突变率为 $1\times10^{-6}\sim4\times10^{-4}$；高等动、植物中的自发突变率为 $1\times10^{-8}\sim1\times10^{-5}$；细菌和噬菌体的突变率约为 $4\times10^{-10}\sim1\times10^{-4}$。

2. 突变发生的时期和部位

从理论上讲，突变可以发生在生物体生长发育的任何时期，在体细胞和性细胞中都可以发生。实验表明，生殖细胞的突变频率较高，而且在减数分裂晚期、性细胞形成前的时期为多。性细胞的突变可以通过受精作用而直接遗传给后代。体细胞的突变，如果是显性突变，往往能形成嵌合体，嵌合体范围的大小取决于突变发生时期的早晚；如果是隐性突变，发生突变的细胞由于受到显性基因的掩盖而不能有效表达。此外，突变的体细胞在生长能力上往往不如周围的正常细胞而受到抑制而得不到发展。体细胞突变在生物育种或物种进化上都是没有意义的。

(四) 基因突变的一般特征

1. 突变的多向性

突变的多向性是指一个基因可以突变成它的不同的复等位基因，如 A 可以突变为 a_1，a_2，$a_3\cdots a_n$。复等位基因的产生是由突变的多向性所造成的，由于复等位基因的存在，丰富了生物的多样性，扩大了生物的适应范围，为育种工作增加了素材。如鸡存在 14 个血型系统，即 14 个基因位点，有 100 多个等位基因，其中 B 系统中的因子较多，有 30 个以上的等位基因。

一个基因突变的方向虽然不确定，但不是可以发生任意的突变，这是由于突变的方向首先受到构成基因本身的化学物质的制约，同时受内外环境的影响，所以它总是在同样的相对性状的范围内突变。

2. 突变的重演性

突变的重演性是指相同的突变在同种生物的不同个体、不同时间、不同地点重复地发生和出现。如安康羊在英国和挪威的两家农场重复出现过，无毛的裸鼠、裸兔以及无角的山羊也曾经在不同地区出现过很多次。

3. 突变的可逆性

突变一般是双向发生的，过程是可逆的。显性基因可以突变为隐性基因，如 A→a，称之为正突变；反之，隐性基因突变为显性基因，如 a→A，称为反突变。突变的可逆性从事实上表明基因突变是以基因内部化学组成的变化为基础的，作为遗传物质的 DNA 分子中一个碱基的改变，就可以导致一个基因发生突变。

4. 突变的平行性

突变的平行性是指亲缘关系相近的物种常发生相似的基因突变。如牛、马、兔、狐、犬都出现白色个体，矮化基因在羊、马、牛、猪等动物中都有发生。根据这个特性，如果一个种、属的生物中产生了某种变异，可以预测与之相近的其他种、属可能存在或产生相似的变异。

5. 突变的有害性

大量事实表明，大多数突变不利于生物的生长发育。因为每种生物都是进化过程的产物，与环境条件已取得了高度的协调。如果发生突变，就可能破坏或削弱这种均衡状态，甚至阻碍生物体的生存或传代。基因突变是引起遗传病的主要原因，如松狮犬的胃癌、萨莫耶德犬的糖尿病、猎兔犬的血凝异常、杜宾犬的嗜眠症、金毛猎犬的淋巴癌、达克斯猎犬的癫痫以及斑点犬的耳聋，这类遗传病只在致病隐性基因纯合时才表现。

6. 突变的有利性

自然界中，也有少数突变能促进或加强某些生命活动，是有利于生物生存的，如抗病性、早熟性以及微生物的抗药性等。如细胞表面抗原基因的改变，使具有 B^{21} 抗原的鸡群对马立克病具有抵抗力，具有 B^2 抗原的鸡群对淋巴细胞性白血病具有抵抗力，是有利的异变。又如，残翅昆虫（突变型）生活在大陆地区对昆虫是极端不利的，而在多风的海岛上，比常态翅昆虫更适于生存。此外，有些突变对动物本身没有利，甚至有害，但对人类来说，是希望获得的有利的突变。如裸兔、裸鼠的产生，为人类开展动物实验提供了方便。

7. 突变的随机性

DNA 分子中任何一个或多个碱基都可能发生改变，所以发生突变的基因是随机的，所产生的性状也是不可预测的。基因突变不仅可以发生在生物发育的任何时期，对于某一个体来说，任何细胞或组织都有发生基因突变的可能。而在一个群体中，任何一个个体都有发生基因突变的可能。所以，基因突变具有广泛的随机性。

（五）基因突变的应用

人工诱变能提高基因突变的频率，扩大变异幅度，对现有品种特定性状的改良有显著效果；人工诱变性状稳定较快，不仅可缩短育种年限，而且处理方法简便，有利于开展广泛的育种工作。

在微生物选种中，广泛应用各种诱变因素来培育优良菌种。如青霉菌的产量最初是很低的，生产成本也很高。交替地用 X 射线和紫外线照射以及用芥子气和乙烯亚胺处理，再配合人工选择而得到的菌种，不仅产量从 250IU/ml 提高到 5000IU/ml，而且去掉了黄色素。目前诸多的抗生素菌种，如青霉菌、白霉菌、土霉菌、金霉菌等都是通过人工诱变而育成的。

在动物方面，诱变试验首先是以果蝇为材料，然后对家蚕、兔、皮毛兽等也作了一些试验，证明诱变有一定效果。如用电离辐射处理家蚕，育成 ZW 易位平衡致死品系，用于蚕的制种，提供全雄蚕的杂交种，大幅提高了蚕丝的产量和质量。通过人工诱变使水貂的毛色基因发生突变，产生了经济价值很高的天蓝色、灰褐色和纯白色等品种。但是，动物机体的结构复杂，细胞分化程度高，生殖腺在体内保护较好，所以生殖细胞诱发突变比较困难，产生突变较困难。

三、拓展资源

1. 欧阳叙向. 家畜遗传育种. 北京：中国农业出版社，2001.
2. 赵寿元. 现代遗传学. 北京：高等教育出版社，2001.
3. 徐崇任. 动物生物学. 北京：高等教育出版社，2000.
4. 《畜禽繁育》网络课程：http://portal.lnnzy.cn/kczx/xuqinfanyu/index.html.

➢ 工作页

子任务 1-4 性状的变异现象资讯单见《学生实践技能训练工作手册》。
子任务 1-4 性状的变异现象记录单见《学生实践技能训练工作手册》。

❖ 子任务 1-5 群体遗传的特征

➢ 资讯

遗传学的三大基本规律是以个体的基因型和表现型为研究对象，分析两个个体交配后所产生的后代各种不同基因型和表现型的情况。家畜作为一个群体，由于个体的基因发生突变，导致群体中的基因频率和基因型频率的发生变化，进而影响群体遗传结构的改变。

一、群体遗传平衡定律

（一）基本概念

1. 群体

遗传学中，群体是指孟德尔群体，即可以相互交配并能繁殖后代的若干个体的集合。群体的定义可大可小，大至一个物种，小至一个品系或类群。在这个群体中所有基因的总和称之为基因库，不同个体共享这一个基因库资源，相互之间可以自由地进行基因交流。

2. 随机交配

随机交配是指在一个有性繁殖的群体中，任何一个个体与任何一个异性个体进行交配的概率是相同的，即任何一对雌、雄个体的结合是随机的，不受其他因素的影响。随机交配不是自然交配，因为自然交配是有选择的交配，即个体间生活力、健康状况等差异，导致个体间繁殖力的差异。在生产实践中，完全不加选择的随机交配比较少见。但是，对于某一性状而言，随机交配的情况是很多的。

3. 基因频率与基因型频率

所谓基因频率就是在一个群体中，某一基因对其等位基因的相对比率，或者说某一基因占该位点所有基因的比例。任何一个位点上的全部等位基因频率之和必然等于 1。基因频率是一个相对比率，用小数或百分率表示，没有负值。

假设控制牛毛色的基因是一对等位基因，红毛基因 R 对白毛基因 R′为不完全显性，如果两者比例为 90∶10，则基因 R 的频率为 90%，基因 R′的频率为 10%。

基因型频率是指群体中某一特定基因型个体占全部基因型个体的比率。如上述牛群中，毛色性状有 3 种基因型，即 RR、RR′和 R′R′，经过统计，红毛牛（RR）占 81%，沙毛牛（RR′）占 18%，白毛牛（R′R′）占 1%，3 种基因型的频率总和为 1。

在世代传递过程中，随着等位基因的分离，各基因随机分配到不同的配子中，两性配子的结合是随机的，决定了子一代的基因型和基因型比例。所以，基因型频率与基因频率之间存在某种内在的联系。

设 A 和 a 是一对等位基因，基因频率分别为 p 和 q，AA、Aa 和 aa 的基因型频率分别为 D、H 和 R。在整个群体中，有 D 个 AA 型个体（含有两个 A 基因），故群体有 $2D$ 个 A 基因，同理，Aa 型个体有 H 个 A 基因、H 个 a 基因，aa 型个体有 $2R$ 个 a 基因。

所以，群体中 A 的基因频率为：

$$p = \frac{2D+H}{2D+2H+2R} = \frac{2D+H}{2(D+H+R)} = D+0.5H$$

同理，群体中 a 的基因频率为：

$$p = \frac{2R+H}{2D+2H+2R} = \frac{2R+H}{2(D+H+R)} = R+0.5H$$

如上述牛群中，红毛牛（RR）占 81%，沙毛牛（RR′）占 18%，白毛牛（R′R′）占 1%，则红毛基因 R 的频率 $p = 0.81+0.5×0.18 = 0.9$，白毛基因 R′的频率 $q = 0.01+0.5×0.18 = 0.1$。

（二）遗传平衡定律

所谓平衡，是指在一个群体中，每一世代的基因频率与基因型频率不发生变化。1908年，英国数学家哈迪（Hardy）和德国医生温伯格（Weinberg）经过各自独立研究，发现了上述现象，并分别发表了有关基因频率和基因型频率关系的重要规律，称为哈迪-温伯格定律，又称遗传平衡定律或基因平衡定律。

遗传平衡定律的要点为：①在一个随机交配的大群体中，若没有其他因素（选择、突变和迁移）的存在，基因频率和基因型频率世代不变；②在一个大群体中，无论初始的基因频率如何，只要经过一代随机交配，后代的基因频率和基因型频率世代不变；③在平衡状态下，频率与基因型频率的关系为 $D=p^2$、$H=2pq$、$R=q^2$。

假设一个大群体，0 世代个体所产生的配子中，带有 A 基因的概率为 p_0，带有 a 基因的概率为 q_0，即 p_0 个配子带有 A 基因，q_0 个配子带有 a 基因。

在随机交配下，异性配子的结合是随机的，则 1 世代的基因型频率为：

$$D_1 = p_0^2 、H_1 = 2p_0 q_0 、R_1 = q_0^2$$

因此，1 世代的基因频率为：

$$p_1 = D_1 + 0.5H_1 = p_0^2 + p_0 q_0 = p_0(p_0+q_0) = p_0$$
$$q_1 = R_1 + 0.5H_1 = q_0^2 + p_0 q_0 = q_0(p_0+q_0) = q_0$$

同理，2 世代的基因频率为：

$$p_2 = p_0, \cdots, p_n = p_0$$
$$q_2 = q_0, \cdots, q_n = q_0$$

也就是说，基因频率一代一代传递下去，世代保持不变。

遗传平衡定律揭示了基因频率与基因型频率的本质关系，成为群体遗传学研究的一个基础。但是，这种平衡是有条件的，尤其在人工干预下，通过选择、杂交或引种等途径，改变群体的基因频率，从而改变群体的遗传特性，为家畜育种、选种提供了有利条件。

在家畜群体中，一个基因座位可能存在复等位基因现象，基因型种类增多，等位基因间的互作关系更为复杂，表现型的种类随等位基因间的互作关系而改变。

假设某基因座位有 n 个等位基因 A_1、A_2、$\cdots$、A_n，对应的基因频率为 p_1、p_2、$\cdots$、p_n，可以形成 n 种纯合子和 $n(n-1)/2$ 种杂合子，则基因频率与基因型频率的关系为：

$$A_i A_i = p_i^2 (i=1,2,\cdots,n)、A_i A_j = 2p_i p_j (i=1,2,\cdots,k-1; i<j\leqslant n)$$

二、群体基因频率的计算

（一）不完全显性

根据家畜的表现型就可以识别出基因型，依据表现型的比率得到基因型的频率，进而计算出基因频率。如安达鲁西鸡有 3 种羽色：黑色、蓝色和白色，分别受等位基因 B 和 b 控制。对某大群安达鲁西鸡的羽色进行调查，结果黑羽鸡占 49%、蓝羽鸡占 42%、白羽鸡占 9%，即 BB 的基因型频率为 0.49，Bb 的基因型频率为 0.42，bb 的基因型频率为 0.09，则 B 的基因频率 $p = 0.49 + 0.5 \times 0.42 = 0.7$，b 的基因频率 $q = 0.09 + 0.5 \times 0.42 = 0.3$。

（二）完全显性

由于显性纯合子和杂合子的表现型相同，不能有效区别。因此，通过表现型统计分析只能得到隐性纯合子的基因型频率和另外两种基因型频率之和。当群体是一个随机交配的大群体时，处于基因频率平衡状态，则由 $R = q^2$ 推导出 $q = \sqrt{R}$，$p = 1 - q$。如某大型的荷斯坦奶牛场，有角牛占 98%、无角牛占 2%，则该群体的无角基因的频率 $q = \sqrt{0.98} = 0.9899$，有角基因的频率 $p = 1 - 0.9899 = 0.0101$。

（三）伴性遗传

在伴性遗传的情况下，将雌雄看作两个群体：性染色体同型的群体（XX，ZZ），平衡时满足遗传平衡定律，即 $D = p^2$、$H = 2pq$、$R = q^2$；性染色体异型的群体（XY，ZW），基因型频率等于基因频率，也等于表现型频率。如某鸡群中，芦花母鸡（$Z^B W$）占 40%，则该群体中芦花基因的基因频率为 0.4，非芦花基因的基因频率为 0.6。

三、影响群体遗传结构的因素

生产实践中，一个家畜群体的基因频率和基因型频率不是固定不变的。研究引起基因频率变化的原因，对于阐明生物进化过程和加速畜禽改良具有重要的意义。

（一）基因突变

基因突变可以改变群体的基因频率，进而影响群体的遗传结构，为自然选择和人工选择提供了物质基础。基因突变分为频发突变和非频发突变两种。

非频发突变指在一个群体中，无规律、无方向性的偶然发生的突变，不是改变基因频率变化的主要因素。如一个基因型 AA 的群体中，极少数个体发生突变形成 Aa，这种突变除非在选择上有强大的优势，否则很容易消失。

频发突变是指在一个群体中，有规律、有方向性的经常发生的突变，是导致基因频率变化的主要因素。如一对等位基因 A 和 a，当 A 突变为 a 的概率大于 a 突变为 A，则群体中 A 的基因频率逐渐减少，a 的基因频率逐渐增加，最后 A 完全被 a 替代。

假设一对等位基因 A 和 a，每世代 A→a 的正向突变率为 u，a→A 的反向突变率为 v，若 0 世代 A 的频率为 p_0、a 的频率为 q_0。经历一代突变后，A 基因的频率由于正突变减少了 $p_0 u$，又由于反突变增加了 $q_0 v$，则 1 世代 A 的基因频率 $p_1 = p_0 - p_0 u + q_0 v$，基因频率的改变量为 $q_0 v - p_0 u$，同理，2 世代 A 的基因频率改变量为 $q_1 v - p_1 u$。若群体的处于平衡，则 $qv = pu$，又 $p + q = 1$，所以 $qv = (1-q)u$，则

$$q = \frac{u}{u+v}、p = \frac{u}{u+v}$$

由于基因突变的频率非常低，单靠突变使基因频率和群体的遗传结构得到明显的改变，就要经过很多世代，需要很长时间，对家畜育种改良的作用不是很大。

（二）选择

所谓选择，就是群体内个体参与繁殖的机会不均等，从而导致不同个体对后代的贡献不一致。就家畜而言，选择的实质就是将满足人类需求的性状保留下来，使其基因频率逐代增加，从而使基因频率发生改变，是改变家畜群体遗传结构的重要因素。

对具有显性基因的个体来说，无论杂合子还是纯合子，表现型基本一致，淘汰显性基因保留隐性基因很容易实现，也可以快速改变群体的遗传结构。若要淘汰隐性基因保留显性基因相对复杂一些，但当隐性基因频率处于较低水平时，需要通过测交的方式甄别纯合子和杂合子，彻底剔除隐性基因。

（三）迁 移

所谓迁移，是指不同群体间由于个体转移所引起的基因流动过程。迁移可以是单向的，也可以是双向的。在家畜育种实践中，迁移主要体现为引种，即引入优良基因加快群体的遗传改良，是提高育种效率的一个重要途径。

在一个大的群体中，迁移引起基因频率的改变并不显著。假设每一代中有一部分迁入者，迁入个体占迁入后整个群体的比率为迁移率，用 m 表示，则原来个体的比例是 $1 - m$，迁入个体中某一基因频率为 q_m，原来个体中该基因频率为 q_0，则迁入后混合群体的基因频率 q_1 为

$$q_1 = mq_m + q_0(1-m) = q_0 - mq_0 + mq_m$$

即混合群体的基因频率为两个群体基因频率的加权平均数。

由迁入引起的基因频率的变化为：

$$\Delta q = q_1 - q_0 = m(q_m - q_0)$$

如用有角牛群（有角基因频率为 1、无角基因频率为 0）与无角牛群（有角基因频率为 0、无角基因频率为 1）杂交，子一代全部为杂合体。有角基因频率为 $(1+0)/2 = 0.5$，无角基因频率为 $(0+1)/2 = 0.5$。当两个不同基因频率的群体仅有部分个体杂交时，也会使群体的基因频率发生变化。

在自然界中，迁移是保持同一物种遗传特性的重要机制，如果同一物种的各群体长期处于闭锁隔离状态就可能发生遗传分化，甚至逐渐出现种的分化。

（四）遗传漂变

在一个群体含量有限的小群体内，亲代虽然可以产生大量的配子，但是参与受精的配子只是其中很少的一部分。由于配子受精的随机抽样误差，导致基因频率在世代间的随机变化，称为遗传漂变。遗传漂变在所有的群体中都会出现，当群体规模较大时，遗传漂变

较小，可以忽略不计；当群体规模较小时，遗传漂变的效应就比较明显。

遗传漂变的基本效应是导致群体的基因频率随机波动，相应地也使基因型频率出现随机变化，最终导致一个基因固定或消失，与近交效应相类似。如某奶牛群的黑毛基因 E 的频率 p 为 0.01，红毛基因 e 的频率 q 为 0.99，群体中 EE 的频率 $D=0.99^2=0.9801$，Ee 的频率 $H=2\times0.99\times0.01=0.0198$，ee 的频率 $R=0.01^2=0.001$。如果从该牛群选购 1 公 1 母两头黑白花牛，有 3 种可能性：①全部为显性纯合子，概率为 $0.9801\times0.9801=0.9606$，其后代的基因频率 $p=1$、$q=0$；②全部为杂合子，概率为 $0.0198\times0.0198=0.0004$，其后代的基因频率 $p=0.5$、$q=0.5$；③一头为杂合子，另一头为纯合子，概率为 $2\times0.0198\times0.9801=0.0388$，其后代的基因频率 $p=0.75$、$q=0.25$。

（五）同型交配

在家畜育种工作中，常常选择相同基因型的个体进行交配即同型交配。以一对基因 A 和 a 为例，同型交配有 3 种方案，AA×AA、aa×aa、Aa×Aa。前两种方案的后代与亲本一致，都是纯合子，基因频率与基因型频率不变；第二种方案中，子一代有 3 种基因型 AA、Aa 和 aa，频率为 25%、50% 和 25%。即通过一代同型交配，杂合子的比例降低到原来的一半。

假设原始群体的基因型频率为 $D_0=0$、$H_0=1$、$R_0=0$，则连续进行同型交配，不同世代的后代的基因频率与基因型频率如表 1-4 所示。

表 1-4　连续同型交配条件下各世代的基因频率和基因型频率

世代	基　因		基　因　型		
	A	a	AA	Aa	Aa
0	0.5	0.5	0	1.0000	0
1	0.5	0.5	0.2500	0.5000	0.2500
2	0.5	0.5	0.3750	0.2500	0.3750
3	0.5	0.5	0.4375	0.1250	0.4375
4	0.5	0.5	0.46875	0.0625	0.46875
5	0.5	0.5	0.484375	0.03125	0.484375
...	...	...	...	...	...
n	0.5	0.5	$0.5-0.5^{n+1}$	0.5^n	$0.5-0.5^{n+1}$

由此可见，同型交配本身只能改变基因型频率，却不能改变基因频率。但是，在家畜近交过程中，由于近交个体有限，加上严格选择，所以基因频率会发生显著的变化，但是这并不是近交本身的遗传效应，而是遗传漂变和选择的结果。

近交和同质选配是不完全的同型交配，因此，其效应不如完全的同型交配，但是其性质是相同的，即能使杂合子逐代减少，纯合子逐代增加，群体趋于分化，而对基因频率则无影响。

四、拓展资源

1. 欧阳叙向. 家畜遗传育种. 北京：中国农业出版社，2001.
2. 赵寿元. 现代遗传学. 北京：高等教育出版社，2001.
3. 《畜禽繁育》网络课程：http://portal.lnnzy.cn/kczx/xuqinfanyu/index.html.

子任务 1-5 群体遗传的特征资讯单见《学生实践技能训练工作手册》。

子任务 1-5 群体遗传的特征记录单见《学生实践技能训练工作手册》。

❖ 子任务 1-6　性状的研究方法

➤ 资讯

一、遗传性状的分类

家畜的性状按照表现方式和人们对其考察、度量的手段来看，主要分为质量性状和数量性状两大类。

质量性状是指那些在类型间有明显的界限、变异为不连续的、用言语所描述的性状，如家畜的被毛颜色、耳形，眼睛的颜色，尾的长短、有无等。这类性状由单个或几个主基因控制，受到外界环境因素的影响小，相对性状间差异大，大多数有显隐性的区别，一般遵循孟德尔遗传定律。

数量性状是指那些在类型间没有明显的界限、变异为连续的、用数字描述的性状，如家畜的泌乳量、产毛量、初生重、断奶重、日增重等。这类性状是由多基因位点控制，很难区别每个基因的作用，性状间的差异小，受外界环境因素的影响大，不表现为简单的显隐性关系，也不能用孟德尔遗传规律来分析。

此外，生物性状中还有一类特殊的性状，称为阈性状（Threshold Trait），不能完全等同于质量性状或数量性状，具有一定的生物学意义或经济价值。如家畜对某种疾病的抵抗力表现为发病和健康两种状态，产仔数表现为单胎、双胎和多胎等。这类性状的表现呈非连续型变异，与质量性状类似，但又不服从孟德尔遗传规律，而且其遗传基础是多基因控制的，具有潜在的连续型变异分布，与数量性状类似。质量性状与数量性状的比较见表 1-5。

对于家畜而言，数量性状的经济重要性相对质量性状要大得多，如产乳量、乳脂率、日增重、饲料转化率、背膘厚、产毛量、产蛋量、产肉量等。因此，要想高效开展家畜育种工作，就必须对数量性状的遗传基础和规律进行深入的分析和研究。

表 1-5　质量性状与数量性状的比较

比较项目	质量性状	数量性状	阈性状
主要类型	品种特征、外貌特征	生长发育、生产性能	生长发育、生产性能
遗传基础	单个或少数主基因	微效多基因系统	微效多基因系统
表现方式	间断性、呈二项式展开	连续性、近似正态分布	间断性
考察方式	语言描述	数字度量	语言描述
环境影响	不敏感	敏感	敏感
研究水平	家系	群体	群体
研究方法	系谱分析、概率分析	统计分析	统计分析

对于宠物而言，数量性状的经济重要性相对质量性状要小得多，因为宠物更加注重以表型性状为主进行选育。除了表型性状之外，某些数量性状同样也不可忽视，多是与生殖健康有关的性状，如个体的生产力、繁殖力、交配能力、产仔数、成活率等，此外，毛皮

的质量、毛的密度与长度也是数量性状。所以，研究数量性状的作用机理，对宠物育种工作也具有重要意义。

二、数量性状的遗传

1908 年，瑞典遗传学家尼尔逊·埃尔（Nilsson Ehle）通过对小麦籽粒颜色的遗传研究，提出了数量性状的多基因假说。该假说的主要要点为：①数量性状的表现是由许多彼此独立的基因共同作用的结果；②每个基因对性状表现的效应微小，表现为不完全显性或无显性，但遗传方式仍服从孟德尔遗传定律；③不同基因间的作用相等，是可以累加的，故也称为加性基因。数量性状的中间型遗传正是多基因相互作用的结果。

（一）数量性状的基本特征

（1）变异呈连续性　数量性状呈连续性变异，属于中间类型的个体较多，而趋向两极的个体越来越少，其分布曲线呈一个钟形。性状的表型值用数字来表示，但无法明确地归类，大部分数量性状的频数分布都接近于正态分布。

（2）易受环境影响　数量性状与环境的作用较明显，表型的差异既有基因型变异引起的，又有环境改变而引起的，这两种因素相互影响，不容易区别。

（3）作用有累加性　数量性状受多个基因控制，每个基因的作用微小，而且可以累加。因此，数量性状的杂种后代基因型的分离比较复杂，需要采用数理统计的方法从基因的总效应上进行分析。

（4）中间类型遗传　数量性状的杂种一代往往表现出两个亲本的中间类型，即表现出部分显性或者无显性。

（二）数量性状的遗传方式

1. 中间型遗传

在一定的条件下，两个不同品种或品系杂交，子一代的平均表型值介于两亲本的表型值之间，这种现象为中间型遗传。当群体足够大时，个体性状的表型呈正态分布，子二代的平均表型值与子一代平均表型值相近，但是变异范围比子一代更大。

产生中间型遗传的原因是，控制数量性状的基因位点很多，所形成的基因型种类也很多。由于基因间存在加性效应，不同基因型杂合子的表型存在一定的差异，而且受到环境的影响，所以不同个体的表型都是多个基因位点效应与环境作用的总和。

2. 超亲遗传

两个品种或品系杂交，子一代表现为中间类型，而以后的世代中可能出现超过原始亲本的个体，这种现象为超亲遗传。

产生超亲遗传的原因是，参与杂交的两个亲本不是基因型最优秀个体，杂交导致基因重组，可能出现最佳组合或最差组合，明显优于或低于两个亲本。这种重组可以通过选育措施保持下来，给选育新的类型提供了有利的条件，促进了新品种的形成。

3. 杂种优势

两个品种或品系杂交，子一代出现生产力、繁殖力、生长势、抗病力等方面超过双亲的平均值，甚至比两个亲本各自的水平都高的现象，这种现象为杂种优势。杂种优势是数量性状的一种常见遗传现象。

产生杂种优势的原因是，参与杂交的双亲由于遗传上存在明显的差异，基因间产生互作，出现上位效应或超显性效应，导致子一代表型值偏高；而子二代及以后世代个体由于部分基因发生纯合，一部分上位效应或显性效应消失，所以表型值发生回归，杂种优势逐渐消失。

需要指出的是，超亲遗传与杂种优势并不相同。超亲遗传是伴随基因重组而发生的，是基因加性效应累加的结果，可通过选育措施保持下来；杂种优势是基因的非加性效应造成的，随着基因的纯化，杂种优势也就逐渐消失，很难通过选育工作保持下来。

（三）数量性状的表型值剖分

数量性状大多表现为群体性而缺乏个体性，并只能用称、量、数等方法对加以度量。因此，数量性状的观察结果大多是一系列的数字材料，只有对这些数字资料采用统计方法进行分析，才能反映其遗传变异的特点，洞察其中的规律。

1. 表型值的剖分

一个数量性状的表现是遗传与环境共同作用的结果。因此，数量性状的表型值（P）线性剖分为基因型值（G）、环境偏差（E）和基因型与环境互作偏差（$G \times E$）3 部分，即：

$$P = G + E + G \times E$$

对于大多数的数量性状而言，基因型与环境之间不存在互作，或互作很小，可以忽略不计。因此，为了简化对数量性状遗传规律的探讨，一般都假设 $G \times E = 0$，则

$$P = G + E$$

从育种角度来看，这样剖分还是不够的，因为遗传部分还包括三部分：一是由基因的加性效应造成的，这一部分不但能遗传，而且通过育种工作能被保持下来，称为育种值（A）；另一部分是由基因的显性效应造成的，为显性偏差（D）；最后一部分是基因的上位效应，称为上位偏差或互作偏差（I）。

显性偏差与上位偏差虽然都是遗传因素造成的，但是不能真实遗传，在家畜育种中意义不大。因此，将这两部分与环境偏差归在一起，通称剩余值（R），即除育种值以外，剩余那部分表型值。表型值的剖分为：

$$P = G + E = A + D + I + E = A + R$$

2. 表型值方差的剖分

在一个大群体中，虽然环境一致，但个体之间存在差异，表型值也存在差异。方差是度量群体表型值变异的一个指标，方差分析是估计各种变异因素在总方差中的组成分量，是反映变异的来源。

根据方差的可加性与可分性，表型方差（V_P）可剖分为基因型方差（V_G）、环境方差（V_E）和基因型与环境的互作方差（V_{GE}），即

$$V_P = V_G + V_E + V_{GE}$$

如前所述，假设基因型与环境之间不存在互作，或互作很小，则 $V_{GE} = 0$，则

$$V_P = V_G + V_E$$

由于基因型方差（V_G）可剖分为育种值方差（V_A）、显性方差（V_D）和上位方差（V_I）3 部分，而环境方差（V_E）是由一般环境方差（V_{Eg}）和特殊环境方差（V_{Es}）组成，则

$$V_P = V_G + V_E = V_A + V_D + V_I + V_{Es} + V_{Eg}$$

这里，一般环境方差是指影响个体全身的、时间上是持久的、空间上是非局部的条件造成的环境方差。如在胚胎时期或幼年期，由于营养原因，使幼犊生长发育受阻，虽然这不是遗传原因造成的，但在成年后是无法补偿的，因而影响是永久性的。而特殊环境方差是指由暂时的或局部的环境条件所造成环境方差。如哺乳雌牛由于营养条件差而泌乳量减少，但以后环境有了改善，其产量仍可恢复正常，不是永久性的。

（四）数量性状的遗传参数

为了说明某种性状的特性以及不同性状之间的表型关系，根据表型值计算平均数、标准差、相关系数等，统称为表型参数。为了估计个体的育种值或进行育种工作所用到的统计常量（参数）叫遗传参数。常用的遗传参数有 3 个，即遗传力、重复力和遗传相关。

1. 遗传力

遗传力是一个从群体角度反映表型值替代基因型值的可靠程度的遗传统计量，它表明了亲代群体的变异能够传递到子代的程度，可以作为杂种后代进行选择的一个指标。

1949 年，美国学者腊什（Lush）首先提出了遗传力的基本概念，即遗传方差（V_G）占表型方差（V_P）的比值，称为广义遗传力（用符号 H^2 表示），即

$$H^2 = \frac{V_G}{V_P} \times 100\%$$

广义遗传力反映了一个数量性状受遗传效应或环境效应影响的程度如何。但是，基因型值（G）中的显性偏差（D）和上位偏差（I）不能在上、下代间进行稳定的传递，也不能通过选择加以固定。

所以，在生产实践中，将育种值方差（V_A）与表型值方差（V_P）的比值定义为狭义遗传力（用符号 h^2 表示），代表育种值对表型值的决定程度，用公式表示就是：

$$h^2 = \frac{V_A}{V_P} \times 100\%$$

遗传力是最重要的一个遗传参数，在育种实践中具有重要价值，其应用广泛，主要表现在以下几个方面：

① 预测选择反应　根据选择反应的公式 $R = S \times h^2$（式中 R 为选择反应，S 为选择差）可知，当选择差不变时，遗传力高的性状，选择效果显著。

② 确定选种方法　遗传力高的性状，如屠宰率、胴体性能等，根据个体的表型选择效果好；遗传力低的性状，如繁殖率、产仔数等，采用家系选择或家系内选择效果好。

③ 育种值估计　根据个体育种值估计的公式 $A_x = R + \overline{P} = S \times h^2 + \overline{P}$（式中 $\overline{P}$ 为群体均值）可知，个体的育种值估计值受性状的遗传力、个体的选择差和群体均值来决定。

④ 制订综合选择指数　当同时选择两个以上性状时，需要确定综合选择指数，根据指数的高低进行选种。综合选择指数的公式 $I_x = \sum\limits_{i=1}^{n} W_i h_i^2 \times \dfrac{P_i}{\overline{P_i}}$（式中 W_i 为经济权重）可知，指数的高低与性状的经济重要性、性状的遗传力成正比。

⑤ 用于 BLUP 分析　最佳线性无偏预测（Best Linear Unbiased Prediction）是美国学者 Henderson 于 1948 年提出的选种方法，其本质是选择指数的一个推广，在奶牛选种得到广泛应用。在进行种畜 BLUP 分析过程中，需要使用性状的遗传力。

2. 重复力

对于一个个体而言，某一数量性状的度量值不仅受基因型所决定，而且与其所处的环境密切相关。当该性状被多次度量时，由于可以消除个体一部分特殊环境效应的影响，从而提高个体育种值估计的准确度。重复力就是指同一性状在同一个体多次度量值之间的相关程度，也称为重复率，用符号 r_e 表示。

个体所处的环境可分为一般环境和特殊环境两种，而其基因型终生不变。因此，重复力的实质就是基因型方差（V_G）和一般环境方差（V_{Eg}）占表型方差（V_P）的比率，即

$$r_e = \frac{V_G + V_{Eg}}{V_P}$$

重复率不仅受遗传方差影响，而且也与个体所处的一般环境方差有关，在家畜选种工作中的主要应用如下：

① 检验遗传力估计的正确性　重复力的大小不仅包括所有的基因型效应，而且包括持久的一般环境效应，二者之和高于基因的加性效应，因而重复力是同一性状遗传力的上限。此外，重复力的估计方法简单，估计误差比遗传力的估计误差小，估计更为准确。

② 确定性状需要度量的次数　重复力的高低可以确定达到一定准确度要求所需要的度量次数。通常，重复力高的性状，可以根据少数几次度量结果就可以选种；重复力低的性状，需要根据多次度量的结果作出判断。

③ 估计家畜的真实生产力　如果个体 x 某性状有 n 次记录，则 x 的真实生产力为

$$P_x = \overline{P} + \frac{n r_e}{1+(n-1)r_e} \times (\overline{P}_x - \overline{P})$$

式中，P_x 为个体 x 的真实生产力；$\overline{P}_x$ 为个体 x 的平均记录；$\overline{P}$ 为畜群平均值；n 为个体 x 的度量次数；r_e 为性状的重复力。

④ 综合评定家畜的育种值　如果个体 x 某性状有 n 次记录，则 x 的估计育种值为

$$\hat{A}_x = \overline{P} + \frac{n h^2}{1+(n-1)r_e} \times (\overline{P}_x - \overline{P})$$

式中，$\hat{A}_x$ 为个体 x 的估计育种值；$\overline{P}_x$ 为个体 x 的平均记录；$\overline{P}$ 为畜群平均值；n 为个体 x 的度量次数；r_e 为性状的重复力；h^2 为性状的遗传力。

3. 遗传相关

家畜作为一个有机体，各种性状之间必然存在着内在的联系，而且同一性状在有血缘关系的个体间的表达也存在一定的联系。因此，与数量性状表型值剖分一样，研究性状间的遗传相关也需要区别为亲缘相关和表型相关两类。其中，亲缘相关（用 r_A 表示）主要研究个体间的血缘关系，如亲子关系、同胞关系等；表型相关（用 r_P 表示）主要反映同一个体不同性状间的内在联系的程度，是进行早期选种的理论基础。

根据通径理论，假定各种育种值与剩余值间均不相关，则性状 x 与 y 的表型相关 $r_{P(xy)}$、亲缘相关 $r_{A(xy)}$ 和环境相关 $r_{e(xy)}$ 的关系如下式：

$$r_{P(xy)} = h_x h_y r_{A(xy)} + e_x e_y r_{e(xy)}$$

式中，$e_x = \sqrt{1-h_x^2}$，$e_y = \sqrt{1-h_y^2}$；h_x、h_y 代表性状 x 或 y 的育种值到表型值的通径系数。

遗传相关作为一个基本的遗传系数，在数量遗传学中起着重要的作用，主要可以概括为以下几个方面。

① 进行间接选择　对于某些活体难以度量的性状，如胴体性状和肉质性状，可以利用性状间的相关性，选择一个或几个易度量的性状作为参考指标，进行间接选择。如猪的应激综合征（PSS）是瘦肉型猪种中常见的隐性缺陷病，不仅易受到刺激而产生应激反应，而且屠宰后的猪肉表现为 PSE 肉（即灰白、松软、渗水）的特点，不适宜鲜食用，也不适合加工。让猪吸入一定剂量的氟烷麻醉剂，作为一种刺激，诱发应激敏感猪出现应激反应，从而实现缺陷基因的筛选。但是，这种测定需要特定的设备，按照严格的操作规程进行，否则可能造成猪的死亡，目前已经很少使用。

② 比较不同环境下的选择效果　同一品种在不同的环境下，品种优良性状的表现会有差异，即在条件好的种畜场选育的优良品种，推广到条件差的生产场未必表现优秀。如家畜的生长速度指标，在低营养水平条件下主要取决于饲料利用率的高低，在高营养水平条件下则取决于食欲的好坏。因此，将不同环境条件下生长速度的不同表现视为两个性

状，计算两者之间的遗传相关，制订出一个校正指数，提出正确的推广和改进措施的综合指标。

③ 进行早期选种　家畜的某些经济性状，如产奶量、产蛋量、产肉量，需要达到一定的日龄才能表达。如果未能及早而准确地选择优秀个体留种，不仅浪费了大量的人力和物力，而且也增加了养殖成本。如蛋鸡在开产初期所产的鸡蛋较小，随着日龄的增加蛋重迅速增加，经过约 60d 后增加幅度下降，在约 300 日龄后蛋重几乎不再增加，接近蛋重的极限，而且蛋鸡 300 日龄的产蛋性能与 500 日龄的产蛋性能高度相关。所以在蛋鸡生产中，常用 300 日龄的蛋重来评价蛋鸡产蛋能力的指标，进行早期选种。

④ 制订综合选择指数　家畜的育种目标涉及多个经济性状，根据性状的经济重要性的差异，制订出一个综合选择指数，依据该指数的高低进行选择。制订综合选择指数时，除了考虑其他几个参数外，还要考虑性状间的遗传相关。如奶牛的产奶量与乳脂量和乳蛋白量之间存在较高的正相关（0.7～0.9），但与乳脂率和乳蛋白率之间存在较低的负相关（－0.23～－0.13）。为了全面衡量奶牛的泌乳能力，生产上常将产奶量与乳脂率统一为一个指标，即 4% 的标准乳量，作为奶牛选种的指标。

二、拓展资源

1. 欧阳叙向. 家畜遗传育种. 北京：中国农业出版社，2001.
2. 赵寿元. 现代遗传学. 北京：高等教育出版社，2001.
3. 《畜禽繁育》网络课程：http://portal. lnnzy. cn/kczx/xuqinfanyu/index. html.

➤ 工作页

子任务 1-6　性状的研究方法资讯单见《学生实践技能训练工作手册》。
子任务 1-6　性状的研究方法记录单见《学生实践技能训练工作手册》。

任务 2

畜禽的选种

❖ 学习目标

■ 能够建立和完善种畜档案。
■ 能开展种畜生长发育和生产性能的测定。
■ 能结合外形鉴定进行种畜的选种操作。

❖ 任务说明

■ 任务概述

选种是按照预定的生产和育种目标，通过一系列的方法，从畜群中选择优良个体作为种畜的过程。在畜禽育种中，可以从不同的角度对选种方法进行分类。体质外形是人们进行畜禽选种的直观依据。因为体质外形是品种特征、生长发育的外在表现，又和生产性能有一定的关系，所以，把体质外形作为畜禽选种不可忽视的依据之一。

家畜育种工作中一项重要的日常工作是认真做好各种记录。诸如繁殖配种记录、产仔分娩记录、定时称重、体尺测量、外形鉴定、产量和饲料消耗等原始记录。这些日常细致的工作是日后选种的重要依据。种畜卡片的重要内容之一是系谱。系谱主要用于早期选种，后期选种时采用后裔鉴定和生产性能测定。

■ 任务完成的前提及要求

各种动物、畜禽配种分娩记录和生产性能记录。

■ 技术流程

品种识别 ⇒ 系谱审查 ⇒ 外形鉴定 ⇒ 生产性能测定 ⇒ 种畜选择

❖ 任务开展的依据

子任务	工作依据及资讯	适用对象	工作页
2-1 品种识别	畜禽品种特征	中职生	2-1
2-2 系谱审查	系谱编制方法	高职生	2-2
2-3 外形鉴定	生长曲线绘制方法、体尺测量方法	高职生	2-3
2-4 生产性能测定	各种动物生产性能测定方法	高职生	2-4
2-5 种畜选择	种畜选择方法	高职生	2-5

❖ 子任务 2-1 品种识别

➤ 资讯

一、品种的概念

（一）种与品种

种是动物学分类的基本单位，是自然选择的产物。所有动物都属于种或变种。品种是畜牧学上的概念，主要是人工选择的产物。只有家畜才分品种，是畜牧生产中的一种生产工具。家畜品种的好坏，直接影响畜牧业的生产水平。优良的品种，不但在相似的条件下能生产更多更好的畜产品，而且还可大大提高畜牧业的劳动生产率。品种的好坏是相对而言的。一般说，只要生产性能好、遗传性稳定、种用价值高、适应性强的品种，都可称为好品种。

（二）品种的条件

家畜品种是人类为了生产和生活的需要，在一定的社会条件和自然条件下，通过选种、选配和培育而形成的一群具有某种经济特点的动物类群。因此，品种必须具备以下条件。

1. 具有较高的经济价值

即具有一致的生产力方向、较高的生产力水平。随着社会经济需要的改变，其生产力方向和生产力水平亦可发生相应的变化。

2. 来源相同

即凡属于同一品种的家畜必须有其共同的祖先，血缘来源基本相同，其遗传基础亦基本相似。

3. 性状相似

首先，作为综合性状的适应性应相似，即对自然条件和社会经济条件有相似的要求。因为任何品种均是在一定的自然条件和社会经济条件下育成的，对该种条件均有良好的适应性，畜禽品种只有在其相应的生活条件下才能良好地表现。一个品种在外形特征、体型结构、生理功能、经济性状（生产力方向、水平）上都很相似，从而构成该品种的特征，并很容易和其他品种相区别，这是由于它们的血统来源、培育条件、选育目标相同之故。

4. 遗传性稳定，种用价值高

即能够将典型的优良性状稳定地遗传给后代，并且当与其他家畜杂交时，能起到改良作用。遗传性的稳定只是相对的，它的保持和发展有赖于人的选择作用，否则品种的优良性状就难以保持和发展。

5. 一定的结构

一个品种应由若干各具特点的类群构成，而不是个体的简单组合。由此形成品种的异质性，使得一个品种在纯种繁育时能得以继续改进提高。品种内的类群，由于形成原因不同，可分为以下几种。

（1）家系与家族 来自于同一系祖（公畜）的亲缘群称为家系，而来自于同一族祖（母畜）的亲缘群则称为家族。

（2）育种场类型 同一品种由于所在牧场的饲养管理条件和选种选配方法不同而形成

的不同类型。

（3）地方类型　同一品种由于分布地区各方面条件不同而形成的若干互有差异的类型。

6. 足够的数量

一个品种必须有足够的数量才能保持其品种的生活力，才能保持较广泛的适应性，才能进行合理选配而不致被迫近交。我国第一次全国家畜家禽育种工作会议（1959 年 12 月）对其具体数量做了初步规定：成立一个新品种，猪需 10 万头以上，牛、马 3000 头以上，羊 3 万～5 万头以上，家禽 20 万只以上。当质量已达到标准，仅数量不足时，则称为品群。

作为一个品种必须经过政府或品种协会等权威机构进行审定，确定其是否满足以上条件，并予以命名，只有这样才能正式称为品种。

（三）品系

品系属品种内的一种结构形式。狭义的品系是指来源于同一头卓越公畜（系主）、具有与该公畜（系主）类似的体质和生产力的种用高产畜群。广义的品系是指具有独特优点、彼此间有一定亲缘关系、遗传上有相应的稳定性、育种上有较高种用价值的群体。同一品种不同品系间维持一定的异质性，因而有人称品系为小品种。

品系的类别主要根据品系的性质和特点划分。

（1）地方品系　地方品系的特点是形成时间长，群体较大，保存时间较长。例如，内江猪是一个地方品种，它包括狮子头（体短、颈短、嘴短、腿短、背腰短、双背脊）、豪杆嘴（头长、腿长、背腰长、单背脊）和二方头（间于狮子头和豪杆嘴之间，分布最广，比例最大）三个品系。

（2）单系　单系又称为系主品系，以 1 个优良种公畜为中心通过近亲繁殖而建立的品系。单系的特点是群体小、育成时间短、形成快、系内近交系数高，遗传性较稳定，种用价值高。但系主及其继承者难找，寿命短（系主寿命短，品系的寿命也短）。

（3）近交系　近交系是指连续两代全同胞交配、群体近交系数达到 0.375 以上，或连续四代半同胞交配、群体近交系数达到 0.381 以上的群体。

（4）群系　选择具有共同优良性状的个体组群，通过闭锁繁育，迅速提高群体中优良基因频率，形成群体稳定的遗传特性，这样形成的品系称为群系。简言之，通过系群闭锁、继代选育而成的品系叫群系。群系的特点：建系速度较快（5～6 代），规模较大（容纳较多的优良基因），把祖先分散的优良基因集中在后代群体中，使后代品质超过祖先。

（5）专门化品系　专门化品系是指具有某方面突出的优点，专门用于某一配套杂交生产的品系。或者说以生产杂交商品代为目的而培育的品系。

（6）合成品系　指以两个或两个以上品种或品系杂交建立的品系。

二、影响品种形成的因素

社会经济和自然条件是影响品种形成的两大重要因素。

（一）社会经济条件

社会经济条件为首要的影响因素。因为在不同的社会发展阶段，人们的需要不同、生产力水平不同，家畜的饲养管理和育种工作水平亦不同。品种必然随着社会的发展而不断提高。在原始社会，人们的需要简单而有限，主要是要求解决吃的问题。由于当时生产力水平很低，人们无力显著改变家畜品质，故未能分化出什么品种。到封建社会，畜牧业比较发达。新中国成立后，生产力得到很大发展，因而对畜产品的种类和数量需要急剧增加。为了解决肉食不断增长的需要，已经育成并正在培育许多猪的新品种，如哈白猪、新淮猪、北京黑猪等。为了更好地供应城镇鲜奶和其他奶制品，我国积极开展了中国黑白花奶牛的育种工作。今后，随着畜牧科技水平的不断提高，肯定会有更多更好的新品种涌现出来。

（二）自然条件

自然条件对品种的形成虽不起主导作用，但有重要影响。因为它不易改变，对家畜的作用比较恒定而持久，对品种特性的形成有深刻而全面的影响。例如，在干燥炎热地区只能形成轻型马品种，而在气候湿润、饲料丰富的地区才能形成重挽马的品种。因此，可以说每个品种都打上了它原产地自然条件的标记，都很好地适应于原产地的环境变化。

三、品种分类及其改良提高的原则

进行品种分类的目的，是为了更好掌握品种特性，以便在组织育种工作时正确地选择和利用它们。在畜牧生产中，较常应用的是按培育程度和生产力类型这两种方法分类。

（一）按培育程度分类

1. 原始品种

原始品种是在农业生产水平较低、长期选种选配水平不高、饲养管理粗放的条件下所形成的品种。原始品种的特点是：

① 晚熟，体格相对较小。

② 体型结构协调，生产力低但较全面，生长发育慢。

③ 体质粗糙，耐粗耐劳，适应性好，抗病力强。

原始品种虽有不少缺点，但也有它的长处，特别是对当地条件有良好的适应性，这是培育既适应当地条件又高产的新品种所必需的。因此，在改良提高时应注意以下几个问题。首先，改善饲养管理条件，这是改良提高的基础。其次，加强品种内的选种、选配，以巩固其优点，改正缺点。最后，如果采用杂交来改良原始品种，则应在不失去原始品种优点的前提下持慎重态度，即：第一，要注意社会经济条件，要符合国民经济和人民生活的需要；第二，根据前面所述的方向，结合自然条件，严格选择杂交用品种；第三，仍应加强原始品种内部的选种和选配；第四，改善饲养管理。

值得注意的是，必须把原始品种同地方品种区别开来。原始品种可能是地方品种，如蒙古羊原产于内蒙古草原，一般体小晚熟，生产力低，饲养管理极其粗放，所受自然选择作用又较大，故它既是地方品种，又是原始品种。但不是所有的地方品种都是原始品种。因为在地方品种中，有不少培育程度较高、生产性能较好的品种，如我国的秦川牛、蒙古牛、关中驴、湖羊、金华猪、狼山鸡、北京鸭、狮头鹅等。

2. 培育品种（育成品种）

它主要是经过人们有明确目标的选择和培育而成的品种。由于人们对它付出了巨大的劳动，因而劳动力花费和育种价值均较高，在推动畜牧生产力中起着重要的作用。当今世界的许多优良品种，如荷斯坦奶牛、长白猪、美利奴羊等都属于这类品种。培育品种大多具有下述特点：

① 生产力高，而且比较专门化。如专门乳用的荷斯坦奶牛，专门肉用的利木赞牛。

② 早熟，即能在较短时期内达到经济成熟。体格往往较大。

③ 要有较高的饲养管理条件和育种技术，才能得以保持和提高。

④ 分布广泛，往往超出原产地范围。由于生产力高、适应性好，因而分布广泛。如荷斯坦奶牛、长白猪、来航鸡等已遍布全球。

⑤ 品种结构复杂。一般来说，原始品种的结构只有地方类型，而育成的品种因经过了细致的人工选择，除地方类型和育种场类型之外，还会产生许多家系和家族。

⑥ 育种价值高，当与其他品种杂交时，能起到改良作用。

因此，改良时应始终保持较高的饲养管理水平，开展品系繁育，充分利用优秀个体，不断提高其品种。

3. 过渡品种

它是不够培育品种但又比原始品种培育程度高的品种，它的性能遗传还不十分稳定，如进一步选育则会成为培育品种，如停止选育则会退化为原始品种，因而它有可能是在新品种培育过程中产生。要在改良时坚持育种方向，改善饲养管理，加强选种、选配和选育，使之成为培育品种。

（二）按生产力类型分类

按家畜的生产力类型，可将品种分为专用品种和兼用品种两大类。

1. 专用品种（专门化品种）

它是由于人们长期选择和培育，使品种的某些特性获得显著发展或某些组织器官产生了突出的变化，从而出现了专门的生产力，形成专用品种。例如，可将马分为骑乘品种（如英国纯血马）和挽用品种（如阿尔登马）等；牛可分为乳用品种（如荷斯坦奶牛）和肉用品种（如利木赞牛）等；羊有细毛品种（如澳洲美利奴羊）、半细毛品种（如考力代羊）、羔皮品种（如湖羊和卡拉库尔羊）、裘皮品种（如滩羊）、肉用品种（如南丘羊）等；猪有脂肪型品种（如陆川猪）、腌肉型品种（如长白猪）等；鸡有蛋用品种（如来航鸡）、肉用品种（如艾维因鸡）等。

2. 兼用品种（综合品种）

即兼有两种以上生产力方向的品种。此品种有两类：一是在农业生产水平较低的情况下形成的原始品种，它们的生产力虽然全面但较低；二是专门培育的兼用品种，如羊有毛肉兼用细毛品种如新疆细毛羊，牛有乳肉兼用品种如西门塔尔牛，鸡有蛋肉兼用品种如洛岛红鸡。这些专门培育的兼用品种，体质一般都较健康结实，适应性较强，生产力并不显著低于专用品种。

四、畜禽品种介绍

（一）猪

1. 长白猪（见彩插图 2-1）

原名"兰德瑞斯猪"，著名的腌肉型品种。因体特长，被毛白色，故在我国叫"长白猪"。原产丹麦，目前世界上分布较广。全身白色，体格大，头狭长，耳大向前伸，后躯特别发达，呈前窄后宽的楔状形。背腰长，比一般猪多1～2对肋骨。皮薄，大腿肌肉丰满。成年公猪体重500kg，母猪300kg左右。繁殖力中等，平均每胎产仔9.7头。肥育性能好，在充足饲养条件下，155日龄体重可达90kg。屠宰率72%～74%。遗传性较稳定。瘦肉比重较大。去势肥育猪肌肉占58.1%。背腰厚平均为2.9～3.1cm。该猪在我国一般用做第一或第二父本，在条件较好的规模化猪场一般用做母本或第一父本。

2. 约克夏猪（见彩插图 2-2）

属肉用型品种，原产英国约克郡地区。在培育过程中曾用我国华南地区的猪种进行杂交。原分大、中、小三个类型，我国饲养多为大、中型，小型已经少见，中型的称"中约克夏"或"中白猪"，在国外分布不多。大型约克夏猪目前分布较广。全身白色，毛细长，额稍宽，嘴短，脸微凹，耳小向前倾，体躯长，背稍呈弧形，腹线平直，胸宽，肌肉发达，四肢坚强直立。在大量利用青粗饲料条件下，两岁龄成年猪体重300～350kg。繁殖力中等，每胎平均产仔 11.3 头。仔猪初生重 1.05～1.37kg。断乳重平均为 13kg，10 月龄肥育猪体重可达 114.7kg。该猪不仅可以作为父本与我国培育猪种、地方猪种杂交，又可以作为母本与外国猪种杂交。

3. 杜洛克猪（见彩插图 2-3）

原产美国，属肉用型。育成杜洛克猪的主要亲本是美国纽约州的杜洛克和新泽西州的泽西红猪。所以原称"杜洛克泽西猪"，近来一般简称"杜洛克"。被毛红棕色，色泽深浅不一。头小轻秀、嘴短直，耳中等大略向前倾，背腰干直或稍弓。体躯宽厚，全身肌肉丰满，后躯肌肉发达。肢粗壮、结实，蹄呈黑色多直立。母猪繁殖力较高，母性好。较早熟和生长快，性情温和。成年公猪体重 390～450kg，母猪 300～400kg。平均每胎产仔 10～11 头。在良好饲养条件下，153 日龄体重可达 90kg。背膘厚 3.2cm。

4. 东北民猪（见彩插图 2-4）

我国地方优良猪种之一，属华北型。过去广泛分布于东北各地。东北民猪又分大（"大民猪"）、中（"二民猪"）、小（"荷包猪"）三种类型。一般头中等大，面直长，耳大下垂，背腰较平，后躯窄，四肢粗壮。全身被毛黑色，猪鬃良好。成年公猪平均体重200kg，母猪148kg。繁殖力高，每胎产仔 15 头以上。在较好的饲养条件下，从 2 月龄体重 15.64kg 到 10 月龄肥猪可达 136kg，日增重约 501g。屠宰率 72.16%。板油重 3.0kg，花油重 1.8kg。用东北民猪与吉林黑猪、克米洛夫猪、乌克兰草原白猪和长白猪杂交，所产仔猪初生重与断奶重一般较高。东北民猪抗寒能力强，也比较耐粗饲。

5. 八眉猪（见彩插图 2-5）

我国地方优良猪种之一，原产甘肃陇东一带，分布于与陇东毗邻的陕西、宁夏的部分地区。因额部皱纹似"八"字形而得名。分大八眉和二八眉两种类型。大八眉猪数量很少。二八眉猪体型中等，被毛黑色，头较狭长，耳大下垂，额有皱纹，腹稍大，背腰狭长（老龄母猪多凹背），四肢较结实，乳头多为六对，成年母猪体重为 64.52kg。每胎产仔 12头。在一般饲养条件下，12 月龄的肥育猪体重可达 75～85kg，屠宰率 62.09%。

6. 太湖猪（见彩插图 2-6）

我国地方优良猪种之一，属江海型。主要产于长江太湖流域的沿江沿海地带。产于上海嘉定、太仓的"梅山猪"；产于金山，松江的"枫泾猪"；产于嘉兴和平湖一带的"嘉兴黑猪"；产于武进的"沙河头猪"，统称为太湖猪。头大额宽，额和后躯有明显的皱褶，耳大下垂，背腰稍凹，胸较深，腹大下垂，臀宽而倾斜，四肢较高，卧系撒蹄，乳头 8～9对。被毛稀，毛色全黑或青灰，也有四蹄和尾尖白的。成年公猪平均体重为 140kg，母猪为 114.5kg。每胎产仔 14 头左右，仔猪初生重为 0.72～0.93kg，60 日龄体重 7.20～13.26kg。屠宰率约 66%。背腰厚 2.45cm，具有产仔多、肉质好等特点。

7. 内江猪（见彩插图 2-7）

我国著名的地方优良猪种之一，属西南型。经济类型为肉脂兼用。产于四川省内江地区。全身被毛黑色；头短宽，额面有深皱纹；耳中等大，下垂；胸宽深。背腰宽而微凹，腹大下垂，臀宽稍向后倾，腿部肌肉欠丰满，四肢粗短，乳头 7 对左右。种猪成年时肋间和腰部皮肤有皱褶，大腿下部有横行皱纹，皮厚。性情温驯，适宜圈养。在农村饲养条件下，成年母猪平均体重 90.2kg。内江地区种猪场的成年母猪平均体重 179kg，成年公猪平均体重 175kg。每胎平均产仔 10.6 头。仔猪初生重为 0.78kg，60 日龄断奶重为 13kg，

12 月龄肥育猪体重可达 124.7kg 以上。屠宰率 70％左右。

8. 北京黑猪（见彩插图 2-8）

我国育成的新品种，产于北京市。由本地猪、定县猪、巴克夏、苏白猪、新金猪、北高加索猪等品种杂交育成。体质结实，体型中等。头大小适中，面平或微凹，两耳向前方或前方平伸，背腰宽平，腹不下垂，臀腿较丰满，四肢强健，乳头 7 对以上，全身被毛黑色。成年公猪体重 200kg 左右，母猪 100kg 左右。平均每胎产仔 11.52 头，仔猪初生重 1.02kg；60 日龄断奶重 15.63kg。在较好营养条件下，6 月龄肥猪平均体重为 88.25～91.25kg。屠宰率为 74％左右。

（二）牛

1. 秦川牛（见彩插图 2-9）

我国著名的良种黄牛之一，属华北型牛。主要产于陕西平原地区。外形特征是体高身长，鼻镜宽而多为粉红色，有短而扁圆的角。公牛鬐甲较高而宽，母牛较低而稍薄。全身骨骼粗壮，肋开张，胸宽而深。体质结实。毛色多为红色及紫红色。公牛体重平均为 615kg，母牛为 384kg，阉牛为 500kg。肉质好，屠宰率为 41.78％。役力强，性温驯。部分地区的牛有臀部不够宽广、肢势呈 X 形等特点。

2. 南阳牛（见彩插图 2-10）

我国著名的良种黄牛之一，属华北牛类型。主要产于河南省南阳地区，属大型牛，体高身长，四肢高。公牛前躯较发达，母牛后躯较大，均有角。毛色多为草黄和草白。体重一般为 300～400kg。屠宰率为 43％。日产乳量 1～2kg，乳脂率 5％。母牛每日可耕地 2～3亩，行动敏捷，对气候、饲料条件的适应性好，容易肥育，肉质良好，但外形上有斜尻、姿势不正、凹背等特点。

3. 鲁西牛（见彩插图 2-11）

地方良种黄牛之一，属华北牛类型。主要产于山东西部的济宁、菏泽地区。外形特征是公牛鬐甲高，母牛鬐甲平而小，背、腰、尻多平直，侧看体型近似肉用型。有角，毛色多为黄、红、草黄。公牛体重平均为 525kg，母牛为 359kg。产肉性能及肉质好，易肥育。肥育后屠宰率约达 55％。净肉率达 44％以上。役力强，持久，性温驯，耐粗饲。繁殖力强，适应性好。但外形上有凹背、卷腹或草腹等缺点。

4. 晋南牛（见彩插图 2-12）

地方良种黄牛之一，属华北牛类型。产于山西省南部一带，外形特征为头大颈短，垂肉发达，鬐甲宽而稍隆起，背平直，四肢较短。角粗大，多向上方弯曲。毛色多为暗红、黄色。公牛体重为 500～700kg，母牛为 300～400kg，阉牛为 450～550kg。体质健壮，性温驯，役力强，但后躯发育较差。

5. 延边牛（见彩插图 2-13）

延边年又叫"朝鲜牛"，原产于朝鲜，十九世纪初输入我国，主要分布于吉林省延边朝鲜族自治州、黑龙江、牡丹江一带。外形特征为体高大强壮、结构匀称、胸深而宽、背腰平直，蹄坚实。角呈扁担型。毛色多为黄褐。公牛体重为 450～500kg，母牛为 350～400kg。役力强，步伐轻快，是黄牛中比较能适于水田耕作的牛只。耐寒，适应性好。

6. 夏洛来牛（见彩插图 2-14）

著名的大型肉用品种牛，原产法国夏洛来地区。由役牛逐步改良而成。肉用体型明显，鬐甲、背腰宽阔，中躯长而体积大，全身肌肉非常丰满。有角。毛色为乳白色或枯草黄色。早期生长发育迅速，产肉性能高，在高强度饲养下，12 月龄体重可达 500kg 以上。据资料介绍，目前没有任何一个品种的生长速度超过夏洛来牛。生后 200～400d 平均日增重为 1.18kg，最高日增重 1.88kg。屠宰率可达 62.2%。泌乳期产乳量 1251～2066kg，乳脂率 3.7%～4.7%。繁殖力较低（难产约 13.7%）。同乳用或兼用品种杂交时，能将其产肉性能遗传给后代。

7. 中国荷斯坦奶牛（见彩插图 2-15）

我国培育的乳用品种牛。被毛细短，毛色呈黑白相间的花片，斑块界限分明，额部多有白星，腹下、四肢下部及尾尖为白色。1972 年，我国北方、西方各省（区）、市成立黑白花奶牛育种协作组，共同培育适应我国各地自然环境条件、生产性能高的中国荷斯坦奶牛。泌乳期产乳量达 4000～5000kg；乳脂率为 3.2%～3.5%。北方地区荷斯坦奶牛产乳量较高，可达 15946kg。

8. 荷兰牛

古老的乳用品种牛。一般指原产于荷兰的荷斯坦奶牛。外形特征为体型大，后躯比前躯发育好，整个体型呈楔形。乳房大，乳腺发育良好。角细短，多向前方弯曲。毛色为黑白花，额部一般有白星，腹、尾、四肢下部为纯白色。乳房大，乳静脉发达，泌乳期产乳量一般为 4500～5600kg。乳脂率为 3.2%～3.4%。公牛体重 800～1000kg，母牛 500～600kg。屠宰率 55%～58%。不少国家引入后，经长期选育或同本国的牛杂交育成了适应当地条件的乳用牛（荷斯坦奶牛）。性格温驯，适应性好，遗传性强，产乳量高，但乳脂率较低，抗病及抗热能力较差。

9. 利木赞牛（见彩插图 2-16）

原产于法国中部的利木赞高原，属于专门化的大型肉牛品种。利木赞牛毛色为红色或黄色，口、鼻、眼眶周围、四肢内侧及尾帚毛色较浅，角为白色，蹄为红褐色。头较短小，额宽，胸部宽深，体躯较长，后躯肌肉丰满，四肢粗短。平均成年体重：公牛 1200kg、母牛 600kg；在法国较好饲养条件下，公牛活重可达 1200～1500kg，母牛达 600～800kg。利木赞牛体格大、生长快、肌肉多、脂肪少；腿部肌肉发达，体躯呈圆筒状、脂肪少。早期生长速度快，并以产肉性能高，胴体瘦肉多而出名。是杂交利用或改良地方品种时的优秀父本。在育肥期利木赞牛平均日增重 1.7～2kg，12 月龄可达 680～790kg。

10. 西门塔尔牛（见彩插图 2-17）

西门塔尔牛原产于瑞士，是乳肉兼用品种。该牛毛色为黄白花或淡红白花，头、胸、腹下、四肢及尾帚多为白色，皮肤为粉红色，头较长，面宽；角较细而向外上方弯曲，尖端稍向上。颈长中等；体躯长，呈圆筒状，肌肉丰满；前躯较后躯发育好，胸深，尻宽平，四肢结实，大腿肌肉发达；乳房发育好，成年公牛体重平均为 800～1200kg，母牛 650～800kg。西门塔尔牛乳、肉用性能均较好，平均产奶量为 4070kg，乳脂率 3.9%。在欧洲良种登记牛中，年产奶 4540kg 者约占 20%。该牛生长速度较快，均日增重可达 1.35～1.45kg 以上，生长速度与其他大型肉用品种相近。胴体肉多，脂肪少而分布均匀，公牛育肥后屠宰率可达 65% 左右。

（三）羊

1. 美利奴羊（见彩插图 2-18）

这是一个外来语名词。它有"厚而卷曲的羊毛"的意思。在西班牙语中还指"游走放牧的绵羊"。由于各国的细毛羊，追溯始祖都来自西班牙美利奴一个系统，因此，这个词在现代已成为"细毛羊"的同义词。一头成年的美利奴羊体重在 60～140kg，羊毛纤细柔软，粗约 20cm，毛长 10cm 左右，是上乘的毛纺原料。每头羊一次可产毛 10～20kg。

2. 新疆细毛羊（见彩插图 2-19）

简称"新疆羊"。1954 年国家正式命名为"新疆毛肉兼用细毛羊"。原产地为新疆巩乃斯种羊场。是我国育成的第一个细毛羊品种。主要是用高加索细毛公羊与哈萨克母羊，以及部分泊力考斯肉毛兼用细毛公羊与蒙古母羊进行杂交育成。多年来，新疆细毛羊不断发展，在全国各地推广和繁殖，为各地发展细毛羊和培育新品种起了积极作用。新疆细毛羊在终年放牧条件下，比一些从国外引入的品种更能显示出善牧耐粗、增膘快、生活力强、适应严峻气候的品种特色。成年公羊平均体重 92.35kg，成年母羊 51.11kg。剪毛量成年公羊为 13.22kg，成年母羊为 5.37kg。成年公羊毛长 9.31cm，成年母羊为 7.28cm，毛细度 60~64 支，净毛率 46.82%。产羔率 142.18%。

3. 东北细毛羊（见彩插图 2-20）

我国的细毛羊品种之一。新中国成立后，国家在东北各地建立了一批种羊场。从农村收购兰布里与蒙古羊杂交的杂种羊，集中饲养。1952 年起，又陆续引入俄罗斯美利奴、高加索细毛羊、斯塔夫洛波等细毛品种公羊进行杂交改良，在这个基础上培育而成。东北细毛羊体质结实、结构匀称，体型良好，适应性强。根据 7 个育种单位 1972 年的统计，东北细毛羊成年公羊平均体重 95.9kg，毛长 9.11cm，剪毛重 14.15kg，成年母羊平均体重 50.62kg，毛长 7.06cm，剪毛量 5.69kg。毛细度均匀，多为 60~64 支。屠宰率 48%，净肉率 34%。产羔率为 124.2%。

4. 湖羊（见彩插图 2-21）

优良的羔皮羊品种，分布在我国浙江和江苏省之间的太湖周围及各县，如浙江的吴兴、嘉兴、海宁、海盐、杭州等十多个县，以及江苏省的吴江、宜兴、吴县、无锡等地，以浙江为多。该品种全身白色，公母羊均无角，耳大下垂，也有许多小耳羊，脂尾多呈圆形。体重差异较大，公羊平均 40kg，母羊 37kg。剪毛量公羊 2kg，母羊 1.2kg。毛质参差不一。湖羊繁殖能力强，产羔率平均为 234.01%。湖羊以生产风格独特、花案美观的羔皮著称，国际上誉称为"中国羔皮"。

（四）鸡

1. 浦东鸡（见彩插图 2-22）

我国优良的肉用型品种之一。产于上海市郊的西郊南汇、川沙和奉贤等县。浦东鸡体格较大，骨粗腿高，素以体大、肉多、膘足著称。公鸡羽毛红棕色，并杂有黑色，尾羽短，镰羽不很发达。母鸡羽色有黄、麻黄、麻褐等色。多有跖毛，喙、跖、皮肤均为黄色，有"三黄鸡"之称。成年公鸡体重 3.0~4.0kg，母鸡 2.5~3.0kg。去势肥育后可达 6.0~6.5kg。年平均产蛋量 100~130 枚，蛋重 55~65g，蛋壳褐色，成熟较晚，一般 7.5~8.0 月龄产蛋，就巢性强。

2. 狼山鸡（见彩插图 2-23）

我国优良兼用型鸡种之一。原产江苏如东、南通两县境内，其中以如东的马塘、岔河、掘港和南通县的石港分布最多。这些地区位于长江下游，气候湿润，东北两面濒临大海，境内河渠交错，饲料丰富。对狼山鸡的形成有密切关系。该鸡毛色有黑、白两种，产区人民喜爱黑鸡，对黑鸡选择比较严格，饲养也比较优厚，结果就形成今日黑色狼山鸡。该鸡头部昂举，尾羽高耸，背部呈"U"形，胸部发达，羽毛纯黑，耳叶红色，喙和脚黑色。跖部的外侧有毛。成年公鸡体重 3.5~4.0kg，母鸡 2.5~3.0kg，蛋重 55~65g，年平均产蛋量 120~170 枚。狼山鸡适应性及抗病力强，肌肉发达，肉质好，我国各地均有饲养。该鸡曾于 19 世纪后叶输至英国，以后又分布到其他国家，对某些外国鸡种（如奥品顿鸡）的形成起了一定的作用。

3. 来航鸡 （见彩插图 2-24）

又叫"来克亨鸡"。著名的蛋用型品种。原产意大利。该鸡有白色单冠、黑色单冠、深褐色单冠、白色玫瑰冠等 12 个变种，其中以白色单冠来航鸡体格轻小，背长，胸部发达、腹部发达、腹部容积大。羽毛纯白，大型单冠，公鸡冠直立，母鸡性成熟后倒向一侧。冠、肉垂、脸面红色。耳叶、喙、跖和皮肤黄色，产蛋后逐渐变为白色。早熟，五月龄左右开始产蛋。年产蛋量 180～250 枚，蛋重平均 55g，蛋壳白色。无抱性。成年公鸡体重 2.25～2.5kg，母鸡 1.25～2.0kg。白色来航鸡引入我国较早，由于产蛋性能好，适应性强，在我国饲养较普遍，对改良各地的鸡种起了一定的作用。

4. 洛克鸡 （见彩插图 2-25）

全名叫"普利莫斯·洛克"。简称"洛克鸡"。原产美国。共有七个变种（芦花、白色、黄色、银条斑、鹧鸪色、浅花和蓝色），我国已引进有芦花和白色两种。

（1）"芦花洛克鸡"　羽毛为黑白相同的斑纹，羽毛末端为黑色，斑纹清晰，黑、白分明，公鸡颜色稍浅，母鸡较深。体格较大，各部分发育很匀称。成年公鸡体重平均为 4.3kg，母鸡 3.4kg，年产蛋量 160～180 枚，蛋量重 51～55g。

（2）"白洛克鸡"　体格硕大，胸宽而深。单冠、白羽、胫粗。早期生长发育迅速。已被培育为专门的肉用品种，8～10 周龄体重可达 1.25～1.5kg。成年公鸡体重 4.0～6.0kg，母鸡 3.0～4.0kg，年产蛋量 120～150 枚，蛋重 55～60g。白洛克鸡性情温驯，易于管理，但要求较优厚的饲养条件。

5. 洛岛红鸡 （见彩插图 2-26）

优良兼用型鸡之一。原产美国。有单冠及玫瑰冠两个变种。该鸡羽毛绛红色，皮肤、跖、趾为黄色，主尾羽及摇羽为黑色。体型较长，背平直，肉质好，产蛋多。6～7 月龄开始产蛋，年产蛋量 150～180 枚，冬季产蛋性能较好。成年公鸡体重 3.5～3.25kg，母鸡 2.25～2.75kg。

五、拓展资源

1. 畜禽新品种配套系审定和畜禽遗传资源鉴定技术规范（试行）.

2. 犬新品种审定和遗传资源鉴定条件.

3. 中国畜禽品种资源 http://xmsy. yichang. gov. cn/art/2009/7/3/art _ 8015 _ 178854. html.

4. 中国蛋鸡信息网 http://www. danji. com. cn.

5. 《畜禽繁育》网络课程：http://portal. lnnzy. cn/kczx/xuqinfanyu/index. html.

> **工作页**

子任务 2-1　品种识别资讯单见《学生实践技能训练工作手册》。

子任务 2-1　品种识别记录单见《学生实践技能训练工作手册》。

❖ 子任务 2-2　系谱审查

> **资讯**

系谱是一头种畜的父母及其各祖先的编号、名字、生产成绩及鉴定结果的记录文件。系谱上的各种资料是日常的原始记录资料经统计分析后的结果。

查看一个系谱，除了解血统关系外，还要查看该种畜的祖先的生产成绩、育种值、生长发育情况、外貌评分以及有无遗传疾病、外貌缺陷等，用以推断该种畜种用价值的大小。

这是早期对种畜的遗传基础的鉴定，不仅可作为选种的依据之一，还可了解祖先的亲缘关系和选配情况，作为今后制订选配计划的重要参考。所以一个完整的系谱除应记录祖先的名字、畜号外，还应附有以上记录，并力求记录完整、科学可靠，否则会导致选种乃至整个育种计划的错误。

一、系谱的形式以及编制方法

（一）竖式系谱

种畜的号或名字记在上端，下面是父母（祖Ⅰ代），再向下是父母的父母（祖Ⅱ代）。每一代祖先中的公畜记在右侧，母畜记在左侧。系谱正中画一垂线，右半为父方，左半为母方（表2-1）。

表 2-1　竖式系谱

种畜的畜号与名字							
Ⅰ	母				父		
Ⅱ	外祖母		外祖父		祖母		祖父	
Ⅲ	外祖母的母亲	外祖母的父亲	外祖父的母亲	外祖父的父亲	祖母的母亲	祖母的父亲	祖父的母亲	祖父的父亲

在各祖先的位置上记载其生产成绩，供选种时查阅比较。如果在系谱中父方和母方出现相同个体，根据共同祖先所在的代数用罗马字标明共同祖先出现的位置，以表示父母亲间的亲缘关系。

（二）横式系谱

横式系谱种畜的名字记在系谱的左边，历代祖先顺序向右记载，父在上，母在下，愈向右祖先代数愈高。系谱正中可画一横虚线，上半为父方，下半是母方。生产性能等也应像竖式系谱一样尽量详细记载（图2-27）。

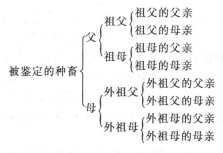

图 2-27　横式系谱

（三）箭头式系谱

箭头式系谱比较简单，无须注明各项内容，只要求能表明系谱中的亲缘关系即可。箭头式系谱如图 2-28 所示。

（四）畜群系谱

前几种系谱都是为每一个体单独编制的，畜群系谱则是为整个畜群统一编制的。它是根据整个畜群的血统关系，按交叉排列的方法编制起来。利用它，可迅速查明畜群的血统关系，近交的有无和程度，各品系的延续和发展情况，因而有助于我们掌握畜群和组织育种工作。

作图前，首先应根据历年的交配分娩记录，查出它们的父母，然后按下列顺序作图。

某畜群系谱如图 2-29 所示，其绘制步骤如下。

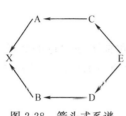

图 2-28　箭头式系谱

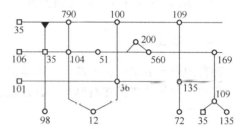

图 2-29　某畜群系谱示意图

① 先画出几条平行横线，在横线左端画出方块表示公畜，并注明其具体畜号（以下简称父线）。横线的多少，决定于所用种公畜的数量。而各公畜的安排顺序，则决定于其利用的早晚。图例的 101 号和 106 号是该畜群的两头主要公畜，故应绘出两条横线。其中 101 号利用较早，应安排在最下面。

② 根据畜群基础母畜的头数，可在图下画出相应的圆圈来表示，然后向上画出垂线（以下简称母线）。基础母畜彼此间的距离，决定于其后裔数量的多少。图例有 98 号、12 号和 72 号三头基础母畜，因 12 号的后裔较多，故其与其他线之间的距离应留宽一些。

③ 根据交配分娩记录找出其父母，然后在其父母线的交叉处画出该个体的位置，分别用□、○来表示，并在旁边注明其畜号。图中 35 号公牛为 106 号公牛和 98 号母牛交配所生，故应在父线和母线交叉处画一个□，并由 98 号处向上引出垂线连接之。

④ 本群所培育的公畜，如留群继续使用，应单独给它画一条横线。图中 35 号公牛已被留作种用，故应在 106 号横线的上面再单独画一横线，但必须在其原处向上引出垂线，在两线交叉处画一个▼，以表明来自本群。

⑤ 当母畜继续留群繁殖时，可继续向上作垂线，并将其所生后代，画在父母线的交叉点上。图中 790 号母牛为 104 号母牛与 35 号公牛交配所生，故应在 104 号母线和 35 号父线的交叉处画出 790 号的位置来。其他后代用同样方法来处理。

⑥ 有的母畜如果与父亲横线下的公畜交配，这样就不能再向上作垂线。此时应将它单独提出来另立一垂线。图中 109 号母牛与下面的 106 号公牛交配，生下 169 号母牛，此时就应将 109 号提出来另画一垂线，并在其下面注明其父为 35 号和其母为 135 号。

⑦ 在父女交配的情况下，可将其女儿画在离横线不远处，并用双线连接。图中 200 号母牛，原是 106 号公牛与 560 号母牛父女交配所生，即应在离 560 号不远处画一个○，然后用两条斜线分别与 106 号的横线和 560 号连接。

⑧ 可用不同符号表示群中各个体的变动情况。

⑨ 对已通过后裔测验的特别优良种畜，可将其符号画大一些，并在旁边注明其主要生产性能指标。

⑩ 在规模较小的猪场中，使用公猪数不多，此时可在同一公猪处画出几条平行横线，一条线代表一年，按年代的远近由下向上排列。其他同上述。

⑪ 在已建立品系和品族的情况下，则可将同一公畜的品系后裔画在同一横线上，而同一母畜的品族后裔则画在同一来源的若干垂线上。

二、系谱审查与鉴定

系谱是种畜的历史材料。通过查阅和分析各代祖先的生产性能、发育表现以及其他材料，可以估计该种畜的近似种用价值。通过系谱审查也可以了解到该种畜祖先的近交情况。分析优秀种畜祖先的选配情况，可以作为今后选种选配工作的借鉴。

系谱审查与鉴定多用于种畜尚处于幼年或青年时期、本身尚无产量记录、更无后裔鉴定材料时。

系谱审查不是针对某一性状的，它比较全面，但主要着重在缺点方面，譬如查看在祖先中有无遗传缺陷者，有无质量特差者，有无近交和杂交情况等。系谱鉴定往往是有重点的，一般重点是祖先的外形和生产性能。

有比较才有鉴别，系谱鉴定时需有两头以上种畜的系谱对比审查，选出优良者作为种用。

系谱审查与鉴定的必要条件是各代的记录要完全。如果系谱中仅有各代祖先名号而没有其他性状特性和生产性能记录材料，也就无法审查和鉴定。系谱鉴定时，祖先中公畜的后裔测验成绩比各代母畜的表型值材料更为重要。因为种公畜后裔测验成绩已能确切地说明种公畜的种用价值，而母畜的表型值并不能全部遗传给后代。特别是对于奶牛和卵用禽类，父亲的后裔测定成绩对系谱鉴定有重要意义。

审查时，可将多个系谱的各方面资料直接进行有针对性的分析对比、即亲代与亲代比，祖代与祖代比，具体比较各祖先个体的体重、生产力、外形评分、后裔成绩等指标的高低，如此经全面权衡后作出选留决定。

审查中应注意的事项：

① 审查重点应放在亲代的比较上。更高代数的遗传相关意义很小。

② 凡在系谱中，母亲的生产力大大超过畜群平均数，父亲经后裔测验证明为良，或所选后备种畜的同胞也都高产，这样的系谱应给予较高的评价。

③ 凡生产性能都有年龄性变化，比较时应考虑其年龄和胎次是否相同，不同则应作必要的校正。

④ 注意系谱各个体的遗传稳定程度。

⑤ 注意各代祖先在外形上有无遗传上的缺陷。

⑥ 在研究祖先性状的表现时，最好能联系当时的饲养管理条件来考虑。

⑦ 对一些系谱不明、血统不清的公畜，即使个体本身表现不错，开始也应控制使用，直到取得后裔测验证明后才可确定是否对其扩大使用。

三、拓展资源

1. 繁育体系与育种组织 http://www.zgjq.cn/Technique/ShowArticle.asp? ArticleID=19941 中国家禽业信息网.

2. 猪的编号与系谱编制 http://baike.zhue.com.cn/doc-view-1041 猪 e 百科.

3. 《畜禽繁育》网络课程：http://portal.lnnzy.cn/kczx/xuqinfanyu/index.html.

4. 牲畜耳标技术规范（农业部农医发［2006］8号）.

➢ **工作页**

子任务 2-2 系谱审查资讯单见《学生实践技能训练工作手册》。

子任务 2-2 系谱审查记录单见《学生实践技能训练工作手册》。

❖ **子任务 2-3 外形鉴定**

➢ **资讯**

一、生长发育

对家畜生长发育的研究，要从多方面进行综合观察，采取多种方法。目前主要是采用定期称重和测量体尺的方法，将取得的材料进行计算与分析。近代科学技术的发展，使之对生长发育的研究手段更加深入、广泛、多样而先进。如现在可利用各种仪器探测猪的背膘厚度和眼肌面积，分析研究家畜生理、生化、组织成分的年龄变化与生长发育阶段变化的规律。

根据测量资料，研究畜禽的生长发育规律有两种模式：一是从时态上计算畜体的体重和体尺或局部的增长，叫时态生长模式；二是表示畜体各部位或组织随整体增长在比例上的变化，称相对生长模式。不论哪种模式都要通过统计计算和分析。通常采用的计算方法有以下几种，并用生长曲线表示，依此对家畜的生长发育进行评定。

（一）绝对生长的计算

利用一定时期内的平均日增重（G，g/d）来表示家畜生长速度情况。其公式为：

$$G = \frac{W_1 - W_0}{t_1 - t_0}$$

例如，一头荷斯坦奶牛，初生重为 40kg，一月后增到 55kg，代入公式得：

$$G = \frac{55 - 40}{30} \text{kg/d} = 0.5 \text{kg/d} = 500 \text{g/d}$$

（二）相对生长的计算

利用一定时期内的增长率（R）（增长量与原来体重相比）来表示家畜生长强度情况。其公式为：

$$R = \frac{W_1 - W_0}{W_0} \times 100\%$$

例如上述荷斯坦奶牛，在生后最初一个月中的相对生长，按公式计算应为：

$$R = \frac{55 - 40}{40} \times 100\% = 37.5\%$$

（三）生长系数的计算

生长系数也是说明生长强度的一种指标。它是利用末重与始重（一般习惯以初生时的重量为基准）直接相比，单位可用百分数或直接用倍数。其公式为：

$$C = \frac{W_1}{W_0}$$

如果为了进一步研究个别组织器官生长和全部组织器官生长之间的关系，可通过相对生长系数的计算来说明：

$$相对生长系数 = \frac{(C)个别器官的生长系数}{(C')全部器官的生长系数} \times 100\%$$

例如，来航鸡1周龄时其心脏重为0.515g。全部器官的总重为9.916g。5周龄时，其心脏重为1.515g，全部器官的总重为32.62g。则其

$$心脏生长系数(C) = \frac{1.515}{0.515} = 2.94$$

$$全部器官生长系数(C') = \frac{32.62}{9.916} = 3.29$$

$$相对生长系数 = \frac{2.94}{3.29} \times 100\% = 89\%$$

说明来航鸡在5周龄时，其心脏增加重量为初生的2.94倍，而与全部器官的总重相比，其相对生长系数为89%。

(四) 分化生长的计算

分化生长，亦称相关生长或异速生长，是指家畜个别部分和整体相对生长间的相互关系。其公式为：

$$y = bx^a$$

式中，y 为部分的指标；x 为整体的指标。

例：牛前肢骨骼生长发育的资料如下，求 a（大于1为晚熟，小于1为早熟）。

测定时间	肩胛骨重/g	前肢骨重/g
2.5月龄	223.4	1729.1
成年	807.3	4120.7

解：

$$y_1 = 223.4g \qquad y_2 = 807.3g$$

$$x_1 = 1729.1 - 223.4 = 1505.7g$$

$$x_2 = 4120.7 - 807.3 = 3313.4g$$

$$a = \frac{lg807.3 - lg223.4}{lg3313.4 - lg1505.7} = \frac{0.5580}{0.3427} = 1.63$$

说明肩胛骨在前肢诸骨中是最晚熟的部位。

(五) 生长曲线的绘制

生长曲线，是以曲线斜度的大小来形象说明生长速度的快慢和生长强度的高低。作图时，先绘一直角坐标，横坐标以相等距离作点，表示年龄或月龄；纵坐标亦以相等距离作点，分别表示累积生长、绝对生长和相对生长等指标。然后按实际计算结果，在对应于相同年龄与指标数值之处画点。最后将各点相连，即为所要求的曲线。

(1) 累积生长曲线　即用各期体重所绘成的曲线。

(2) 绝对生长曲线　常以对称的常态曲线形式出现。

(3) 相对生长曲线　接近于反抛物线形。

(4) 作图中应注意的事项

① 纵坐标和横坐标最好接近等长，否则将影响曲线的斜度。

② 先查明所统计资料的最大数与最小数，而后确定纵坐标的适宜指标大小与分组多

少。如果所定指标过小，则曲线会超出图外；相反，指标过大，则曲线只在图中占据一个很小的位置。分组过多，虽可使曲线更加明显，但较麻烦；分组过少，则又使曲线看不出具体变化。以上这些，都将影响制图质量。

③ 纵坐标上的最低指标，按理都应从 0 开始。但有时资料的最小数很大，如果仍强调从 0 开始，就会显得很不合理。此时可在纵坐标的最下端画一个"≈"号，再写出自己认为合适的最低指标。

二、外形鉴定

(一) 畜禽的外形特征

从事育种工作及实施选种，首要的条件是必须对畜禽有所了解，对其个体各具体部位的名称、范围、结构、功能和要求作深刻的了解；然后在此基础上，进而熟悉不同畜种、品种、年龄、性别的畜禽各部位的异同点。

1. 肉用型

肉用畜有猪、牛、羊等，其共同的外形特征是：低身广躯，体形呈圆桶形，肌肉组织发达、骨骼细致结实，因而外形显得丰满平滑。这些都是基本要求。

2. 乳用型

乳用畜有奶牛、奶山羊等，其共同的外形特点是：前小后大，体型呈三角形。全身清瘦，棱角突出，体大肉不多，头轻颈细，中躯和后躯发达，乳房发育良好，四肢长，皮薄有弹性。

3. 毛用型

毛用畜有绵羊、山羊、兔等，其外形特征是：全身被毛密度大，皮薄有弹性，体型较窄，四肢较长，略呈窄长方形。头宽，颈肩结合良好，公绵羊颈部常有皱褶。

4. 役用型

役用畜有马、牛、驴、骡等。由于使用种类不同，役用畜在外形特点上有很大差异，以马来看，又分乘用、挽用。乘用型马的体高与体长接近相等，体形呈正方形，头长而清秀，颈细长，背腰短，胸深长而窄，皮薄有弹性，毛短有光泽，血管外露，筋腱明显。役用畜中的挽用畜，一般体长大于体高，体形多呈长方形。体格大，魁梧健壮，肌肉发达结实有力，头粗重，颈短粗，胸宽深，躯干宽广，四肢粗短，皮厚而有弹性。

5. 蛋用型

蛋用禽主要有鸡、鸭、鹅等，其外形特征是：体型小而紧凑，毛紧，腿细，呈船形。头颈宽长适中，胸宽深而圆，腹部发达。

(二) 肉眼鉴定

肉眼鉴定即通过肉眼观察畜禽的整体及各个部位，并辅助以触摸等手段来判断其个体优劣的鉴定方法。

在鉴定步骤及程序上应遵循先粗后细、先远后近、先整体后局部、先静后动、先眼后手的原则。鉴定时，人与家畜应先保持一定距离，从其前面、侧面和后面进行一般观察，得其全貌，借以了解其体形是否与生产方向相符，体质是否健康结实，结构是否协调匀称，品种特征是否典型，以及其个体大小与营养好坏、有何主要优缺点。获得一个轮廓的认识后，再接近畜体，详细审查其全身各重要部位，最后根据观察印象，综合分析，得出结论或定出等级。

有时为了避免遗忘，应在鉴定时将所得印象用文字简要记载下来，以供备查。此外，也可采用图示法，即在家畜轮廓图上用相应符号将各部位的优缺点标出，使人一目了然。

肉眼鉴定具有悠久的历史，沿用已久，至今还在广泛应用。这种方法的优点是：简便实用，鉴定时不受时间、地点等条件的限制，不用特殊的器械，家畜也不至于过分紧张。可以观察家畜的全貌，弄清其整体及各部位的匀称性。可以看到外形的缺陷、结构与形态上的特征。因此，它是农村及牧区易于推广的一种选种方法。这种鉴定方法的缺点是：不易掌握，需要有丰富的经验与熟练的眼力，能善于区别、发现细微的特点。鉴定时带有一定的主观性，有时几个人鉴定的结果不一致，往往以主观代替了鉴定成绩。另外，记录不具体，或没有记录，结果难以长期保存并备查。

（三）评分鉴定

评分鉴定是根据畜禽的不同生产类型，按各部位与生产性能和健康程度的关系，分别规定出不同的分数和评分标准，进行评分，最后综合各部位评得的分数，即得出该个体的总分数。常用于确定奶牛的外貌等级。

评分鉴别是在肉眼鉴别的基础上进行的，是肉眼鉴别的具体量化（赋分值），具体步骤，按肉眼鉴别进行。现将中国荷斯坦牛外貌鉴别评分标准列于表 2-2。

表 2-2 母牛外貌鉴别评分表

项 目	♀	♂
一般外貌与乳用特征	30 分	30 分
体躯(总的、肋骨、背腰、腹、尻各 5 分)	25 分	30 分
泌乳系统(形状 12 分、质地 6 分、四乳区 6 分、乳头 3 分、乳井 3 分、静脉 3 分)	30 分	20 分
肢蹄(前肢 5 分、后肢 10 分)(前肢 10 分、后肢 10 分)	15 分	20 分

注意：1. 对♀、♂牛进行外貌鉴别时，若乳房、四肢和体躯中有一项有明显生理缺陷者，不能评为特级；两项时不能评为一级；三项时不能评为二级。

2. 乳牛母牛的等级标准：特级为 80 分、一等 75 分、二等 70 分、三等 65 分。

评分鉴定时，应首先抓住关键要害部位，如公牛是否有单睾或隐睾，如果有严重失格表现，就不必再进行评定了。

评分鉴定的优点是这种方法对初学者最适用，因为可帮助初学者掌握观察的顺序，各部位有其具体理想标准及分数，因此它是肉眼鉴定的发展与补充。

这种方法也有缺点，因为它所得出的总分是以各个具体部位得分累加而得，对整体结构不能有明确反映。同时由于是分割相加，总分往往偏高，产生偏差。另外，此法又较为繁琐，其结果只有分数，而没有指明外形具体的优缺点。

为克服以上缺点，现在对评分表进行了改进与简化，对鉴定部位不再分那么细，而是较为概括。与肉眼鉴定相同的是，这种方法要求有较熟练的鉴定技术，否则，因其伸缩性大，易出偏差。

（四）测量鉴定

为了研究动物生长发育和品种的体格特征，除用外貌观察叙述外，还可用体尺测量数据表示。

测量鉴定是指通过测量家畜的某些体尺数值并计算体尺指数，来反映各部位的发育及其相互关系和比例，用以说明其体型结构及特点的一种外形鉴定方法。这种方法可以避免肉眼鉴定带有的主观性，它有具体的数值而且方法也较为简单。使用此法最主要是可定量描绘外形特征。

1. 体尺测量

测量鉴定使用的工具通常有测杖（图 2-30）、皮尺（图 2-31）、钢卷尺（图 2-32）和圆形测定器、测角计等。测量部位的多少，应依目的和条件而定。如为了估计体重，只需测两个部位；为了观察其发育情况，可测 5~8 个部位；为专门研究某一品种，则所测部位可多达 20 个以上。在一般情况下，所测部位有下述几种：

（1）体高（鬐甲高）　用杖尺测量鬐甲最高点至地面的垂直距离。先使主尺垂直竖立在畜体左前肢附近，再将上端横尺平放于鬐甲的最高点（横尺与主尺须成直角），即可读出主尺上的高度。

（2）背高　用杖尺测量背部最低点至地面的垂直距离。

（3）尻高（荐高）　用杖尺测量荐部最高点至地面的垂直距离。

图 2-30　测杖　　　　　　　　图 2-31　皮尺　　　　　　　　图 2-32　钢卷尺

（4）臀端高（坐骨端高）　用杖尺测量臀端上缘到地面的垂直距离。

（5）前肢高　对于马是用杖尺量取肘端上缘至地面的垂直距离。也可用鬐甲高减去胸深来表示，但必须加以注明。

（6）体长（体斜长）　肩端前缘到臀端后缘的直线距离。用杖尺和卷尺都可量取，前者得数比后者略小一些，故在此体尺后面，应注明所用测量工具名称。

（7）身长　用卷尺量取猪的两耳连线中点到尾根的水平距离。

（8）头长　用卡尺测量额顶至鼻镜上缘（牛等）或鼻端（马）的直线距离。

（9）颈长　用卷尺量取由枕骨脊中点到肩胛前缘下 1/3 处的距离。

（10）尻长　用卡尺量取腰角前缘到臀端后缘的直线距离。

（11）胸宽　将杖尺的两横尺夹住两端肩胛后缘下面的胸部最宽处，便可读出其宽度。

（12）额宽　有两种测量方法，较多测量的是最大额宽。最大额宽：用卡尺量取两侧眼眶外缘间的直线距离。最小额宽：用卡尺量取两侧颞颥外缘间的直线距离。

（13）腰角宽　用卡尺量取两腰角外缘间的水平距离。

（14）臀端宽（坐骨结节宽）　用卡尺量取两臀端外缘间的水平距离。

（15）胸深　用杖尺量取鬐甲至胸骨下缘的垂直距离。量时沿肩胛后缘的垂直切线，将上下两横尺夹住背线和胸底，并使之保持垂直位置。

（16）头深　用卡尺量取两眼内角连线中点到下颚下缘的垂直距离。

（17）胸围　用卷尺在肩胛后缘处测量的胸部垂直周径。

（18）腹围　用卷尺量取腹部最大处的垂直周径，较多用之于猪。

（19）管围　用卷尺量取管部最细处的水平周径，其位置一般在掌骨的上 1/3 处。

（20）腿臀围（半臀围）　用卷尺由左侧后膝前缘突起绕经两股后面，至右侧后膝前缘突起的水平半周。该体尺一般多用于肉用家畜，表示腿部肌肉的发育程度。

目前在养鸡上，除肉用鸡测量胸角外，大群养鸡已不采用体尺测量，但对研究品种特征，进行品种调查，体尺测量，仍有一定意义。因此，测定与生产性能有关的常用体尺如体斜长、胸宽、胸深、胸骨长、胫长和胸角。体斜长用皮尺测量锁骨前上关节到坐骨结节间的距离；胸宽用卡尺测量两肩关节间距离；胸深用卡尺度量第一胸椎至胸骨前缘间的距离；胸骨长用皮尺度量胸骨前后两端间距离；胫长用卡尺度量跗骨上关节到第三趾与第四趾间的垂直距离［但实际测量中以禽腿无毛处的关节上端到第二脚趾（小趾骨）的长度为"胫骨长度"］；胸角采用测量胸角的大小来表示，方法将鸡仰卧在桌案上，用胸角器两脚放在胸骨前端，即可读出所显示的角度，理想的胸角应在90°以上。

以上体尺是常用的。有时为了研究需要还可增加荐高、最大额宽、头深、臀长等体尺。为使测量鉴定顺利进行且保证测得数据的准确性，测量鉴定在具体操作时应注意以下事项：

① 应注意人畜的安全，人一般应站在家畜左侧，态度温和，以免家畜紧张骚动。

② 应校正核对好测量工具，还必须使家畜站在平坦地方，姿势保持端正。

③ 应科学严谨，在操作时测具应紧贴该部体表，防止悬空测量，更应切实找准起止部位。

测量鉴定的用途很广泛，除可掌握畜禽外形变化、生长发育情况外，品种调查、引种、改良进展等都可通过它来予以反映。

2. 体尺指数计算

单项体尺在没有和其他体尺联系以前，只能代表一个部位的生长发育情况，而反映不了家畜整体的体型结构，因而有必要通过指数计算加以深化。所谓体尺指数，是一种体尺与另一种体尺的比率，用以反映家畜各部位发育的相互关系和比例。

常用的体尺指数有下列10种，以前4种应用最广泛。

(1) 体长指数 $=\dfrac{体长}{体高}\times100\%$

它表示体长和体高的相对比率。乘用马体躯较短，其指数在101%以下；挽用马体躯较长，指数在105%以上。肉用牛此指数大于乳用牛。此指数在成年前随年龄增长而增大。

(2) 胸围指数 $=\dfrac{胸围}{体高}\times100\%$

此指数对鉴定役畜有重要意义。挽用马在125%以上，乘用马在115%以下。肉牛该指数大于乳牛。该指数也随年龄增长而增大。

(3) 管围指数 $=\dfrac{管围}{体高}\times100\%$

它反映骨骼的发育情况。挽用马骨粗壮，其指数在13%～15%之间，乘用马骨细致，指数在12%～13%左右。肉牛小于乳牛。此指数也随年龄而增大。

(4) 体躯指数 $=\dfrac{胸围}{体长}\times100\%$

它表示体量发育程度。挽用马的指数在117%～120%左右，乘马在111%～113%上下。肉用家畜大于乳用家畜，对于猪来说是脂肪型大于肉用型，雄性大于雌性。

(5) 肢长指数 $=\dfrac{体高-胸深}{体高}\times100\%$

它表示四肢相对发育程度。此指数乘用马比挽用马大，乳牛大于肉牛。幼畜的肢长指数若过小则说明发育受阻。此指数随年龄增长而减小。

(6) 胸指数 $=\dfrac{\text{胸宽}}{\text{胸深}}\times100\%$

它表示胸部发育情况。肉牛、挽用家畜胸部宽广，故该指数大于乳牛及乘用家畜。公畜大于母畜。

(7) 胸宽指数 $=\dfrac{\text{胸宽}}{\text{腰角宽}}\times100\%$

它表示前后躯宽度相对发育状况，所表现的规律基本与胸指数相同。此指数随年龄增长而变小。

(8) 臀宽指数 $=\dfrac{\text{腰角宽}}{\text{臀端宽}}\times100\%$

它表示后躯发育程度，对鉴定母畜及肉畜有重要意义。发育不全的家畜，该指数特别大。培育品种要比原始品种的该指数小。此指数随年龄增长而减小。

(9) 额宽指数 $=\dfrac{\text{额最大宽度}}{\text{头长}}\times100\%$

它表示头部的发育情况。正常发育的羊，其头长与额宽的比例为 8∶3。粗糙型为 8∶4；细致型为 8∶2。早熟品种的牛此指数比晚熟品种及乳用牛要大，公畜比母畜要大。此指数随年龄增长而变小。

(10) 头长指数 $=\dfrac{\text{头长}}{\text{体高}}\times100\%$

此指数在乳牛与挽用马要比肉牛及乘用马大。它随年龄增长而增大。

3. 体重估测

体重在有条件的情况下以直接称重最为准确，但在体重大而又缺乏设备的情况下可用体尺数值来估算。其估算公式如下：

$$\text{牛、羊活重(kg)}=\dfrac{\text{胸围}^2(\text{cm})\times\text{体长}(\text{cm})}{10800}$$

$$\text{猪活重(kg)}=\dfrac{\text{胸围}^2(\text{cm})\times\text{体长}(\text{cm})}{14400}$$

必须指出，用此法估测体重在大规模应用前，有必要先称量一批，根据实测结果将公式加以校正后再正式使用。现有资料介绍上述公式用以估算肉牛、瘦肉型猪时需要调整。

外形鉴定的方法，有时还需要对典型家畜进行摄影或录像，这样可以把家畜真实外形记录下来并能长期保存，使我们在较长时间内还能去了解、研究对比和鉴定。一张良好的照片或一段清晰的录像对外形鉴定是大有帮助的。

外形鉴定的三种方法各有其优缺点，我们在实际工作中应依目的、条件来分别采用或综合使用，以求相互补充，取得最佳效果。

三、拓展资源

1. 奶牛线性鉴定技术 http://zhifu.nongmintv.com/show.php? itemid = 1477 农民网.

2. 牛的外貌鉴定 http://www.ixumu.com/thread-1680-1-1.html 爱畜牧.

3.《畜禽繁育》网络课程：http://portal.lnnzy.cn/kczx/xuqinfanyu/index.html.

➤ 工作页

子任务 2-3 外形鉴定资讯单见《学生实践技能训练工作手册》。

子任务 2-3　外形鉴定记录单见《学生实践技能训练工作手册》。

❖ 子任务 2-4　生产性能测定

➢ 资讯

生产性能又叫生产力，是指家畜最经济有效地生产畜产品的能力。家畜的生产性能是个体鉴定的重要内容，也是代表个体品质最有意义的指标；是对种畜进行遗传评估的最基本依据，也是选种过程中决定选留与否的决定因素。生产性能测定是指对家畜个体具有特定经济价值的某一性状的表型值进行评定的一种育种措施，是育种工作的基础。

性能测定的基本形式，根据测定场地可分为测定站测定与场内测定；根据测定个体和评估对象间的关系可分为个体测定、同胞测定和后裔测定；根据测定对象的规模可分为大群测定和抽样测定。

测定站测定是指将所有待测个体集中在一个专门的性能测定站或某一特定牧场来统一测定。场内测定是指直接在各个生产场内进行性能测定，不要求时间的一致。通常强调建立场间遗传联系，以便于进行跨场遗传评定。建立场间遗传联系的方法：各场使用共同公畜或母畜的后代，以比较和剔除场间效应。现阶段通常将测定站测定与场内测定两种方法结合使用。常规生产性状采用场内测定，需要特殊设备和有测定难度的性状采用测定站测定。

家畜的生产性能主要有：产肉性能、产乳性能、产毛性能、产蛋性能、繁殖性能、役用性能等。不同类型的生产性能测定时所选用的性能指标是不同的。

一、产肉性能指标

1. 达到目标体重日龄

以达到适宜屠宰体重时的日龄为评价指标。如，荣昌猪达 90kg 屠宰体重的时间为：原种 240d，选育种（新荣 Ⅰ 系）183d；外种猪达 110kg 体重所需时间约 175d。对此各国有不同规定，如加拿大规定为 100kg，美国规定为 113.47kg 德国规定为 105kg，我国农业部畜牧兽医总站于 2000 年颁布的《全国种猪遗传评估方案》建议为 100kg。

2. 日增重

日增重指平均日增重（ADG）。

$$ADG = \frac{测定结束时的体重 - 测定开始时的体重}{测定天数}$$

在同等条件下，日增重的高低主要取决于品种的遗传基础。遗传基础、营养水平、环境温度是影响日增重的重要因素。

3. 饲料转化率

$$饲料转化率 = \frac{总增重量}{饲料消耗总量} \times 100\%$$

一般地，猪的料肉比为外种猪 2.2～3.0，地方品种 3.4～4.0；肉鸡为 2.0～2.6。

4. 屠宰率

$$屠宰率 = (胴体重/屠前活重) \times 100\%$$

屠宰率的遗传力中等偏上。猪的屠宰率为 72%～75%，$h^2 = 0.31$；肉牛、羊屠宰率为 50% 左右，肉牛屠宰率的遗传力 $h^2 = 0.46$。胴体重的计算方法不统一，一般是指去头、蹄、内脏，冷却 24h 后的重量。但有些国家把头的重量也算在胴体内。屠前活重是指屠宰前禁食 24h 后的体重。

5. 胴体长

胴体长是指屠宰开边后，从趾骨联合前缘中点至第一颈椎前缘中点的长度。胴体长与瘦肉率呈正相关。

6. 瘦肉率

对胴体进行分割测定（瘦肉率、脂肪率、骨率等），不包括板油和肾脏。将左侧胴体按后腿、前肩、胸腰和腹部分成 4 大块，分离各块的皮、骨、肉和皮下脂肪，瘦肉总重占左侧胴体重的百分比即为瘦肉率。

7. 背膘厚

背膘厚指背上皮下脂肪的厚度，是选择瘦肉率的一个间接（辅助）指标。可活体测定，也可屠宰后测定。测定方法有三种。三点平均法：用肩部最厚处（第二胸椎和第三胸椎间）、胸腰结合处、腰荐结合处三点背膘厚度的平均值来表示。两点平均法：用胸腰结合处、腰荐结合处两点背膘厚度的平均值来表示。现在用得较多。一点法：用倒数第三肋骨和第四肋骨间的背膘厚度表示。

8. 眼肌面积

眼肌面积指胸腰结合（最后一个肋骨）处眼肌的横断面积。注意测量时要放平。其计算公式为：眼肌面积＝长×宽×0.7（或 0.8）。遗传力中上，猪 $h^2＝0.48$，牛 $h^2＝0.60$。眼肌面积与瘦肉率呈强正相关。$r_猪＝0.79±0.02$。

9. 肉的品质

肉的品质需要通过以下指标判断。

（1）应激敏感性测定　PSS（猪应激综合征）和 MHS（恶性高温综合征）可导致 PSE 肉的产生。测定方法有氟烷测定法和基因诊断法。

（2）pH 值　是衡量肉质的重要指标，与肉色、肉味密切相关。现主要用于猪肉品质检测，测定猪倒数第三肋骨和第四肋骨间眼肌的 pH 值。正常猪肉：pH_1（宰后 45min 内）＝6.1～6.4，5.5～5.9 为轻度 PSE 肉，5.5 以下为 PSE 肉；pH＞6.0 为 DFD 肉（肉猪宰后肌肉 pH 值高达 6.5 以上，形成暗红色、质地坚硬、表面干燥的干硬肉）。猪屠宰后 24h，pH＞6.0，同时伴有肉色暗褐色及表面干燥现象的猪肉失水率＜5％。一般发生在猪屠宰前受长时间的刺激，肌糖原耗竭而几乎不产生乳酸，宰后肌肉 pH 保持较高值，蛋白质变性程度低，失水少，表面渗水少。

（3）肉色　用标准比色板比较评分。

（4）肉味　用腰大肌测定熟肉率后品尝肉味。

（5）系水力　宰后肌肉保持水分不向外渗漏的能力。一般以失水率表示。用标准取样器取下一块 2cm 厚、面积为 5cm² 的眼肌肉样，加 35kg 压力压 5min 后，计算失水率。

$$失水率＝\frac{压后重}{压前重}×100\%$$

（6）大理石纹　用评分法评定。宰后将腰部眼肌置 4℃保存 24h 后，看其横断面中所含脂肪的多少，用标准比色板比较评分。

二、产乳性能指标

1. 产乳量指标

衡量乳用家畜产乳量的指标主要有年产乳量（自然年度产乳总量）、泌乳期产乳量（从产仔到干乳期总产乳量）、305d 产乳量（牛）和成年当量（校正到第 5 胎的产乳量）等。牛的产乳量一般以 305d 产乳量计，产乳不足 305d 或超过 305d 者予以校正（校正方法见后）。产乳量的测定可逐日逐次测定并记录，也可每月测一次，共测 10 次（每次测定的间隔时间要均匀），将 10 次测定值的总和乘以 30.5 即为 305d 产乳量（误差约为 2.7）。

成年当量是指将各个产犊年龄的泌乳期产奶量校正到成年时的产奶量。目的是校正胎次对产奶量的影响。我国校正到第 5 胎时的产奶量，其校正系数为：

胎次	1	2	3	4	5
系数	1.3514	1.1765	1.0870	1.0417	1.0000

这个方法比较粗糙，因为在同一胎次内产犊年龄也有较大变异。

影响产乳量的因素主要有：品种、胎次、每天挤乳次数、营养水平等。

2. 乳成分含量的度量指标

主要有乳脂率、乳脂量、4%或 3.5%标准乳。

（1）乳脂率　乳中所含脂肪的百分率。

$$乳脂率 = \frac{\sum(F \times M)}{\sum M} \times 100\%$$

式中，F 为实际测定的乳脂率；M 为该次取样期内的产乳量。乳脂率与产乳量呈强负相关，乳脂率的高低因品种不同而异，同时存在个体差异。因此，单凭乳脂率或产乳量来衡量乳牛的泌乳能力不便于比较，有必要校正到同一标准——标准乳。

（2）3.5%标准乳

$$3.5\%标准乳 = (0.35 + 18.57F) \times M$$

式中，0.35 为 1kg 脱脂乳的发热量为乳脂率是 3.5%的等量乳发热量的 0.35 倍；18.57 为 1kg 乳脂的发热量为 1kg3.5%标准乳发热量的 18.57 倍；F 为实测乳脂率；M 为产乳量。

3. 泌乳均衡性

泌乳均衡性与产乳量密切相关，从泌乳曲线可判断泌乳均衡性。

从 1 个泌乳期看，最高月产出现的早晚与维持时间的长短是影响泌乳均衡性的主要指标；从终身泌乳曲线看，第 4～6 个泌乳期产乳量最高（较好）时，泌乳曲线较平稳。

4. 挤奶能力测定

需要测定排乳速度和前后房指数。

（1）排乳速度　指一定泌乳阶段平均每分钟的泌乳量。通常校正为第 100 个泌乳日的平均每分钟的泌乳量。矫正公式为：

$$标准乳流速 = 实际乳流速 + 0.001 \times (测定时的泌乳日 - 100)$$

排乳速度的遗传力约为 0.3。

（2）前后房指数　在一次挤奶过程中，前乳区的挤奶量占总挤奶量的百分比。用于度量各乳区泌乳的均衡性。

5. 次级性状测定

次级性状指那些具有较高经济价值但遗传力较低或难以测定的性状，如繁殖性状、抗病性状、使用年限等。在此只介绍几个主要的次级性状。

（1）配妊时间　产后第一次输精到配上种的输精间隔时间。

（2）不返情率　指一头公牛的所有与配母牛在第一次输精后一定时间间隔（如 60～90d）内不返情的比例。用于衡量公牛配种能力的指标。类似于情期一次受胎率。

（3）乳房炎抵抗力　乳房炎是由多种细菌（主要是链球菌和金黄色葡萄球菌）感染所引起的一种乳腺炎症。影响产奶量（降低 20%左右）、降低牛奶质量。测定方法：兽医临床诊断、牛奶中的体细胞计数法等。

（4）使用年限　指乳用家畜在群中的实际使用年限。

三、产毛性能指标

主要的毛用家畜有绵羊、山羊、毛兔等，衡量它们的产毛性能的指标如下：

1. 剪毛量

从一只毛用家畜身上剪下的全部毛的总重量。剪毛量的遗传力中等，绵羊 $h^2 = 0.3$；长毛兔 $h^2 = 0.53$。剪毛量主要受品种和营养条件的影响，粗毛品种剪毛量少，细毛品种剪毛量多。年龄和性别也会影响剪毛量。公羊剪毛量＞母羊，公兔剪毛量＜母兔。

2. 净毛率

去掉毛上的油汗、尘土、粪渣、草料屑等杂质后的毛量称为净毛量。净毛量占剪毛量的百分比叫净毛率。羊净毛率的遗传力 $h^2 = 0.4$。

3. 毛的品质

主要通过长度、细度、密度、匀度、裘皮与羔皮品质等来衡量。

（1）长度 肩胛后缘一掌、体侧中线稍上处皮肤表面至毛顶端的自然长度。

（2）细度 畜牧学上以毛的直径表示，以"μm"为单位；工业上以"支"来表示，1kg 毛能纺出多少个 1000m 长的毛纱就叫多少支。

（3）密度 皮肤单位面积上生长的毛的根数。毛密度具有品种和部位的差异。

（4）匀度 指毛纤维的均匀程度，包含部位匀度和同一根毛上、中、下段的匀度两层意思。

（5）裘皮与羔皮品质 总体要求是轻便、保暖、美观。具体指标有：皮张面积、皮棉厚度、粗毛与绒毛的比例、光泽、毛卷的大小与松紧、弯曲度、图案等。

四、产蛋性能指标

主要有产蛋量和蛋的品质等指标。

1. 产蛋量

产蛋量指一定时间内的产蛋个数。常用开产至 40 周龄、55 周龄、72 周龄等时的累积产蛋数表示。

2. 蛋重

有每枚蛋重与总蛋重（产蛋总重）之分。每枚蛋重以平均数计。总蛋重指一定时间范围内的产蛋总重量。蛋重具有品种特征，同时受营养水平、年龄、产蛋窝次等影响。

3. 料蛋比

产蛋鸡在一定年龄阶段饲料消耗量与产蛋总量之比。

4. 蛋的品质

主要通过蛋形、蛋壳色泽、蛋壳厚度来判断。

（1）蛋形 以蛋形指数表示，蛋形指数＝（蛋宽/蛋长）×100%。蛋形指数以 72%～76% 为宜，过大或过小在孵化和运输过程中的破损率会增加。

（2）蛋壳色泽 受品种和营养成分的影响。色斑蛋或血斑蛋的经济价值和种用价值均降低。

（3）蛋壳厚度 与运输、孵化过程中蛋的破损率直接相关。一般以 0.244～0.373mm 间为宜，可直接测定或用漂浮法测定。

五、拓展资源

1. 猪生产性能的测定 http://hnsmmy. qihuiwang. com/news/29746. html.

2. 奶牛生产性能测定 http://www. hljagri. gov. cn/nykj/cgzs/201108/t20110824 _

403009. htm（黑龙江农业信息网）.

3. 全国奶牛生产性能测定技术 http://www.sxnyt.gov.cn/nytwzq/sydw/snmyyjwzcbzx/gzdt/201205/t20120510_23338.shtml.

4.《畜禽繁育》网络课程：http://portal.lnnzy.cn/kczx/xuqinfanyu/index.html.

> ## 工作页

子任务 2-4　生产性能测定资讯单见《学生实践技能训练工作手册》。
子任务 2-4　生产性能测定记录单见《学生实践技能训练工作手册》。

❖ 子任务 2-5　种畜选择

> ## 资讯

一、后裔鉴定

后裔鉴定就是以后裔为依据的选择。它是在一致的条件下对一些种畜的后裔进行比较测验，然后按后裔的平均成绩确定对亲本的选留与淘汰。

一头公畜经系谱和个体鉴定之后，认为优良并开始用作配种，但它能否将自己的优良品质可靠地遗传给后代只有通过后裔品质鉴定才可能最后证实。

后裔鉴定所需时间较长，对于大家畜尤其如此。如以奶牛为例，一般需要在种畜 5～6 岁时才能出结果。所以当仔畜出生不久或断奶以后，就应该根据它们的系谱和同胞，决定选留哪些个体作继续观察。当它们本身有了性能表现，再根据它们本身和同胞的生长发育、生产性能等资料，选优去劣。只有最优秀的个体才饲养到成年进行后裔鉴定。通过后裔鉴定确认为优良的种畜，要加强利用，扩大它们的影响。目前有了冷冻精液的技术，更有利于发挥后裔鉴定的作用。

由于后裔鉴定所需时间长，耗费较多，因此多用于公畜。公畜比母畜对后代的影响面大。后裔鉴定尤其多用于主要生产性能为限性性状的家畜，如奶牛和蛋用鸡。

（一）母女对比法

这种鉴定方法多用于公畜。做法是用该公畜所生女儿的成绩和其与配母畜即女儿的母亲的成绩相比较。凡女儿成绩超过母亲的，则认为该公畜是"改良者"；如果母女相比无大差异，则认为该公畜是"中庸者"；女儿成绩低于母亲的，则认为该公畜是"恶化者"。

这种鉴定方法的优点是简单易行；缺点是由于母女所处年代不同、母亲的胎次不同，以及存在生活条件和生理上的差异，会给平均值造成一定的影响。

（二）母女对比图解法

以母亲产量为横坐标，女儿产量为纵坐标，标出每对母女产量的交点。由左下向右上画一角平分线，凡交点在角平分线上面的，表示女儿产量高于母亲。交点多数位于角平分线上面，说明种公畜是"改良者"；交点多数位于角平分线上或其附近，说明种公畜是"中庸者"；交点多数位于角平分线下面，则说明种公畜是"恶化者"。利用这种图解法，可以表示各种指标，如外形评分、体尺、体重、屠宰率、产奶量等。可根据这些对种公畜作综合分析。

（三）公牛指数法

以上方法都没有具体数字反映公畜的育种值，为了更具体地反映种畜的遗传型，按照公畜具体的育种指数进行排队比较，有人假定公牛同与配母牛一样对其女儿产奶量具有同等的影响，因此女儿的产奶量等于其父母产奶量的平均数。用公式表示为：

$$D = 1/2(F + M)$$

式中，D 为女儿的平均产奶量；F 为父亲的产奶量，即公牛指数；M 为母亲平均产奶量。

这个公式的意思就是公牛指数等于两倍的女儿平均产量减去母亲的平均产量。此法在饲养管理基本稳定的牛群中，不失为一种简便易行又比较正确的方法。

（四）不同后代间的比较

此种方法可用于鉴定种公畜和种母畜。鉴定种母畜时，数头被鉴定的母畜在同一个时期与同一头公畜交配，当母畜产下后代以后，这些后代都在同一条件下进行饲养管理、在同一季节生长发育，它们很少受不同条件的影响。然后通过对每头母畜的所有后代的资料进行分析，用以判断各母畜的优劣。例如，要鉴定 A、B、C、D 四头母猪的日增重的遗传特性。可用 A、B、C、D 四头母猪在同一时期与同一头公猪交配。待产仔后，四头母猪的仔猪都在相同的条件下饲养管理，然后度量它们的增重情况，并将各母猪所产仔数的平均日增重相互对比鉴定这四头母猪。

此种后裔鉴定的方法更普遍用于种公畜。主要方法如下。

① 当鉴定两头以上种公畜时，让它们在同一时期各配若干头母畜，这样母畜产仔的季节相同。所有后代都在相似的条件下饲养，然后比较后代的生产性能和外形体质，判断种公畜的好坏。

② 当单独鉴定一头种公畜时，可将其后代与畜群中其他种公畜的同龄后代比较或与畜群平均值比较。

③ 后代品质决定于父母双方，母亲不仅给后代以遗传影响，而且还直接影响后代胚胎期与哺乳期的发育。所以当应用后裔鉴定比较几头公畜时，应减少它们的与配母畜间的差异。可采用随机交配的方法，也可选择几个相似的母畜群与不同公畜交配。妊娠期短的畜群，可利用同一群母畜在不同配种季节与不同的种公畜交配，比较它们的后代品质，但需要作季节校正。

④ 后代品质除决定于双亲的遗传外，同时还受生后期条件的影响，所以后代应该在相似的环境条件下饲养，同时应该获得保证遗传特性得以充分表现的条件，还应该尽量将不同种畜的后代的出生时间安排在同一季节，以利于比较。

⑤ 在统计资料时，应该将每头种畜的所有健康后代都包括在内，无论其产量是优是劣；有意识地选择部分优秀后代进行比较，会造成评定的错误。

⑥ 后代头数愈多，所得结果愈正确，但往往受到条件的限制。大家畜至少需要 20 头以上有生产性能表现的后代，多胎动物还可适当多一些。

⑦ 后裔鉴定时，除突出后代的一项主要成绩外，还应全面分析，如体质外形、适应性、生活力以及遗传缺陷和遗传病等。

二、同胞鉴定

同胞鉴定就是根据种畜同胞的平均表型值进行选择的方法。

同胞分为全同胞和半同胞。同父同母的子女之间为全同胞，全同胞个体的亲缘相关是

0.5。羊、牛等单胎动物中，全同胞出现的机会较少；猪、鸡等多胎动物中，全同胞的数量较大。全同胞成绩测定中，一般不包括所要选择动物本身的成绩。同父异母或同母异父的子女之间为半同胞。半同胞个体的亲缘相关是0.25。动物育种中，由于公畜可配种的母畜数量大，所以多数是同父异母的半同胞。

由于同胞平均表型值不包括种畜本身的表型值在内，因此，早在被选动物的幼龄，甚至出生前就可选择，这就是同胞选择的优点。但同胞鉴定的准确性不如后裔鉴定。

同胞鉴定一般适用于限性性状，如奶山羊的产奶、产羔都限于母羊，在选择公羊时，虽可以从系谱资料加以选择，但对数量性状的准确性有限；活体上难以准确度量的性状（如猪的瘦肉率）和根本不能度量的性状（如胴体品质）；低遗传力的性状。这些难以测定的性状如育肥和胴体性状，利用父系半同胞表型值资料进行同胞鉴定。

公猪的育肥和胴体性状评定是从父系全-半同胞的优秀窝中每窝选出1♂、2♀、2♂（育肥），共选3~4窝，在试验条件下进行育肥和胴体性状的测定。最后根据父系全-半同胞表型值资料计算选择指数，按指数大小选留小公猪。肉用公牛的育肥和胴体性状的评定是根据12头以上的父系半同胞的表型值资料来选留种牛。

限性性状方面的同胞鉴定，如鉴定公猪的产仔数，要有20头以上的半同胞姐妹产仔成绩。鉴定乳用公牛的产奶量要有20头以上的半同胞姐妹的产奶成绩。鉴定公鸡的产蛋量要有30只以上的半同胞姐妹的产蛋成绩。由于这些性状遗传力较低，而且同胞数较大，父系半同胞的平均表型值可以为公畜的个体育种值提供有价值的评定资料。

三、种畜的选择方法

（一）单性状的选择

畜禽育种工作中，需要选择提高的性状很多，比如奶牛需要提高产奶量、乳脂率、乳蛋白率，蛋鸡需要提高产蛋数、蛋重、受精率、孵化率等许多性状。在一定时间内只针对某一个性状所进行的选择，叫做单性状选择。在单性状选择中，除个体本身的表型值以外，最重要的信息来源就是个体所在家系的遗传基础，即家系平均数。因此，在探讨单性状选择方法时，就是从个体表型值和家系均值出发。单性状的选择方法划分为4种，即个体选择、家系选择、家系内选择和合并选择。

1. 个体选择

根据个体表型值的大小进行的选择叫做个体表型选择，简称个体选择。个体选择常根据个体表型值与群体平均值的离差（离群均差）的大小进行选择。选择离差大的个体留作种用，离差愈大说明该个体愈好。一般来说，在同样的选择强度下，对遗传力高的性状，性状标准差大的群体采用个体表型选择都能获得较好的选择效果。因为在这种情况下，按个体表型值排队顺序与按其育种值的排队顺序是接近的。个体选择的选择反应为：

$$R = Sh^2 = i\sigma h^2$$

因为 $I = \dfrac{S}{\sigma}$，所以

$$S = p - \bar{p} = i\sigma$$

式中，R 为选择反应，表示下代能提高的部分；S 为选择差，留种群均值与大群均值之差；h^2 为性状的遗传力；p 为个体某性状的表型值；$\bar{p}$ 为该性状群体平均表型值；σ 为性状的标准差；i 为选择强度，即标准化的选择差。

2. 家系选择

家系选择是以整个家系作为一个选择单位，根据家系平均表型值的大小进行选择。其

具体做法是：依据选种的要求，把家系平均表型值最高的家系的全部成员都选留下来，把平均表型值低的家系全部成员都淘汰掉。适用于家系选择的条件有三个：

（1）性状的遗传力低 因为遗传力低的性状的个体表型值受环境影响较大，而在家系平均值中，各个体表型值由环境条件造成的偏差互相抵消。所以家系平均表型值接近于家系的平均育种值。

（2）由共同环境所造成的家系间的差异和家系内个体间的表型相关要小 在这种情况下，家系选择效果较好。假如由共同环境造成的家系间差异大，家系内个体间的表型相关很大，个体的环境偏差在家系均值中就不能完全相互抵消，所能抵消的只是随机环境偏差部分。因此，家系平均表型值在很大程度上反映家系的共同环境，也就不能代表个体的平均育种值。

（3）家系要大（家系内个体数多） 因为家系愈大，家系平均表型值才能愈接近于家系的平均育种值。

可见，性状的遗传力低、家系大、家系内表型相关和家系间环境差异小是进行家系选择的基本条件。具备这三个条件的群体进行家系选择，就能够得到较好的选择效果。比如鸡的产蛋量、猪的产仔数等性状都符合这些条件。

3. 家系内选择

根据个体表型值与家系平均表型值离差的大小进行选择，叫做家系内选择。个体表型值超过家系均值越多，这个个体就愈好。家系内选择的具体做法就是在每个家系中挑选个体表型值最高的个体留种。适用于家系内选择的条件如下。

① 性状的遗传力低。

② 家系间环境差异大，家系内个体间表型相关大。

③ 家系大。

在这种情况下，家系间的差异和家系内个体间的表型相关，主要是由共同环境造成的，不是由遗传因素造成的，因此家系间差异并不主要反映家系平均育种值的差异，各家系的平均育种值可能相差不大。因此，我们在每个家系内挑选最好的个体留种，就能得到最好的选择效果。家系内选择实际上就是在家系内所进行的个体选择。例如，仔猪断奶体重就符合这些条件。

4. 合并选择

考虑到前 3 种选择方法的优缺点，采取了同时使用家系均值和家系内偏差 2 种信息来源的策略，根据性状遗传力和家系内表型相关，分别给予 2 种信息以不同的加权，合并了一个指数 I，其公式为：

$$I = h_w^2 \times P_w + h_f^2 \times P_f$$

其中，I 是对 P_w 和 P_f 分别加权后的指数；h_w^2 是家系内离差的遗传力；h_f^2 是家系平均数的遗传力。

依据这个指数进行的选择，其选择的准确性高于以上各选择方法，因此可获得理想的遗传进展。

（二）多性状的选择

上述几种选择方法都是单性状的选择，可是在一个畜群里，我们要同时提高的性状常常不是一个，而是多个。对多个性状常用下列方法进行选择：

1. 顺序选择法

顺序选择法又称单项选择法，它是针对计划选择的多个性状逐一选择和改进，每个性状选择一个或数个世代，待这个性状得到满意的选择效果后，就停止对这个性状的选择，再选择第二个性状，然后再选择第三个性状等，顺序递选。这种选择法所需时间长，而且对一些负遗传相关的性状来说，提高了一个性状则会导致另一个性状的下降。例如，奶牛的产奶量与乳脂率呈负遗传相关，有的奶牛场过去只注意产奶量的选择，忽视了乳脂率，结果牛奶中脂肪含量降低了。下一步再来选择乳脂率还要兼顾产奶量，就要花费更多时间和精力，往往顾此失彼。因此，这种选择方法在一般情况下只适用于市场的急需。为了克服顺序选择法所存在的不足，有人主张通过品系繁育将要提高的性状分在若干个品系中进行同步选择，然后进行品系间杂交，而达到几个性状在短时间内同时得到提高的目的。

2. 独立淘汰法

独立淘汰法又称独立水平法。

这是对每个选择的性状分别订出一个最低的选留标准，一头家畜必须各个性状都达到标准，才能留种，否则就淘汰，这样做的结果往往是留下了一些各方面刚够格的家畜（即"中庸者"），而把那些只是某个性状没有达到标准但其他方面都优秀的个体淘汰了。另外，同时选择的性状越多，中选的个体就越少。例如，在性状间无相关的情况下，同时选择平均数加一个标准差以上的三个性状，那么入选的家畜只有 $16\% \times 16\% \times 16\% = 0.41\%$，按照这样的标准进行选择，要在 250 头群体中才能选中一头，这样必然不易达到留种率。为了达到一定的留种率只有降低选择标准，造成大量的"中庸者"中选，甚至低于群体平均值水平的"劣种"个体也有选留下来的可能，这样对提高整个群体品质十分不利。例如，现行的奶牛综合鉴定等级法，就有独立淘汰选择法的不良倾向。比如，甲、乙两头奶牛，它们的乳脂率相同。甲牛头胎产奶量 4000kg，评为一级；外形评分 75 分，也评为一级。这头牛可以作为良种牛登记。而乙牛头胎产奶量为 6000kg，评为特级；外形评分 73 分，被评为二级。乙牛就不能被登记为良种牛。可见这种评定方法不完全合理。

3. 综合选择法

常用的综合选择法有以下三种。

（1）选择综合性状　例如，仔猪的断奶窝重就是断奶个体重和断奶成活仔猪数的综合性状。只要我们从断奶窝重大的母猪的后代中选留种猪，就等于同时选择了断奶个体重和断奶成活仔猪数两个性状。

（2）选择综合指标　选择综合指标就是把所要选择的几个性状综合成一个指标，然后根据这个指标的大小进行选择。比如说把产奶量和乳脂率这两个性状综合成含有 4% 乳脂率的标准乳量，然后根据每个个体的 4% 乳脂率的标准乳量的高低进行选择。选择 4% 标准乳量高的个体留作种畜。

（3）综合选择指数法　就是把要选择的几个性状，按其遗传特点和经济意义综合成一个指数，按指数的大小进行选择，综合选择指数法比顺序选择法、独立淘汰法优越，它克服了独立淘汰法所存在的缺点。综合选择指数法在现阶段是一个较为客观、全面而有效的选择方法，其效果要优于其他两种方法。

（三）个体育种值的估计

根据不同资料来源，既可计算单项资料的一般育种值，也可计算多种资料的复合育种值。如有亲代、本身、同胞、后裔四种记录资料，先用计算单项资料育种值的方法依次计算出 A_1、A_2、A_3、A_4 四个育种值，但因四种资料在育种上的重要程度不同，因此四个育种值还要进行必要的加权，然后才能合并成复合育种值。确定加权值的条件是：

① 四个加权系数相干。

② 四个系数之和为 1。

③ 为了计算方便，对四个系数只取一位小数。为此，这四个系数只能是 0.1、0.2、0.3、0.4，于是复合育种值的简化公式就是：

$$\hat{A}x = 0.1A_1 + 0.2A_2 + 0.3A_3 + 0.4A_4 \tag{1}$$

为了计算出 $A_1 \sim A_4$，需要用下列公式：

$$\left.\begin{array}{l} A_1 = (\overline{P}_1 - \overline{P})h_1^2 + \overline{P} \\ A_2 = (\overline{P}_2 - \overline{P})h_2^2 + \overline{P} \\ A_3 = (\overline{P}_3 - \overline{P})h_3^2 + \overline{P} \\ A_4 = (\overline{P}_4 - \overline{P})h_4^2 + \overline{P} \end{array}\right\} \tag{2}$$

由公式（1）和公式（2）可得：

$$\hat{A}x = 0.1A_1 + 0.2A_2 + 0.3A_3 + 0.4A_4$$
$$= 0.1[(\overline{P}_1 - \overline{P})h_1^2 + \overline{P}] + 0.2[(\overline{P}_2 - \overline{P})h_2^2 + \overline{P}] +$$
$$0.3[(\overline{P}_3 - \overline{P})h_3^2 + \overline{P}] + 0.4[(\overline{P}_4 - \overline{P})h_4^2 + \overline{P}]$$

这时，可直接用表型值和遗传力系数代入，计算它的复合育种值。

四、拓展资源

1. 种猪的选择方法 xmj. yidu. gov. cn.

2. 种猪信息网 http://www.zhongzhuxinxi.com/.

3. 挑选奶牛方法 http://www.lnjn.gov.cn/edu/syjs/2004/9/108768.shtml（辽宁金农网）.

4.《畜禽繁育》网络课程：http://portal.lnnzy.cn/kczx/xuqinfanyu/index.html.

➤ 工作页

子任务 2-5 种畜选择资讯单见《学生实践技能训练工作手册》。

子任务 2-5 种畜选择记录单见《学生实践技能训练工作手册》。

任务 3

畜禽的选配

❖ 学习目标

■ 能够制订切实可行的种畜选配方案。
■ 会运用相应的育种手段实施选配。
■ 能够对选配效果进行准确的评价。

❖ 任务说明

■ 任务概述

选配是指根据育种目标和生产需要，有计划地选择合适的公母畜进行配种。选配的目的是组合后代的遗传基础，使后代得到遗传改进。虽然通过选种选出的都是优秀的种畜，但是它们交配所产生的后代并不一定都是优秀的。所以，要想获得优良的后代，不仅要加强选种工作，而且还必须做好选配工作，才能达到预期的目的。

■ 任务完成的前提及要求

各种动物、种畜评定结果和系谱。

■ 技术流程

选配方案的制订 ⇒ 选配方案的确定 ⇒ 选配效果的评价

❖ 任务开展的依据

子任务	工作依据及资讯	适用对象	工作页
3-1 选配方案的制订	选配的原则、选配前的准备工作、拟订选配计划	高职生	3-1
3-2 选配方案的确定	选配分类、近交程度的分析、近交衰退现象	高职生	3-2
3-3 选配效果的评价	杂交方法、杂交方式和杂种优势利用	中职生和高职生	3-3

❖ 子任务 3-1　选配方案的制订

➤ 资讯

一、选配的原则

制订选配计划并做好选配工作，应注意以下原则。

1. 根据育种目标进行综合考虑

育种工作有明确的目标，各项具体工作均应根据育种目标进行。为此，选配不仅应考虑与配个体的品质和亲缘关系，还必须考虑与配个体所隶属的种群对它们后代的作用和影响。在分析个体和种群特性的基础上，注意如何加强其优良品质并克服其缺点。

2. 尽量选择亲和力好的家畜交配

在对过去交配结果具体分析的基础上，找出产生过优良后代的选配组合，不但要继续维持，而且还要增选具有相应品质的母畜与之交配。种群选配同样要注意配合力问题。

3. 公畜等级高于母畜等级

因公畜具有带动和改进整个畜群的作用，而且选留数量少，故其等级和质量都应高于母畜。对特级、一级公畜应充分使用，二级、三级公畜则只能控制使用。最低限度也要等级相同，绝不能公畜等级低于母畜等级。

4. 具有相同缺点或相反缺点者不配

选配中，绝不能使具有相同缺点（如毛短与毛短）或相反缺点（如凹背或凸背）的公母畜相配，以免加重缺点的发展。

5. 不任意近交

近交只能控制在育种群中必要时使用，它是一种局部而又短期内采用的方法。在一般繁殖群中，非近交是一种普遍而又长期使用的方法。为此，同一公畜在一个畜群的使用年限不能过长，应做好种畜交换和血缘更新工作。

6. 搞好品质选配

优秀公母畜，一般均应进行同质选配，以便在后代中巩固其优良品质。一般只有品质欠优的母畜或为了特殊的育种目的才采用异质选配。对已改良到一定程度的畜群，不能用本地公畜或低代杂种公畜来配种，这样会使改良后退。

二、选配前的准备工作

制订选配计划前，必须事先做好准备工作，它包括以下内容。

第一，深入了解整个畜群和品种的基本情况，包括系谱结构和形成历史、畜群的现有水平和需要改进提高的地方。为此，应分析畜群的历史和品种形成过程，并对畜群进行普遍鉴定。

第二，分析以往的交配结果，查清每一头母畜与哪些公畜交配曾产生过优良的后代、与哪些公畜交配效果不好，以便总结经验和教训。对于已经产生良好效果的交配组合，则采用"重复选配"的方法，即重复选定同一公母畜组合配种。对于还未交配过更未产生过后代的初配母畜，可分析其全同胞姐妹或半同胞姐妹与什么样的公畜交配已产生良好效果，不妨也用这样的公畜与这些初配母畜试配，待这些母畜产第一胎仔畜后就进行总结，以便找出较好的交配组合作为今后选配的依据。

第三，分析即将参加配种的公母畜的系谱、个体品质和后裔鉴定材料，找出每一头家畜要保持的优点、要克服的缺点、要提高的品质。后裔鉴定材料可直接为选配提供依据，找出最好的交配组合。

进行上述准备工作时，可采用下述具体方法。

（1）分析交配双方优缺点　将母畜每一头或每一群（按其父畜分群）列成表，分析其优缺点，根据这些优缺点选配最恰当的公畜。

（2）绘制畜群系谱图　畜群系谱可使整个畜群的亲缘关系一目了然，以便分析个体之间的亲缘关系，从而避免盲目近交。

（3）分析系、族间亲和力　从畜群系谱可追溯各个体所属系、族，然后比较不同系、族后代的选配效果，以判断不同系、族间亲和力的大小。

三、拟订选配计划

选配计划又叫选配方案。选配计划没有固定的格式，但计划中一般应包括每头公畜与配的母畜号（或母畜群别）及其品质说明、选配目的、选配原则、亲缘关系、选配方法、预期效果等项目。

选配方法有个体选配与群体选配两类。牛、马等大家畜和各种家畜的核心群母畜，一般应采取个体选配，在逐头进行分析后选定与配公畜。

群体选配又分为两种：一种是等级选配，即按公母畜的等级进行选配。这是因为同等级的家畜有共同的特点，不同等级的家畜有不同的特点。例如，细毛羊中一级羊体大、毛长毛密，二级羊则有体小、毛短的共同缺点，为了工作方便，故可以等级群为单位进行选配，这实际上等于按个体特性进行选配。另一种是在某些小家畜品系繁育中的"随机交配"，即在选定的公母畜群间进行随机结合。群体选配的优点是简单易行，只要公畜挑选得当，也能取得良好效果，因为畜群质量的改进在很大程度上取决于优秀公畜。

还应指出的是，在制订选配计划时，应充分利用优秀公畜，尽量发挥其作用。制订选配计划时，应使用经鉴定的公畜，以备在执行过程中如发生公畜精液品质变劣或伤残死亡等偶然情况，可及时更换与配公畜。选配计划执行后，在下次配种季节到来之前，应具体分析上次选配效果，按"好的维持，坏的重选"的原则，对上次选配计划进行全面修订。

四、拓展资源

1. 奶牛选种选配服务程序 http://www.ixumu.com/thread-247138-1-1.html 爱畜牧.

2. 奶牛选配的方式方法 http://www.ynagri.gov.cn/dl/news890/20120228/1437399.shtml（大理白族自治州农业信息网）.

3. 种猪的选择与选配技术 http://www.feedtrade.com.cn/livestock/pigs/200311/20031106184300.html（中国饲料行业信息网）.

4. 种猪选育方法 http://bbs.zhuwang.cc/thread-8894398-1-1.html（养猪论坛）.

5.《畜禽繁育》网络课程：http://portal.lnnzy.cn/kczx/xuqinfanyu/index.html.

➤ 工作页

子任务 3-1 选配方案的制订资讯单见《学生实践技能训练工作手册》。
子任务 3-1 选配方案的制订记录单见《学生实践技能训练工作手册》。

❖ 子任务 3-2 选配方案的确定

➤ 资讯

在畜牧实践中，优良的种畜不一定都能产生优良的后代，这是因为后代的优劣不仅决定于双亲的品质，而且还取决于它们配对是否适宜。因此，要想获得理想的后代，除必须做好选种工作外，还必须做好选配工作。

一、选配的概念和作用

（一）选配的概念

选配就是有意识、有目的、有计划地组织公母畜的配对，以便定向组合后代的遗传基础，从而达到通过培育而获得良种的目的。

（二）选配的作用

选配是对家畜的配对进行人为的控制，从而使优秀的公母畜获得更多的交配机会，使优良基因更好地重组，进而促进畜群的改良和提高。具体来说，选配在家畜育种工作中的作用如下。

（1）选配能够创造必要的变异，为培育新的理想型创造条件　因为选配研究配对家畜间的遗传关系，而相配家畜间的情况是各式各样的。在任何情况下，交配双方的遗传基础是不可能完全相同的，而它们所生的仔畜则是父母双方遗传基础重新组合的结果，当然就不可能与父母任何一方完全相同，即产生变异。因此，为了某种育种目的而选择相应的公畜和母畜交配，就会产生所需要的变异，就可能创造出新的理想型。这已为杂交育种的大量成果所证实。

（2）选配能够稳定遗传性，固定理想性状　选择遗传基础相似的公母畜交配，其所生后代的遗传基础通常与其父母出入不大。因此，在若干代中均连续选择性状特征相似的公母畜相配，则该性状的遗传基础逐代纯合，最后这些性状特征便被固定下来。这亦为新品种或新品系培育的实践所证实。

（3）选配能够控制变异的方向，并加强某种变异　当畜群中出现某种有益变异时，可以通过选种将具有该变异的优良公母畜选出，然后通过选配强化该变异。它们的后代不仅可能保持这种变异，而且还可能较其亲代更加明显和突出。如此，经过若干代的长期选种、选配和培育，则有益变异即可在畜群中更加突出，最终形成该畜群独具的特点。有些品种和品系就是这样培育出来的。

（4）控制近交　细致地做好选配工作，可使畜群防止被迫进行近交。即使近交，选配也可使近交系数的增量控制在较低水平。

由上可知，选配以选种为基础并为新的选种创造条件，因此是家畜育种工作中一项非常重要的措施，它与选种和培育同样是改良现有家畜种群和创造新种群的有力手段。

二、选配的分类

选配实际上是一种交配制度，一般分为以下类型。

（一）个体选配

按其内容和范围来说，主要是考虑与配个体之间的品质对比和亲缘关系的选配。

1. 品质选配

即考虑与配个体之间品质对比的选配。所谓品质，既可以指一般品质，也可以指遗传品质。一般品质包括体质外貌、生长发育、生产力、生物学特性等方面。遗传品质包括质量性状和数量性状的遗传品质。数量性状，即所估计育种值的高低。根据与配家畜的品质对比，可分为同质选配和异质选配。

（1）同质选配　即与配双方品质相同的选配，也就是选用性状相同、性能表现相似或育种值相似的优秀公母畜来配种，以期获得相似的优秀后代。与配双方越相似，则越有可能将共同的优良品质遗传给后代。所谓与配家畜双方的同质性，可以是一个性状的同质，也可以是一些性状的同质；并且只可能是相对的同质，完全同质的性状和家畜是没有的。

同质选配的遗传效应是促使基因纯合。同质选配的作用，主要是使亲本的优良性状稳定地遗传给后代，使优良性状得以保持与巩固，使具有这种优良性状的个体在畜群中得以增加。在育种工作实践中，为了保持种畜有价值的性状、增加群体中纯合基因型的频率，往往采用同质选配。例如，杂交育种到了一定阶段，出现了理想型就可采用同质选配，使理想型固定下来。同质选配的效果取决于基因型的判断准确与否，如能准确判断基因型，根据纯合基因型选配，则可收到良好效果；取决于选配双方的同质程度，愈同质者，则选配效果愈好；取决于同质选配所持续的时间，连续继代进行，可加强其效果。

同质选配也可能会产生一些不良影响，如种群内的变异性将相对减小，种畜的某些缺点有可能得到加强而变得严重，适应性和生活力有可能下降等。为了防止这些消极影响，要特别加强选择，严格淘汰体质衰弱或有遗传缺陷的个体。

（2）异质选配　异质选配分为两种情况：一种是选择具有不同优良性状的公母畜相配，以期将不同亲本的不同优良性状结合在一起，从而获得兼具双亲不同优点的后代。例如，选毛长的羊与毛密的羊相配，选产奶量高的牛与乳脂率高的牛相配。另一种是选用同一性状但优劣程度不同的公母畜相配，即所谓以好改坏、以优改劣、以良好性状纠正不良性状，以期后代取得较大的改进和提高，故又称为"改良选配"。例如，有些高产母畜只在某一性状上表现不好，则可选一头在所有性状上均表现好并在这个性状上特别优异的公畜与之相配，以便在后代中改进这一性状。实践证明，这是一种可以用来改良许多性状的行之有效的选配方法。

异质选配的遗传效应，在前一种情况下是结合不同优良基因型于后代，丰富后代的遗传基础；在后一种情况下，则是增加致使某一些性状良好表现的优良基因频率和基因型频率，并相应减少致使该性状不良表现的不良基因频率和基因型频率。异质选配的作用，在前一种情况下主要是结合双亲的优良性状，丰富后代的遗传基础，创造新类型，并增强后代体质结实性，提高后代的适应性、生活力和繁殖力；在后一种情况下，则是改良不良性状并提高其水平。因此，前一种情况主要用于品种或品系培育初期，需要通过性状重组获得理想型个体时；而后一种情况则主要用于需要改良某些不良性状，以及当畜群停滞不前需要进一步提高时。

但是必须指出，异质选配的效果往往是不一致的。有时由于基因的连锁和性状间的负相关等原因，而使双亲的优良性状不一定都能很好地结合在一起。为了保证异质选配的良好效果，必须严格选种，并考虑性状的遗传规律与遗传相关。

应该特别指出的是，异质选配与弥补选配不能混为一谈。所谓"弥补选配"是使有相反缺陷的公母畜交配，企图获得中间类型，如凹背的与凸背的相配、过度细致的与过度粗糙的相配等。实际上，这样交配并不能克服缺陷，相反，有时可使后代的缺陷更严重，甚至出现畸形后代。正确的方式应是凹背的母畜用背腰平直的公畜配，过度细致的母畜用体质结实的公畜配。

同质选配与异质选配是相对的。与配家畜之间，可能在某些方面是同质的，而在另一些方面是异质的；即使是相同的性状，其表现程度亦存在差异。例如，有头母猪乳头多，但腹大背凹，选一头乳头多、背腰平直的公猪与之交配，以期获得乳头多、背腰比较平直的后代。这里，就乳头多这一性状而言是同质选配（如果乳头数相等，当然更是同质相配）；就背膘而言，则是异质选配。因此，在实践中，同质选配与异质选配是不能截然分开的，并且只有将这两种方法密切配合、交替使用，才能不断提高和巩固整个畜群的品质。

2. 亲缘选配

即考虑与配个体之间有无亲缘关系及亲缘关系远近的选配。

(1) 非亲缘交配　即交配双方没有亲缘关系或亲缘关系很远的选配。一般交配双方到共同祖先的总代数超过六代以上的个体之间的交配,亦即其所生后代的近交系数小于 0.78％者,算作非亲缘交配。

(2) 亲缘交配　即交配双方有较近的亲缘关系,在畜牧学上是指交配双方到共同祖先的总代数不超过六代的个体之间的相互交配,亦即其所生后代的近交系数大于 0.78％者的选配,简称近交。

(二) 种群选配

即根据与配双方所属种群的异同而进行的选配。按其内容和范围来说,则主要是考虑与配双方所属种群的特性以及其性状的异同、在后代中可能产生的作用。所谓种群,是指一切种用的群体,它可以是动物分类学上的属、种,也可以是畜牧学中的品种、品系、品群、类型。根据与配双方所属种群的异同,又可分为下述两类:

1. 纯种繁育

即同种群内的选配,亦即选择相同种群的个体进行交配,其目的在于获得纯种,简称纯繁。所谓纯种,是指家畜本身及其祖先都属于同一种群,而且都具有该种群所特有的形态特征和生产性能。级进到四代以上的高血杂种,只要特征特性和改良种群基本相同,亦可当作纯种。相同种群家畜的配合,最初可能是由于地理条件的隔离而必然使用,而以后则是为了保持优良品种的遗传纯度和稳定而有意识地使用。

由于长期在同一种群范围内用来源相近、体质外形、生产力及其他性状上又都相似的家畜进行同质选配,就势必造成基因的相对纯合,这样形成的种群就可能有较高的遗传稳定性。但种群内总会存在一定的异质性。通过种群内的选种选配,仍然可以提高种群的品质。因此,纯繁的作用有两个:一是可以巩固遗传性,使种群固有的优良品质得以稳定保持,并迅速增加同类型优良个体的数量;二是可以提高现有品质,使种群水平不断稳步上升。

2. 杂交繁育

即不同种群间的选配,亦即选择不同种群的个体进行交配,其目的在于获得杂种,简称杂交。

杂交可以使基因和性状重新组合,使原来不在一个群体中的基因集中到一个群体中来,使原来在不同种群个体身上表现的性状集中到同一类群或个体上来。杂交还可能产生杂种优势,即杂交所产生的后代在生活力、适应性、抗逆性、生长势及生产力等诸方面,表现在一定程度上优于其亲本纯繁群体的现象。

杂交后代的基因型往往是杂合子,其遗传基础很不稳定,故杂种一般不作种用。但这一点也不能一概而论,不同种群在某些特定性状上的基因型也有相同的可能,例如新疆细毛羊与东北细毛羊,其羊毛细度相同、毛色都是白色,这两个品种杂交,其后代在羊毛细度和毛色方面的基因型未必就是杂合子。

杂种具有较多的新变异,有利于选择,又有较大的适应范围,有助于培育,因而是良好的育种材料。再者,杂交有时还能起改良作用,能迅速提高低产种群的生产性能,甚至改变生产力方向。因此,杂交在畜牧业实践中具有重要的地位。

杂交的分类主要有以下三种:

(1) 按杂交种群关系远近分　按杂交双方种群关系的远近,可将杂交分为系间杂交、品种间杂交、种间杂交和属间杂交。

（2）按杂交目的分　按杂交目的的不同，可将杂交分为经济杂交、引入杂交、改良杂交和育成杂交。杂交目的有时也可以发生改变，特别是经济杂交和改良杂交，常有转变为育成杂交的情况。

（3）按杂交方式分　按杂交方式的不同，可将杂交分为简单杂交、复杂杂交、级进杂交、轮回杂交、双杂交。

杂交方式和目的有一定联系，但也不完全一致。一般，经济杂交的方式最多；育成杂交可采用多种方式，但应注意避免轮回杂交。

三、近交程度的分析

近交作为一种育种措施，必须适度才能收到理想的效果，因此在育种工作中对近交程度要有一个衡量和表示的方法。衡量和表示近交程度的方法很多，由于有亲缘关系的个体必有共同的祖先，而且离共同祖先愈近其亲缘关系也愈近，而亲缘关系愈近的个体之间交配则近交程度愈高，因此各种方法的共同点均是以父母亲的共同祖先出现的远近和多少来衡量近交程度的。

（一）近交系数计算法

所谓近交系数，就是某一个体由于近交而造成相同等位基因的比率。莱特（S. Wrigh）的定义是形成个体的两个配子间因近交而造成的相关系数。由于近交的基本遗传效应是促使基因型纯合，所以又表示来自共同祖先的纯合基因的大致百分数，也是杂合子比近交前减少了多少的一个度量，故又称为纯合性提高系数。

利用通径系数原理推导，形成个体 X 的两个配子间因近交所造成的相关系数即 X 个体的近交系数的计算公式为：

$$F_X = \Sigma\left[\left(\frac{1}{2}\right)^{n_1+n_2+1}(1+F_A)\right]$$

式中，F_X 为个体 X 的近交系数；n_1 为一个亲本到共同祖先的代数；n_2 为另一个亲本到共同祖先的代数；F_A 为共同祖先本身的近交系数；Σ 为个体 X 的父母所有共同祖先的全部计算值之总和。

如共同祖先全为非近交个体时，各 $F_A=0$，则公式可简化为：

$$F_X = \Sigma\left(\frac{1}{2}\right)^{n_1+n_2+1}$$

若以 N 代替上述公式中的 n_1+n_2+1，即表示通过共同祖先把父母联系起来的通径链上，包括父母在内的所有个体数，则公式可简化为：

$$F_X = \Sigma\left[\left(\frac{1}{2}\right)^N(1+F_A)\right]$$

如共同祖先全为非近交个体时，可简化为：

$$F_X = \Sigma\left(\frac{1}{2}\right)^N$$

（1）半同胞后代的近交系数

$$F_X = \left(\frac{1}{2}\right)^{1+1+1} = \frac{1}{8} = 12.5\%$$

（2）全同胞后代的近交系数

$$F_X = \left(\frac{1}{2}\right)^{1+1+1} + \left(\frac{1}{2}\right)^{1+1+1} = 25\%$$

（3）亲子交配后代的近交系数

$$F_X = \left(\frac{1}{2}\right)^{1+0+1} = 25\%$$

(4) 共同祖先自身是近交个体的情况

$$F_X = \left(\frac{1}{2}\right)^{1+1+1} \times \left[1 + \left(\frac{1}{2}\right)^{1+1+1}\right] = 14.06\%$$

(5) 近交系数的迭代公式

① 连续自交下，第 t 代个体的近交系数为：$F_t = \dfrac{1}{2}(1 + F_{t-1})$

② 连续用全同胞交配，第 t 代个体的近交系数为：$F_t = \dfrac{1}{4}(1 + 2F_{t-1} + F_{t-2})$

③ 连续半同胞交配条件下，第 t 代个体的近系数为：$F_t = \dfrac{1}{8}(1 + 6F_{t-1} + F_{t-2})$

④ 连续与同一个体回交情况下，第 t 代个体的近交系数为：$F_t = \dfrac{1}{4}(1 + 2F_{t-1})$

（二）畜群近交系数的估计

有时我们需要估计畜群的平均近交程度，此时可根据具体情况选用下列方法：
① 求出每个个体的近交系数，再计算其平均值。
② 当畜群很大时，则可用随机抽样的方法，抽取一定数量的家畜，逐个计算近交系数。然后，用样本平均数来代表畜群的平均近交系数。
③ 先将畜群中的个体按近交程度分类，求出每类的近交系数，再以其加权平均数来代表畜群的平均近交系数。
④ 对于不再引进种畜的闭锁畜群，其畜群近交系数可采用下列公式进行估计。当近交系数增量不变时，其公式为：

$$F_t = 1 - (1 - \Delta F)^t$$

当每代近交系数增量有变化时，其公式为：

$$F_t = \Delta F + (1 - \Delta F) \times F_{t-1}$$

式中，F_t 为 t 世代时畜群近交系数；F_{t-1} 为 $t-1$ 世代畜群近交系数；t 为世代数；ΔF 为每进展一个世代的畜群近交系数增量。

当各家系随机留种时，则：

$$\Delta F = \frac{1}{8N_S} + \frac{1}{8N_D}$$

式中，ΔF 表示畜群平均近交系数的每代增量；N_S 表示每代参加配种的公畜数；N_D 表示每代参加配种的母畜数。

（三）亲缘系数的计算

近交系数的大小决定于双亲间的亲缘程度，而亲缘程度则用亲缘系数 R_{SD} 表示。两者的区别在于近交系数是说明 X 本身是由什么程度近交产生的个体，而 R_{SD} 则说明 S 与 D 两个亲缘个体间的遗传上的相关程度，即具有相同等位基因的概率。

亲缘关系有两种。一种是直系亲属，即祖先与后代的关系；另一种是旁系亲属，即那些既不是祖先又不是后代的亲属关系。

1. 直系亲属间的亲缘系数

在品系繁育中，需要计算个体与系祖间的亲缘系数，其公式为：

$$R_{XA} = \Sigma \left(\frac{1}{2}\right)^N \sqrt{\frac{1+F_A}{1+F_X}}$$

式中，R_{XA} 为个体 X 与祖先 A 之间的亲缘系数；N 为个体 X 到祖先 A 的代数；F_A 为祖先 A 的近交系数；F_X 为个体 X 的近交系数；Σ 为个体 X 到祖先 A 的所有通路的计算值之总和。

例：X、D、S、I 个体间的关系如右图：

试计算 X 个体与 S 个体间的亲缘相关系数。

$$F_X = \left(\frac{1}{2}\right)^{1+0+1} + \left(\frac{1}{2}\right)^{2+0+1} = 0.375, \quad F_S = 0$$

$$R_{XS} = \left[\left(\frac{1}{2}\right)^1 + \left(\frac{1}{2}\right)^2 + \left(\frac{1}{2}\right)^3\right] \times \sqrt{\frac{1+0}{1+F_X}} = 0.7461$$

计算直系亲属间的亲缘系数时，通径链起于后代，止于祖先，中途不转换方向。

2. 旁系亲属间的亲缘系数

其计算公式为：

$$R_{SD} = \frac{\Sigma\left[\left(\frac{1}{2}\right)^N (1-F_A)\right]}{\sqrt{(1+F_S)(1+F_D)}}$$

式中，R_{SD} 为个体 S 和 D 之间的亲缘系数；N 为个体 S 和 D 分别到共同祖先代数之和，即等于 n_1+n_2；F_S 为个体 S 的近交系数；F_D 为个体 D 的近交系数；F_A 为各共同祖先 A 的近交系数；Σ 为个体 S 和 D 通过共同祖先 A 的所有通路计算值之总和。

如果个体 S、D 和祖先 A 都不是近交个体，则公式可简化为：

$$R_{SD} = \Sigma\left(\frac{1}{2}\right)^N$$

如，半同胞的亲缘系数为

$$R_{SD} = \frac{\left(\frac{1}{2}\right)^2 \times (1+0)}{\sqrt{(1+0)(1+0)}} = \frac{1}{4} = 0.25 = 2F_X$$

全同胞的亲缘系数为

$$R_{SD} = \frac{\left[\left(\frac{1}{2}\right)^2 + \left(\frac{1}{2}\right)^2\right] \times (1+0)}{\sqrt{(1+0)(1+0)}} = \frac{1}{2} = 0.5 = 2F_X$$

四、近交的遗传效应和用途

（一）近交的遗传效应

近交的遗传效应如下。

1. 促进基因纯合，增加纯合子频率，减少杂合子频率

各种近交类型的后代，其纯合性均随近交程度的增加而提高。

2. 降低数量性状的畜群均值

数量性状的基因型值，由基因的加性效应值和非加性效应值组成。非加性效应大部分存在于杂合子中，由于近交增高纯合子频率、减少杂合子频率，因而随着群体中杂合子频率的减少，其数量性状的群体平均非加性效应值减少，数量性状的群体均值降低。

3. 促使群体分化

经过近交，杂合子频率逐代减少，最后趋向零，纯合子频率逐代增加，因而使整个群体最后分化成几个不同的纯合子系，即纯系。一对基因情况下，分化成两个纯合子系，即 AA 系和 aa 系；两对基因情况下，分化成四个纯合子系，即 AABB 系、AAbb 系、aaBB 系和 aabb 系，其余以此类推。其结果是造成系内差异缩小，系间差异加大。

（二）近交的用途

近交既有其不利的一面，也有其有利的一面。近交的用途主要有以下几种。

1. 固定优良性状

由于近交可以促使基因纯合，使基因型纯化，因而可以较准确地进行选择，此时如再加以同质选配，则优良性状便可在后代中固定。因此，一般在新品种培育过程中，当出现了符合理想的优良性状后，往往采用同质选配加近交以固定优良性状。在家畜品种育成史中，几乎世界上所有优良品种在培育过程中都曾采用过近交。我国在新淮猪培育过程中，也发现不同程度近交的后代比远交的好，近交后代的繁殖力、泌乳力和断奶重等指标均有所提高。

2. 暴露有害基因

由于有害性状大多受隐性基因所控制，在非近交情况下因显性基因的掩盖而表现不出来，而近交时，由于基因型趋于纯合，其隐性有害基因在其纯合隐性基因型中得到暴露，因而就可以及早将携带有害基因的个体淘汰，从而使有害基因在群体中出现的频率大大降低。例如，猪的近交后代中往往出现畸形胎儿，及时将产生畸形胎儿的公母猪淘汰，就能减少以后出现这种畸形后代的可能性。

3. 保持优良个体的血统

当畜群中出现了特别优秀的个体时，就需要尽量保持这些优秀个体的特性并扩大它的影响，此时采用近交则可达到目的。例如，在牛群中出现了一头特别优秀的公牛，为保住它的优良特性并扩大它在牛群中的影响，则可让这头公牛与其女儿相配，或让其子女相互交配，或采取其他形式的近交，来达到这个目的。这也是品系繁育中的一种方法。

4. 提高畜群的同质性

近交使基因纯合的另一结果是造成畜群的分化，但经过选择则可以得到比较同质的群体，以达到提纯畜群的目的。这种遗传结构比较一致的畜群，当与其他品种、品系杂交时，可望获得较显著的杂种优势，而且杂种的表现比较一致，这有利于采用统一的饲养方式和管理制度，也有利于产品规格化，这在现代化畜牧生产中有其重要的现实意义。此外，畜群的同质化亦是试验动物所要求的，因为这样可以减少试验的取样误差，提高试验的准确性和精确性。

五、近交衰退及其防止

近交虽然是育种工作的一种有力措施，但它又有其有害的一面，即所谓近交衰退现象。

（一）近交衰退现象

所谓近交衰退，是指由于近交，家畜的繁殖性能、生理活动及与适应性有关的各性状均较近交前有所削弱的现象。其具体表现是：繁殖力减退，死胎和畸形增多，生活力下降，适应性变差，体质转弱，生长较慢，生产力降低等。

（二）近交衰退的原因

对于近交衰退的原因，不同的学说从不同的角度有不同的解释。基因学说认为：近交使基因纯合，基因的非加性效应减小，而且平时为显性基因所掩盖起来的有害基因得以发挥作用，因而产生近交衰退现象。生活力学说认为，近交时由于两性细胞差异小，故其后代的生活力弱。

（三）近交衰退现象的影响因素

影响近交衰退现象的主要因素如下。

1. 近交程度和类型

不同程度和类型的近交，其衰退现象的表现程度不同。近交程度愈高，所生子女的近交系数愈高，其衰退现象的表现可能愈严重。

2. 连续近交的世代数

连续近交与不连续近交相比，其衰退现象可能更严重，连续近交的世代数愈多，其衰退现象可能愈严重。

3. 家畜种类

这与家畜的神经类型和体格大小有关。一般来说，神经敏感类型的家畜（如马）比迟钝的家畜（如绵羊）的衰退现象要严重。小家畜（如兔）由于世代间隔较短，繁殖周期快，近交的不良后果累积较快，因而衰退表现往往较明显。

4. 生产力类型

肉用家畜对近交的耐受程度高于乳畜和役畜。这可能是由于肉畜的体力消耗较少，在较高饲养水平下可以缓和近交不良影响的缘故。

5. 品种

遗传纯度较差的品种，由于群体中杂合子频率较高，故近交衰退比较严重；那些经过长期近交育成的品种，由于已经排除了一部分有害基因，因而近交衰退较轻。

6. 个体

这与个体的遗传纯度和体质结实性有关。杂种个体遗传纯度较差，呈杂合状态而具有杂种优势，虽在适应性等方面可以在一定程度上抵消近交的不良影响，但生产力的全群平均值显著下降；近交个体的遗传纯度较高，呈纯合状态，对近交衰退的耐受性较高。体质结实健康的家畜，其近交的危害较小。

7. 性别

在同样的近交程度下，母畜对后代的不良影响较公畜大，这主要是由于母体对后代除遗传影响而外还有其母体效应。

8. 性状

近交的衰退影响因性状而异。一般来说，遗传力低的性状如繁殖性能等，它们在杂交时其杂种优势表现明显，而在近交时其衰退也严重；那些遗传力高的性状，如屠体品质、毛长、乳脂率等，它们在杂交时杂种优势不明显，而在近交时其衰退也不显著。

9. 饲养管理

良好的饲养管理，在一定程度上可以缓和近交衰退的现象。

（四）近交衰退的防止

为了防止近交衰退的出现，除了正确运用近交、严格掌握近交程度和时间以外，在近交过程中还可采用以下措施。

1. 严格淘汰

严格淘汰是近交中公认的一条必须坚决遵循的原则。即将不合理想型要求的生产力低、体质衰弱、繁殖力差、表现出退化现象的个体严格淘汰。此措施最好能结合后裔测验，用通过后裔测验证明是优良的公母畜近交，则更能收到预期效果。

严格淘汰的实质，是及时将分化出来的不良隐性纯合子淘汰掉，而将含有较多优良显性基因的个体留作种用。

2. 加强饲养管理

近交所产生的个体，其种用价值可能是高的，遗传性也较稳定，但生活力较差，表现为对饲养管理条件要求较高。如能满足它们的要求，则暂时不会或很少会表现出来近交带来的不良影响；如果饲养管理条件不能满足它们的要求，则近交恶果可能会立即在各种性状中表现出来；如饲养管理条件恶劣，直接影响生长发育，则遗传和环境的双重不良影响将导致更严重的衰退。

3. 血缘更新

在进行几代近交之后，为防止不良影响的过多累积，可从其他单位换进一些同品种同类型但无亲缘关系的种公畜或母畜来进行血缘更新。为此目的的血缘更新要注意同质性，即应引入有类似特征特性的种畜。因为如引入不同质的种畜进行异质选配，则会抵消近交效果。血缘更新，对于商品场和一般繁殖群来说尤为重要，所谓"二年一换种"以及"异地选公，本地选母"都强调了这个意思。但在商品场和一般繁殖群中定期更换种公畜，则不一定要考虑同质性。

4. 做好选配工作

多留种公畜并细致做好选配工作就不至于被迫进行近交，即使发生近交，也可使近交系数的增量控制在一定水平之下。据称，如果每代近交系数的增量维持在 3%～4% 左右，即使继续若干代，也不致出现显著的有害后果。

六、近交的具体运用

近交有害是早已公认的事实，然而，近交却是获得稳定遗传性的一种高效的方法。因此，近交不可滥用，但在育种工作中必要时又不可不用。在具体运用近交时，应注意以下几点。

（一）必须有明确的近交目的

近交只宜在培育新品种或品系繁育中为了固定性状时使用，而且近交双方只能是经过鉴定的优良健壮的家畜。另外，还要及时分析近交效果，妥善安排，适可而止。原则上要求尽可能达到基因纯合，但同时又不要超越可能出现的衰退界限，这是比较精细而又难以掌握的工作。

（二）灵活运用各种近交形式

不同的近交形式其效果不同，因此应根据不同情况灵活运用。如为使优良公畜的遗传性尽快固定下来，并使之在后代中占绝对优势，可采用父女、祖父与孙女这种连续与一个优良公畜回交的形式；如为使优良母畜的遗传占优势，则可用母子、祖母与孙子交配的形式；如为了使父母双方共同的优良品质在后代中再度出现，或为了更大范围地扩大某一优良祖先的影响，或在某一公畜死后为继续保持其优良遗传性时，则可用同胞、半同胞或堂（表）兄妹等同代交配。

（三）控制近交的速度和时间

为慎重起见，近交的速度宜先慢后快，当发现近交效果好时再加快近交速度。美国明尼苏达一号猪的育成，便是先慢后快的典型。在其培育过程中，首先是用泰姆华斯猪与长白猪杂交，在一代杂种中实行半同胞交配，而运用 4～5 头公猪进行小群闭锁繁育，缓慢地提高近交程度。当发现有一族母猪表现非常好时，便减少公猪头数，加大近交程度。但近交方式应根据实际情况灵活运用，有时也可先快后慢，因为刚杂交以后，杂种对近交的耐受能力较强，可用较高程度的近交，让所有不良隐性基因都急速纯化暴露，而后便立即转入较低程度的近交，以免近交衰退的过度累积。苏州市太湖猪育种中心的梅山猪新品系培育就采用这种方法。

关于近交使用时间的长短，原则是：达到目的就适可而止，及时转为程度较轻的中亲交配或远交。如近交程度很高而又长期连续使用，则有可能造成严重损失。

（四）严格选择

近交必须与选择密切配合才能取得成效，单纯的近交不但收不到预期的效果，而且往往是危险的。

严格选择包括两方面内容：一是必须选择基本同质的优秀公母畜近交，此时近交才能发挥它固有的作用；二是严格选择近交后代，即严格淘汰有一切不良（甚至是细微的）变异的近交后代，使有害和不良基因频率下降甚至消灭。

应该指出，严格选择必然要大量淘汰，但并不是凡淘汰者必定宰杀。所谓淘汰只是不再留作继续近交之用，只要没有严重缺陷，完全可以仍然继续繁殖，甚至继续留作种用。

综上所述，近交是育种工作中的一个重要手段，运用得当可以加快优良性状的巩固和扩散，暴露隐性有害基因，提高畜群的同质性，促进育种工作。但是，近交过程中也会出现衰退现象，需要切实防范。为了避免不应有的损失，我们在使用近交这一手段时应该注意：一般只限于为了培育品系（包括近交系）和为了固定理想性状时，才可采用各种不同程度的近交；商品场和一般繁殖场都应避免进行近交；近交只是一种特殊的育种手段，不应作为育种和生产中的经常性措施。

七、拓展资源

1. 引进英国 SPF 种猪隔离检疫期的饲养管理 http://yz.ag365.com/yangzhi/yangzhu/fanzhiyuzhong/2009/2009041458361.html（中国养殖技术网）。

2. 全国种猪遗传评估信息网：http://www.cnsge.org.cn/.

3. 福建种猪信息网：http://www.fjzzxx.com/.

4. 《畜禽繁育》网络课程：http://portal.lnnzy.cn/kczx/xuqinfanyu/index.html.

➤ 工作页

子任务 3-2 选配方案的确定资讯单见《学生实践技能训练工作手册》。

子任务 3-2 选配方案的确定记录单见《学生实践技能训练工作手册》。

❖ 子任务 3-3 选配效果的评价

➤ 资讯

评价选配效果首先要了解杂交育种的方法和各种杂交方式。不同的杂交方法和杂交方式会产生不同的杂交效果。杂交效果可用杂种优势率来衡量。

一、杂交育种及其步骤

杂交育种是改良现有品种的生产性能和创造新品种的一个极普遍而又极重要的手段。

（一）杂交育种的概念

通过杂交，以两个或两个以上品种杂交创造新的变异类型，或直接利用这种新的变异类型，或通过育种手段将它们固定下来，这种改良现有品种或创造新品种的工作通称为杂交育种。杂交育种从广义上讲包含两个方面：其一是改良性杂交育种，是指以改变现有品种的某些特性或生产方向为目的的杂交方法；其二是培育新品种性的杂交育种，是指有目标、有计划地通过杂交手段培育新品种的方法。改良性杂交育种和培育新品种性杂交育种只是目的不同而已，杂交方式可相互渗透。

通过杂交，能使基因和性状实现重新组合，使原来不在同一个群体中的基因集中到同一个群体中来，也使分别在不同种群个体上的优良性状集中到同一种群个体上来，从而可以改良性状和改造性能。

（二）杂交育种的步骤

1. 确定育种目标和育种方案

传统的杂交育种一般并不重视这一步骤，也没有明确的指导思想，因而育种工作效率较低、育种时间长、成本高，这与畜牧业的发展和社会需求是很不适应的。杂交用几个品种、选择哪几个品种、杂交的代数、每个参与杂交的品种在新品种血缘中所占的比例等，都应该在杂交开始之前经过讨论。实践中也要根据实际情况进行修订与改进，灵活掌握。

2. 杂交

品种间的杂交使两个品种基因库的基因重组，杂交后代中会出现各种类型的个体，通过选择理想型的个体组成新的类群进行繁育，就有可能育成新的品系或品种。杂交阶段的工作，除了选定杂交品种以外，每个品种中的与配个体的选择、选配方案的制定以及杂交组合的确定等都直接关系到理想后代能否出现。因此有时可能会需要进行一些试验性的杂交。由于杂交需要进行若干世代，所用杂交方法，如引入杂交或级进杂交，都要视具体情况而定，即理想个体一旦出现，就应该用同样方法生产更多的这类个体，在保证符合品种要求的条件下，使理想个体的数量达到满足继续进行育种的要求。

3. 理想个体的自群繁育与理想性状的固定

这一步要停止杂交而进行理想杂种个体群内的自群繁育，以期使目标基因纯合和目标性状稳定遗传。主要采用同型交配方法，有选择地采用近交。近交的程度以未出现近交衰退现象为度。有些具有突出优点的个体或家系，应考虑建立品系。这一阶段，以固定优良性状、稳定遗传特性为主要目标，同时也应注意饲养管理等环境条件的改善。

4. 扩群提高

迅速增加其数量和扩大分布地区，培育新品系，建立品种整体结构和提高品种品质，完成一个品种应具备的条件，使已定型的新类群增加数量、提高质量。

在前一阶段虽然培育了理想型群体或品系，但是在数量上毕竟较少，还不能避免不必要的近交。它们仍有退化的危险，也就是该理想型类群或品种群在数量上还没有达到成为一个品种的起码标准。再者，没有一定的数量便不可能有较高的质量，数量多才有利于选种和选配发挥更好的作用，以进一步提高品种的水平。因此，在这一阶段要有计划地进一步繁殖和培育更多的已定型的理想型。

上一阶段的工作，一般都是在育种场内进行的，现在理想型的数量多了，需要向外地推广，以便更好地扩大数量和发挥理想型群体的作用。为了使之具有较强的适应性，也需要向外地推广，使其受到锻炼。所以推广工作是培育新品种工作中的一个重要内容。

在第二阶段中建立的品系，因为时间不长，一般都是独立的，为了建立新的更好的品系以健全品种结构和提高质量，应该有目的地使各品系的优秀个体进行配合，使它们的后代兼有两个或几个品系的优良特性。这样，一方面可以将品种的质量在原有的水平上提高一步；另一方面也可以使品种在结构上进一步优化，从而使这个新的家畜类群达到新品种的要求。

这一阶段开始时定型工作虽已结束，但是为了加速新品种的培育和提高新品种的质量，还应继续做好选种、选配和培育等一系列工作。不过这一阶段的选配不一定再强调同质选配，而且应避免近交。在这一阶段，为了保持定型后的遗传性状，选配方法上应该是纯繁性质的，杂交一般是不许可的。

二、杂交方法

（一）引入杂交

又叫导入杂交，指在某个品种基本上能够满足市场需要，但又存在某些本品种纯繁无法克服的缺点时，适当导入外血（1/8～1/4）以改良这些缺点的杂交方法（图3-1）。其主要目的是改良畜群中的某种缺点，而不是改变（有时甚至是有意保留）它的其他特性或特征。

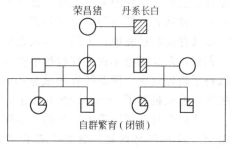

图3-1　引入杂交

1. 引入杂交的操作方法

引入杂交的操作方法是选择一个基本与之相同，但具有针对其缺点的优良性能的品种（引入品种）与原来品种杂交。其应用范围为：

① 不需要进行根本改造的品种或畜群，仅对某种缺陷改良。

② 需要加强或改善一个品种的生产力，而不需要改变其生产方向。

③ 自然条件或经济条件不能满足外来品种的要求。

④ 引入杂交只在育种群中应用，切忌在生产或良种区普遍推广。如新荣Ⅰ系就是用此法育成的，料肉比由原荣昌猪的4.1∶1降到3.1∶1。

2. 注意事项

为使引入杂交取得应有的效果、使工作顺利进行，在实施过程中要注意以下几项。

（1）引入品种与个体的选择　对引入品种要求其生产性能、体质类型要与原品种基本相似，但要具有针对原品种某些缺陷的显著优点，而且这一优点要有较强的遗传能力。

重点工作应具体落实到个体选择，即引入品种的种公畜选择。引入杂交主要是用引入品种的公畜来提高原来品种的某些性状，并且只杂交一次就基本解决问题。因此，公畜的选择必须严格，这样才能保证杂交能有明显效果，并且不至于带来什么缺点。

为了解引入品种的遗传稳定性，除了进行一些杂交对比试验外，主要应密切注意被选用种公畜的后裔表现。由于只杂交一次，外血成分不高，所以，引入品种对当地条件的适应性不必过多考虑。

（2）杂种的选择与培育　为使引入品种的优点能在各代杂种中得以充分表现，而不致在回交中减弱或消失，应特别注意对杂种的选择和培育，不然，就不可能一次杂交达到目的，并迅速扩大回交杂种中的理想型，及早转入自群繁育。创造有利于引入性状得以表现的饲养管理条件，同时进行严格的选种和细致的选配，是引入杂交成功的重要保证。

（3）以本品种选育为主体　引入杂交是以原有品种为基础，包含必须保证提供原有品种的优秀母畜参加杂交，提供特别优秀的公畜参加回交等工作。杂交时要有相当数量的优良母畜，要求它们在许多优点上的遗传表现非常稳定，这样才能保证生产出大量的回交材料，具有非常完整的原品种的优点。此外，回交时需要更多的本品种的优秀个体，所以，本品种选育也是保证引入杂交成功的关键。不要忘记：在整个工作中，本品种选育仍是主体，杂交只是局部工作或措施之一。

3. 应用方法与效果

在应用实践中，应特别强调，杂交只宜在育种场内或育种中心地区、小范围内进行，切忌在良种产区大规模普遍地开展，以免造成原有品种的混杂。在育种场内也只能用少量母畜参加杂交，必须有计划地保留一定规模的地方品种进行纯繁，以供以后回交时使用。

为了试验需要，也可引入少量外来品种的母畜作改良者。引入母畜进行杂交时，至少有以下两个明显的特点：一是母畜影响面比较小，在试验阶段不致对整个品种或畜群有很大的影响；二是由于有些性状受母本影响大，这样的引入杂交有可能使某些性状改进效果更好。

由于引入杂交具有本品种选育的优点，能够保持原有品种的基本特性和优良品质，而又能在改进原有品种的某些缺点上比本品种选育快得多，因而应用较广。这种杂交方式无论在本品种选育、新品种培育还是正在培育的品种中，都可能用到。我国一些优良品种在进一步选育提高过程中，采用了引入杂交方法，都取得了显著效果。

例如，东北细毛羊在选育过程中引入过斯达夫细毛羊血液，在改善毛长、提高净毛率上取得了较好效果。黑龙江省的试验报告显示：含外血25%的杂种羊与同龄的东北细毛羊相比，毛长提高了1cm（10%）以上，产毛量提高了0.37kg。

为达到改良新疆细毛羊的目的，我国在20世纪70年代用澳洲美利奴细毛羊进行了引入杂交。据1976年统计，含25%澳血的后代在净毛率及毛长方面均有显著提高，其他羊毛品质和体型结构也有改进，而且保持了新疆细毛羊原有的个体大、适应性强等特点。

在鸡的育种方面，狼山鸡用与其毛色体型基本相似、经济类型较一致并有狼山鸡血液的澳洲黑公鸡进行引入杂交，用含25%澳血的杂种进行横交，其后代在产蛋量、蛋重、体重、开产期等方面均超过了亲本。这样就加快了新狼山鸡的选育进程。其提高指标对比如下：产蛋量由172.3个提高为191个，蛋重由54.2g增加为57.2g，体重由2.85kg提高为3.01kg，开产日龄由234d缩短为206d。

南阳黄牛是我国优秀的地方品种，属于役肉兼用品种，随着国民经济的发展和人民生活水平的不断提高，南阳牛的选育方向应向肉役兼用或肉用方向发展，在以本品种选育为主的总体安排下，加快改进其目前存在的早熟性及产肉性能的缺陷。自20世纪80年代以来，河南南阳黄牛育种场开展了引入杂交试验。在引入利木赞牛进行杂交后，其杂种后代1.5岁体重比南阳牛提高74.5kg，屠宰率提高6.2%，净肉率提高5.5%。

（二）改良杂交

又称为级进杂交或吸收杂交，指利用某一优良品种（改良品种）彻底改造另一品种（被改良品种）生产性能的方向和生产力水平的一种杂交方法（图3-2）。其应用范围为：

① 当有的品种已经不能满足社会的需要，必须尽快改变其固有的生产力方向和水平时采用。

② 为了尽快获得大量某种特殊用途的畜禽品种时采用。

③ 为了尽快提高家畜的某种生产性能时采用。

④ 为了经济有效地获得大量"纯种"家畜时采用。

⑤ 为了创造新的家畜品种进行过渡性改良杂交（为杂交育种提供母本素材）时采用。

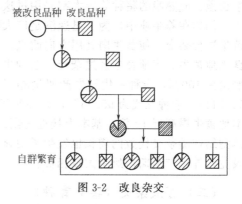

图 3-2　改良杂交

1. 改良杂交操作方法

吸收杂交方法的特点，即用改良品种的公畜和被改良品种的母畜杂交，对其所生的杂种母畜继续与改良品种的另一些公畜一代一代地杂交，直到杂种接近改良品种的生产力类型和水平时再进行自群繁育，稳定和发展这些优秀个体。简单地说，即以改良品种连续与被改良品种回交。

对每一代杂种，通常以不同"血缘成分"来区别。如一代杂种用 1/2 表示，二代杂种用 3/4 表示，三代杂种用 7/8 表示，余以此类推，以表示它和改良品种的关系，以及在整个杂交过程中使用改良品种的情况。

2. 条件

使用级进杂交的方法，应考虑的条件和注意的事项如下。

（1）杂交前对改良品种的选择　对改良品种的选择，在级进杂交中显得更为突出、重要，因为未来的杂种要在相当大的程度上受改良品种的遗传影响。除了要求改良品种具有所要求的特性、特征以外，还应分析该品种对当地条件的适应能力以及品种的遗传稳定性。

引用适应性强的品种杂交，其杂种既能吸收改良品种的优点，也能较好地适应当地条件；引用遗传性稳定、遗传能力强的品种，可以加快改良速度，在二三代、三四代即可获得大量理想的个体。

（2）对杂种后代的培育　遗传规律决定了杂种的特点是遗传性不稳定。它的性状、特性的表现不仅仅取决于"血缘成分"，更受环境条件的影响。因此，为杂种创造最适宜的培育条件才能保证其优良性状充分发育。没有良好的饲养管理条件而又想提高生产性能是不现实的。

（3）对杂种应逐代进行分析　对杂种进行逐代研究，分析它对环境条件的适应情况、优良性状的发育情况、生长发育的规律性及其缺点的表现、逐代生产性能提高的程度等。这样不断地仔细研究，才能促进选育工作的顺利进展并取得成效。

（4）避免盲目追求杂交代数　级进杂交使用效果是有条件的，除需要有良好的选种选配、正确培育条件以外，也应注意杂交的代数，应适可而止，切不可盲目追求高代杂种。因此，只要杂种已基本上接近改良品种或已基本上达到预定指标，就不要再追求过高代数上。在两个品种差异不大、饲养管理条件又有可靠保障的情况下，杂交至二三代最多四代便可达到预期目标。当两个品种差异较大时，杂交代数最多也不要超过五代。总之，应当加强饲养管理、培育和选种等方面的工作，以加速杂交效果，不应当把希望完全寄托于杂交代数上。此外还要尽力避免在同一地区长期使用同一头或少数几头改良种群的公畜，以免过早地发生近交。

3. 应用

级进杂交是较大程度地改变经济价值低的本地品种或畜群的迅速而有效的方法。级进杂交在全世界应用较为普遍，在我国畜禽育种实践中应用较早，也极为普遍。许多地区有计划地使粗毛羊变为细毛羊，使役用牛变为肉用牛、乳用牛，以及彻底改变一些体格小、生长慢、成熟晚的猪种等，大都采用过这种杂交方法，并获得了显著成效。

例如在养牛业中，为了迅速满足广大群众对鲜奶日益增长的需要，引用荷斯坦奶牛与黄牛进行杂交，使黄牛向乳用方向改良。如江西省南昌市畜牧良种繁育场用荷斯坦奶牛改良当地黄牛。当地黄牛经过杂交，杂种牛的产奶量逐代提高。若以荷斯坦奶牛 300d 的产奶量为 100%，杂种一代母牛产奶量相当于同期荷斯坦奶牛的 54.6%，杂种二代提高到 59.51%，杂种三代为 95.96%，杂种四代为 96.26%。杂种四代以上的母牛产奶性能要比本地黄牛提高近 10 倍，基本上接近荷斯坦奶牛的生产水平。同时，杂种牛的生长发育和体型结构随杂交代数的增长也发生了明显变化：头清秀，颈细长，肋骨开张、圆弓，后躯较宽，外貌与荷斯坦奶牛大致相似。

（三）育成杂交（杂交育种）

育成杂交指用两个或两个以上的品种进行各种形式的杂交，使彼此的优点结合在一起，从而创造新品种的杂交方法。凡杂交育种中涉及的杂交方式都可纳入育成杂交的范畴。

1. 特点

（1）目标明确　有目的、有计划、分步骤地培育新品种。

（2）杂交方式灵活多样　育成杂交没有一成不变的固定模式或杂交代数，较多地采用级进杂交、轮回杂交等，有时综合交替使用。

（3）参与杂交的品种没有改良与被改良之分　其目的是综合优点，追求理想型。

2. 方法（按参与杂交的品种数量分）

（1）简单育成杂交（简单杂交育种/二元杂交育种）　指用两个不同品种杂交以培育新品种的方法。

特点：所用品种少，杂种遗传基础相对较简单，获得理想型和稳定其遗传基础较容易，因而育成速度快、所用时间短、成本较低。

特别注意：

① 严格选择杂交品种，要选准、选好，以期获得与育种目标一致的优良杂种类型。

② 保证有助于实现育种目标的饲养管理条件。

简单育成杂交是育种工作中较常用的一种类型，并且通过它已培育出不少

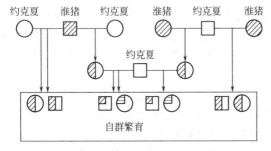

图 3-3　新淮猪育成示意图

的新品种，例如国内培育的新淮猪、草原红牛等。现以新淮猪为例加以说明（图 3-3）。

淮猪属于华北猪系统，黑色、体型中等、利用青粗饲料能力强、性成熟早、产仔数中等；其主要缺点是生长缓慢，屠宰率不高。

大约克夏猪是大型猪，体型大，生长快，饲料报酬高，但不耐粗饲。为提高淮猪的生产性能并保留其优点，1954 年开始用淮猪作母本，用大约克夏猪作父本，进行杂交，所得后代按育种目标严格淘汰。一代杂种性能较好，毛色全白，生长快，体型大且较一致，有较高的产仔力和泌乳力。1958 年将选留的一代杂种进行自群繁育。杂种一代自繁后于二代出现一定程度的分离现象，对子二代进行严格的选择与分类、淘汰杂色个体，对高产猪按同质选配原则继续自群繁育，通过严格的选择和适当的近交，迅速稳定了其特性和特征。1961 年，新淮猪基本定型，成为产仔多、耐粗饲、体型良好并具有较好的肥育性能

和较高屠宰率的新品种。20世纪60年代以后又开展了品系繁育，从而使新淮猪不断地增加了数量、扩大了分布，各项性能也得以改进和提高。

（2）复杂育成杂交（复杂杂交育种）　指用三个以上品种杂交以育成新品种的杂交方法，也是育种工作中常用的一种类型。国内应用该方法培育出许多新品种。例如，新疆毛肉兼用细毛羊、东北毛肉兼用细毛羊、内蒙古毛肉兼用细毛羊、北京黑猪、河南泛农花猪等品种，都是由三个以上品种杂交培育的。

现以培育新疆细毛羊的实例说明之（图3-4）。新疆细毛羊的选育工作，开始于1935年的绵羊杂交改良。初期用的种公羊是高加索羊和泊列考斯羊，母羊是本地的哈萨克羊和蒙古羊。后将高加索一代、二代以及少量三代杂种母羊和泊列考斯一代、二代杂种母羊集中饲养在巩乃斯羊场，又从国外输入一批高加索及泊列考斯羊继续杂交，直至杂交四代，从四代的杂种羊中选出优秀的公母羊进行品种固定工作。后来曾一度中断，直至1947年又开始对全部羊群进行固定整顿。新中国成立后一方面整理羊群，另一方面改善饲养管理条件和健全各种制度，使育种工作得到新的发展。1953年对羊群进行了全面鉴定，证明已具备作为一个品种的条件。1954年被正式批准命名为"新疆毛肉兼用细毛羊"。以后又针对其羊毛长度、产量以及毛的品质等性状的不足，做了大量的提高工作，使之成为新中国第一个培育的新品种，打破了我国细毛羊品种为零的纪录。新疆细毛羊已成为具有适应性强、繁殖率高、耐粗饲、体大肉多、毛质优良的新品种。

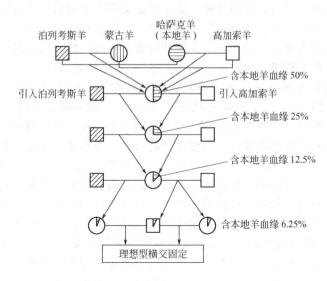

图3-4　新疆细毛羊育成杂交示意图

我国的浙江中白猪、上海白猪、湖北白猪和北京黑猪都是用复杂育成杂交培育而成的。多品种杂交后代具有丰富的遗传基础，但并不是越多越好。因为杂交品种过多，杂交后代的遗传基础较复杂，变异范围大，固定优良性状所需时间相对较长。因此，用该方法培育新品种时应注意以下几个问题。

①　分析亲本品种的性状特征，筛选父本、母本。将繁殖性能高、适应性强、耐粗饲、母性好的品种作母本，其他生产性能好的品种作父本。

②　根据性状的遗传参数等预测杂交效果。

③　严格按照育种目标选育，选优秀个体入繁育群。

④　认真研究所用品种参与杂交的顺序。由于后用的品种对新品种的影响的作用更大，所以重要的品种应放在参与杂交品种序列的最后。

三、杂种优势利用

(一) 概述

杂种优势是指品种、品系间杂交产生的杂种在生活力、生长势和生产性能等方面的表现在一定程度上优于亲本纯繁群体的现象。表示杂种优势的方法有两种：一种是杂种平均值超过亲本纯繁均值的百分率，用杂种优势率表示；另一种是杂种平均值超过任一亲本纯繁均值的多少，可以用杂种优势比表示。

杂种优势利用也称经济杂交。经济杂交的实质就是利用杂种优势以增加产量和提高经济效益。但经济杂交这个术语含义不如杂种优势利用广泛。利用杂种优势不仅是个杂交方法问题，还包括杂交亲本的选择提纯和杂交组合的筛选。因为杂种的优势及其大小主要在于杂交的亲本群体及其相互配合的效果。如果两亲本群体缺乏优良基因，或纯度较差，或基因的显性与上位效应均小，都不能表现出理想的杂种优势。

杂种优势的产生往往是基因间相互作用和优良显性基因互补作用的结果，使群体中杂合子频率增加，从而抑制或减弱更多不良基因的作用，提高了群体的平均显性效应和上位效应。表现在杂种机体上：生活力、耐受力、抗病力、繁殖力、饲料利用率以及生长速度都有提高；表现在质量性状上：减少畸形、缺陷和致死、半致死现象；表现在数量性状上：提高群体平均值。但是，不同品种、品系间杂交所产生的效果是不同的。配合力好的品种，品系间杂交能获得理想的杂种优势；反之，不能获得杂种优势。甚至盲目杂交可能导致杂种劣势，表现为杂种性能低于亲本纯繁均值。有些性状，如猪的皮肤厚度，脂肪重量，平均值提高反而不理想，也被认为是"劣势"，这是相对而言。

利用杂交可使某些不良基因处于隐蔽状态。鸡的某一对等位基因，在纯合时（BB）受精卵孵化率低，约54.40%；在杂合状态下（Bb），受精卵孵化率约74%。杂种雏鸡的存活率也明显高于纯种。一些隐性低值基因不可能完全去掉，可通过杂交减少其作用。如中国某些地方猪种具有皮厚的缺点，与瘦肉型猪杂交，杂种皮可变薄。利用杂交可挖掘增产潜力，发挥某些优良性状的作用。某些性状遗传力低，如繁殖力，纯种选育效果较差，杂交则产生杂种优势。我国的一些地方畜禽品种缺乏高产基因，但却有抗病、耐粗饲等优良基因，纯繁难以提高它们的生产性能，但与具有高产基因品种杂交可使高产基因发挥更大的效应。在猪禽兔中杂种优势利用正在成为主要的繁育方法。目前，猪的育种已走向"专门化品系选育—配合力测定—二品系或多品系杂交"的繁育体系。多元配套的家禽育种、制种、用种过程，形成了"原种选育—配合力测定—配套"的繁育体系。我国鸡的配套系工作正在开展，瘦肉猪的杂交繁育体系开始建立；肉牛业中的杂交利用时兴时落；奶牛和绵羊的杂种优势利用仍然不多；水牛的杂交工作开展较好，表现出明显的杂种优势。

(二) 杂种优势利用的主要环节

1. 杂交亲本的选优与提纯

杂种优势的获得首先取决于杂交亲本的基因纯度和优劣。"选优"就是通过选择使杂交亲本群体原有的优良、高产基因的频率增大。"提纯"就是通过选择和近交使得亲本群体纯合子的基因型频率增加，个体间差异减小。

选优与提纯的主要方法如下。

(1) 由性状遗传力确定选择方法　选优与提纯要根据性状遗传力之高低，采取不同的选择方法。遗传力低的性状，杂交无明显优势，但表现型选择有效，应尽量在亲本群体中选优提纯。

主要经济性状多为数量性状，由多基因控制，并受环境影响。在采用同胞或后裔测验时，除注意同胞或后裔的均值外，还应注意同胞或后裔的变异程度。因为只注意同胞或后裔的均值，选择往往有利于杂合子。这不仅有碍于优良基因的选择，而且也达不到提纯之目的。

（2）品系繁育　品系繁育是选优提纯的较好方法。在概念上，品系已不单指优秀种畜个体培育成的单系，而是涵盖从各种基础上育成的具有一定特点、能够稳定遗传、拥有一定数量的种群。在范围上，品系已不局限于一个品种之内，而是有可能直接育成即不隶属于任何一个品种，如配套系。品系选优提纯比较容易，时间也可以缩短，而且选育的亲本群体在某些被选性状方面表现更为优良和纯合。

（3）正反交反复选择（reciprocal recurrent selection，RRS）　RRS法是根据杂种成绩选择纯种，纯种经纯繁为杂交提供亲本。这是一种杂交、选择、纯繁三个过程交替进行的好方法。

2. 杂交亲本的选择

杂交亲本应按照父本和母本分别选择，两者的选择标准不同，要求不同。

（1）母本的选择

① 一般应选择本地区当家的畜禽品种、品系为母本。因为它们数量大，适应性强，易在本地区基层推广。

② 选择繁殖力高、母性好、泌乳力强的品种、品系为母本。这可以获得良好的母体效应，提高产仔数、成活率，有利于仔畜的生长发育。同时，降低杂种成本，增加杂种的技术经济效益。

③ 在不影响主要经济性能的前提下，选择做母本的品种、品系畜禽其体格不宜过大。体格太大会浪费饲料，畜禽利用亦不经济。养禽业中选用矮小型（D型）鸡种作为杂交母本已成为禽类育种发展趋势。如我国选的浙江仙居鸡、小型梅山猪，都是一种理想的杂交母本。因为它们体形小，产蛋（仔）多，配合力好。

我国各地区均有自己的当家品种，它们共同的特点是繁殖力高、耐粗饲、对当地环境适应性强，但生产性能不高、生长速度不快。因此，它们中的大多数以做母本为宜。

（2）父本的选择

① 选择生长速度快、饲料利用率高、胴体品质好的品种或品系做父本。具有这些特性者，一般都是经过高度培育的品种，或是精心选育的专门化品系如杜洛克猪。这些性状的遗传力较高，能稳定遗传给杂种后代。

② 选择与杂种类型相同的品种或品系做父本。例如，生产瘦肉型杂种猪应选择优良瘦肉型品种为父本，生产乳用型杂种牛应选择优良乳用型品种为父本。有时也选择与母本相反的类型以生产中间型杂种，如用长毛品种绵羊与细毛羊杂交生产半细毛杂种。

③ 如果进行三元杂交，那么第一父本还要适当考虑繁殖性能是否与母本品种有良好的配合力，第二父本即终端父本要考虑能否在生产性能上符合杂种指标要求。

我国畜禽品种资源虽然十分丰富，但能作为父本品种者为数较少，因而一般多采用外来品种作为杂交父本。由于父本需要较少，适应性问题可以通过加强饲养管理来解决。

3. 杂交效果的预估

杂交效果的好坏要通过配合力测定才能确定，但配合力测定不能普遍进行。通常先对杂交效果进行粗略估计，然后对那些预估效果好的杂交组合才进行配合力测验。

（1）遗传力不同的性状，获得的杂种优势不同　遗传力低的性状易获得杂种优势，遗传力高的性状不易获得杂种优势。奶牛的乳脂率、体高、体长，肉牛的屠宰率、放牧条件下的18月龄体长、胴体等级，猪的体长、背膘厚、眼肌面积、胴体长、脊椎数、屠宰率，绵羊的毛长，鸡的蛋重、成年体重，马的赛跑能力等重要性状的遗传能力较强，它们主要受加性基因制约，杂交优势不明显，杂交效果往往不理想。畜禽的繁殖性状如受胎率、繁殖率、成活率、断奶体重以及猪的产仔数、羊的产羔率、鸡的产蛋数等主要经济性状的遗传力较低，它们主要受非加性基因制约，杂交后随合子频率的加大，群体均值也就有较大的提高，因而杂种优势明显。

（2）杂交亲本间差异程度影响杂种优势　一般说来，分布地区距离较远、来源差别较大、类型和特点不同的品种、品系间杂交，可以获得较大的杂种优势。因为两个不同基因型 AabbccDD 与 aaBBCCdd 个体交配，由于基因 A 与 a、B 与 b、C 与 c、D 与 d 组成杂合子，杂交后代将具有杂种优势。

（3）品种、品系的基因纯合度直接影响杂种优势　经过系统选育的品种、品系，它们的主要经济性状变异系数小、群体比较整齐，一般说来杂交效果好。因为群体的整齐度在一定程度上可以反映其成员基因型的纯合性，除纯系一代杂交外，群体的变异系数是与杂种优势的大小成反比的。另外，长期与外界隔绝的品种、类群，一般也可获得较大的杂种优势。隔绝主要有两种：一种是地理交通上的隔绝，往往形成一个不大的封闭群体，如广东紫金县的兰塘猪；另一种是繁育方法上的隔绝，有的是有意识的闭锁群繁育，有的是无意识的习惯（当然往往与经济因素有关），如浙江湖羊是本家系留种交配。这些血统上与外界长期隔绝的品种、类型，群体比较整齐，基因型往往较纯，杂交效果也较显著。

4. 配合力测定

（1）杂交组合及其配合力的概念　不同的杂交组合，杂交效果不尽相同。有的效果很好，有的一般，有的甚至无杂种优势。杂交组合的好坏，主要在于杂交亲本间的配合力。品种、品系间基因频率差别越大，纯度越高，生产性能越优良，就越能在杂交中发挥杂交优势效应。可见，在杂种优势利用时如何恰当配合杂交组合，使亲本间的有关基因结合从而产生明显的杂种优势是很重要的。但是，不同的杂交组合，其杂交效果的好坏程度是难以直接估量的。特别是父本品种和母本品种有各自的特点和生产性能，杂交涉及两个品种，也可能涉及多个品种。这样，杂交组合效果的测定就更加复杂。因此，既要准确了解杂交亲本品种、品系的性能表现，还要对各品种、品系进行不同杂交组合测定，即不同杂交组合的对比试验（也称配合力测定）。

配合力就是品种、品系通过杂交能够获得杂种优势的程度，即杂交效果好坏和大小。配合力有两种，即一般配合力和特殊配合力，一般配合力就是一个品种或品系与其他品种或品系杂交所能获得的平均效果。如果一个品种与其他各品种杂交经常能获得较好效果，如大约克猪与我国很多地方良种猪杂交一般都能得到较好效果，就说明它的一般配合力好。一般配合力的基础主要是基因的加性效应。因为显性偏差和上位偏差在杂交组合中有正有负，在平均值中相互抵消。特殊配合力是两个特定品种或品系之间杂交所能获得的超过一般配合力的杂种优势。它的基础是基因的非加性效应，即显性效应与上位效应。为了便于理解这两种配合力的概念，用图 3-5 表示。F_1（A）为 A 品种与 B、C、D、E 等品种杂交产生的杂种某一性状的平均值；F_1（B）为 B 品种与 A、C、D、E 等品种杂交产生的杂种某一性状的平均值；F_1（AB）为 A、B 两品种杂交产生的杂种该性状的平均值。则

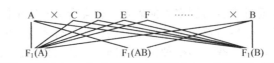

图 3-5　两种配合力概念示意图

$F_1(A)$ 为 A 品种的一般配合力，$F_1(B)$ 为 B 品种的一般配合力；$F_1(AB)-1/2[F_1(A)+F_1(B)]$ 为 A、B 两品种的特殊配合力。

（2）配合力的测定　一般配合力反映的是杂交亲本群体平均育种值的高低。因此，一般配合力靠纯繁来提高，遗传力高的性状一般配合力的提高比较容易；反之，遗传力低的性状一般配合力不易提高。特殊配合力反映的是杂种群体平均基因型值与亲本平均育种值之差。提高特殊配合力主要依靠杂交组合的选择：遗传力高的性状，各组合的特殊配合力不会有很大的差异；反之，遗传力低的性状，特殊配合力可以有很大差异，因而有很大的选择余地。

测定一般配合力（GCA）和特殊配合力（SCA），用以下公式表示：

$$GCA(A)=\frac{AB+AC+AD+AE+\cdots}{N}$$

$$GCA(B)=\frac{BA+BC+BD+BE+\cdots}{N}$$

$$SCA(AB)=\frac{AB+BA}{2}-\frac{GCA(A)+GCA(B)}{2}$$

通过杂交组合的试验进行的配合力测定，主要是测定特殊配合力。特殊配合力通常以杂种优势值和杂种优势率表示：

$$杂种优势值\ H=\frac{F_1}{N}-\frac{P}{N}$$

$$杂种优势率=\frac{H}{P}\times100\%$$

式中，H 为杂种优势值；F_1/N 为杂种平均值；P/N 为亲本种群平均值。

多品种或品系杂交时，亲本平均值按各亲本在杂交中所占的成分进行加权平均。

（3）配合力测定的杂交试验应注意的问题

① 供试群体的纯度　配合力测定通常是在群体经过一定时期选择以后进行的。因此，只有群体比较一致，所得配合力才是可靠的。这并不是说要等"选纯"以后才能进行配合力测定，而是要求先选择 2～3 个世代，使群体比较纯而一致，以确保配合力的可靠性。

② 合理的试验要求

a. 根据生产和发展需要确定杂交组合。各种杂交组和对照组的试验动物的数量、年龄、体重、体况、生长势、性能水平、所处的环境等各方面条件应尽量一致。

b. 参加试验的杂交组和对照组动物应具有各自群体的代表性，尽量减少取样误差。为此应要求杂交亲本品种、品系本身的标准差小，并且每组要有一定数量。

c. 无论是肉畜肥育性能配合力测定，还是蛋鸡产蛋性能测定，均应按照试验规定进行。如育肥性能配合力测定要规定试验期季节、试验动物的选择标准和方法、试验前的准备工作，预试期的天数、测定项目、试验开始体重、试验期间的饲养水平与饲喂方式及定期称重、记录等。

蛋鸡产蛋性能与配合力测定还应注意：所有待测的杂交组合和对照组应做同期、同群比较。如同批入孵，在同一孵化器或是在不同孵化器中都要有对照组合；同时转入同一鸡舍或是在不同鸡舍中亦都要有对照组合等。在必须做不同期的比较时，前期和后期设一共同的对照组。在不考虑遗传与环境互作时，两批鸡的成绩（用与共同对照组的离差表示）可以列在一起比较。

d. 要有重复。一般重复一次，重复试验的条件应与前一次一致。两次试验结果要合并统计分析。

③ 压缩杂交组合的测定量 为了节省人力、物力，可以压缩那些可测可不测的杂交组合。

a. 适合当母本的就当母本，适合当父本的就当父本，不要每种组合都搞正反交。如瘦肉型猪与中国本地猪杂交，中国本地猪适合当母本，就不要搞正反交了。这样做可节省组合数，但会给统计分析带来一些困难。

b. 吸收国内外关于杂交组合的知识和经验，确定杂交试验的测定量。双方都是性能很差的就不必搞配合力测定。

c. 同一地区的配合力测定，尽可能集中在一地或场进行，比分散做可节省许多杂交组合。

（三）杂交方式

1. 简单杂交/二元杂交

二元杂交或简单杂交（图 3-6）是两种群杂交一次，F_1 代无论公母畜全部用作商品生产的杂交方式。它是我国畜牧生产中应用最多的一种杂交方式。随着集约化养猪的发展，可采用外种公猪与外种母猪的二元杂交，如长白公猪与约克夏母猪或约克夏公猪与长白母猪进行杂交。二元杂交方法的优点是简单易行，可获得最大的个体杂种优势，并只需一次配合力测定就可筛选出最佳杂交组合，只保持两个纯系，成本低。缺点是杂交后代不作种用，F_1 代繁殖性能上的优势没有机会表现和利用，并且杂种的遗传基础不广泛，因而也不能利用多个品种的基因加性互补效应。

布尔山羊(♂)　　　陕南白山羊(♀)　　　布尔山羊(♂)　　　奶山羊(♀)

杂种一代　　　　　　　　杂种一代（商品肉羊）

图 3-6　二元杂交示意图

2. 三元杂交

三元杂交是用一个品系（种）的公畜/禽与另外两个品系（种）的杂交母畜/禽交配进行商品生产的杂交方式（图 3-7）。先用两个种群杂交，产生的杂种母本再与作为终端父本的第三个种群杂交，产生的三元杂种作为商品畜禽。三元杂交在现代化养猪业中具有重要作用。在经济条件较好的农村和养猪专业户，常采用本地母猪与外种公猪如长白（L）公猪或约克夏（Y）公猪杂交，生产的杂种母猪再与外种公猪如杜洛克（D）公猪杂交，生产三元杂种育肥猪。在规模化猪场，特别是沿海城市的大型集约化猪场，采用杜洛克公猪配长白与约克夏或约克夏与长白的杂种母猪来生产商品育肥猪的三元杂交方法相当普遍，并已获得良好的经济效益。三元杂交方法的优点：主要在于它既能获得最大的个体杂种优势，也能获得效果十分显著的母体杂种优势，并且遗传基础也较广泛，可以利用三个品种（系）的基因加性互补效应。一般三元杂交方法在繁殖性能上的杂种优势率较二元杂交方法高出 1 倍以上。三元杂交的缺点是：需要维持三个纯系，成本较高，制种较复杂且时间较长，一般需要二次配合力测定以确定生产二元杂种母本和三元杂种育肥猪的最佳组合，不能利用父体杂种优势。

3. 双杂交（四元杂交）

四个品种或品系分别两两杂交，然后再在两种杂种间进行杂交，产生经济用畜群。

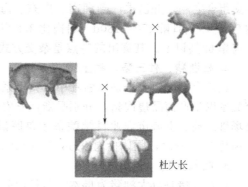

双杂交主要用于鸡、猪。鸡的双杂交一般都是用于近交系之间。先用高度近交建立近交系，再用轻度近交保存近交系，同时进行各近交系间的配合力测定，选择适于做父本的和适于做母本的单交鸡，然后再进行各父本与母本间的配合力测定，选择最理想的杂交组合。选定杂交组合后分两级生产杂交鸡，第一级是生产父本和母本的单交鸡，第二级是生产双杂交商品鸡。

图 3-7　三元杂交示意图

这种杂交方式产生的双杂交商品鸡生活力强、生产性能高，表现出较高的杂种优势，是一种有较高经济效益的商品鸡。

由于双杂交涉及四个品种或品系，组织工作就更复杂些，但在家禽中同时保持几个纯种群比较容易，所以采用这种杂交方式的较多。

4. 轮回杂交

轮回杂交指由两个或三个品种（系）轮流参加杂交，轮回杂种中部分母猪留作种用，参加下一次轮回杂交，其余杂种均作为商品育肥猪。在国外的养猪生产中，应用较多的是相近品种的轮回杂交，如长白与约克夏猪的二元轮回杂交或称互交。这种杂交方法的主要优点是能充分利用杂种母猪的母体杂种优势，公猪用量少，并可利用人工授精站的公猪，组织工作简单，疾病传播的风险小，是一种经济有效的杂交方法。如采用相近品种轮回，每代商品育肥猪的生产性能较一致，可以满足工厂化的生产需要。此方法的缺点是：不能利用父体杂种优势和不能充分利用个体杂种优势；两品种（系）轮回杂交其遗传基础不广泛，互补效应有限；每代需更换种公猪；配合力测定较繁琐。仅一次轮回杂交或轮回公猪为同一品种就是回交。

5. 顶交

用近交系公畜与无亲缘关系的非近交系母畜交配。此杂交方式用于近交系杂交的情况，由于近交系母畜生活力和繁殖力都差，不适宜做母本，所以改用非近交系母畜。在建系过程中，为了创造优秀的系祖和巩固其遗传性，往往采取近亲交配的方法。然而近交常出现后代衰退现象。为了防止近交退化，提高下代畜群的生产性能、繁殖效率和体质，用近交公畜和无血缘关系的母畜交配，在相同品种内能取得杂交优势的效果，达到增强畜群体质、提高生产性能的目的，这就叫顶交。顶交在养猪生产中是可行的，采用顶交选育能提高新淮猪窝产仔数、仔猪断奶窝重等性状，顶交高于近交和非近交；断奶后平均日增重、饲料消耗，顶交组好于非近交组，分别提高 16％和降低 14.1％；胴体性状顶交组与非近交组差异不大。因此，顶交不仅是一种生产商品禽畜的杂交方式，而且也可用于纯种繁殖，保持纯繁猪的繁殖性能，提高生长速度和降低饲料消耗。

（四）我国几个优良的杂交组合简介

1. 杜湖猪

杜湖猪是以湖北白猪为母本，与杜洛克公猪杂交所生产的商品瘦肉猪。该杂交组合是华中农业大学与湖北省农业科学院在"六五"期间承担国家瘦肉猪攻关项目，通过广泛的杂交组合试验所筛选出的优良杂交组合，已成为湖北省外向型猪场生产出口活大猪的主要杂交组合之一,并已推广到湖南、广东、海南、江西等省。其育肥期日增重 650～780g,达 90kg 体重日龄 170～180d,料肉比 3.2 以下,90kg 屠宰平均产瘦肉量 40kg 以上,胴体瘦肉率 62％以上。其突出的特点是杂交方式简便,杂种优势率高,母猪繁殖力好。

2. 杜浙猪、杜三猪、杜上猪

这 3 个杂交组合分别以浙江中白猪Ⅰ系、三江白猪、上海白猪为母本,以杜洛克为杂交父本以生产商品瘦肉猪,分别是浙江省农业科学院畜牧兽医研究所、黑龙江省和红兴隆农场管理局、上海市农业科学院畜牧兽医研究所筛选的杂优组合。其日增重 600g 以上,料肉比 3.2～3.4,胴体瘦肉率 58％～61％。

3. 杜长太猪

杜长太猪是以太湖猪为母本,与长白公猪杂交所生 F_1 代,从中选留母猪与杜洛克公猪进行三元杂交所生产的商品育肥猪。该组合日增重达 550～600g,达 90kg 体重日龄 180～200d,胴体瘦肉率 58％左右。其突出的特点是:充分利用杂交母猪繁殖性能好的优势,适合当前我国饲料条件较好的农村地区饲养和推广。

4. 杜长大（或杜大长）猪

该组合是以长白猪与大白猪的杂交一代作母本,再与杜洛克公猪杂交所产生的三元杂种,是我国生产出口活猪的主要组合,也是大中城市菜篮子基地及大型农牧场所使用的组合。其日增重可达 700～800g,料肉比 3.1 以下,胴体瘦肉率达 63％以上。由于利用了三个外来品种的优点,该组合体型好,出肉率高,深受港澳市场欢迎。但其对饲料和饲养管理的要求相对较高。

5. 大长本（或长大本）猪

大长本猪即用地方良种与长白猪或大白猪的二元杂交后代作母本,再与大白猪或长白公猪进行三元杂交所生产的商品猪。该组合为我国生猪四化县以及大中城市菜篮子工程基地和养猪专业户所普遍采用的组合。其日增重 600～650g,料肉比 3.5 左右,达 90kg 体重日龄 180d,瘦肉率 50％～55％。

6. 长本（或大本）猪

长本猪即用地方良种母猪与大白或长白公猪进行二元杂交所生产的杂交猪。一般适合广大农村饲养,其杂交方式简便,一般日增重 500～600g,料肉比 3.8～4.1,达 90kg 体重日龄 210～240d,胴体瘦肉率 50％左右。

四、拓展资源

1. 四川省羊品种培育及利用 http://county.aweb.com.cn/2005/10/29/11580413.htm 农博网.

2. 金农网 http://www.jinnong.cn/.

3. 辽宁畜牧兽医在线 http://yz.xumuzx.com/Index_Area.asp? City＝1042.

4.《畜禽繁育》网络课程:http://portal.lnnzy.cn/kczx/xuqinfanyu/index.html.

➤ 工作页

子任务 3-3　选配效果的评价资讯单见《学生实践技能训练工作手册》。

子任务 3-3　选配效果的评价记录单见《学生实践技能训练工作手册》。

任务 4

发情鉴定

❖ 学习目标

- 能够针对不同品种母畜发情状态进行鉴别。
- 能够对不同品种母畜的发情状态正常与否，进行判断；并对存在的问题进行初步处理。

❖ 任务说明

■ 任务概述

发情鉴定是繁育工作中重要的技术环节，是配种工作的前提，通过发情鉴定工作的开展，可以判断母畜发情是否正常，可以对其存在问题进行解决；同时，可以判断母畜发情阶段，以便确定配种时期，提高受胎率。发情鉴定主要通过外部特征和行为观察、内部器官探查及技术设备应用等手段进行，关键在于明晰母畜发情的阶段是否正常。

■ 任务完成的前提及要求

不同品种母畜的生理周期特点和变化。

■ 技术流程

年龄阶段的判别 ➡ 生理阶段的判别 ➡ 发情阶段的判别

❖ 任务开展的依据

子任务	工作依据及资讯	适用对象	工作页
4 发情鉴定	母畜发情生理和表现	中职和高职生	4

❖ 子任务 4 发情鉴定

➢ 资讯

一、母畜的发情生理

（一）发情概念

母畜达到性成熟后，在生殖激素的调节下，伴随着卵泡的发育，出现的一系列生理和行为上的变化，称为发情。

（二）母畜性功能的发育

（1）初情期　指的是母畜初次发情和排卵的时期。

初情期的母畜其生殖器官迅速发育，开始出现性活动。由于生殖器官还未发育完全，性功能也不完全，初情期母畜的发情表现往往不完全和明显，且没有明显的规律。常常虽有发情表现，但发情周期不正常，发情症状不明显，多数家畜常表现为安静发情，一旦配种也有受精的可能，但会影响其生殖器及其身体的继续生长发育。在初情期之后，经过一段时期，才能达到性成熟。

初情期出现的早晚受很多因素影响，如品种、环境温度、饲养管理水平以及有无公畜的接触等。一般小家畜早于大家畜，温暖地带早于寒冷地带，饲养管理条件和健康状况好的早于饲养管理条件和健康状况差的家畜。某些家畜出生季节与初情期关系很密切。初情期与母畜体重也有关系，在一般情况下，体重达成年体重的 1/3，即出现初情期。

（2）性成熟　生殖功能达到了比较成熟的阶段，此时生殖器官已发育完全，具备了正常繁殖能力。但此时身体的生长发育尚未完成，故一般的种畜尚不宜配种，以免影响母畜本身和胎儿的生长发育。

（3）初配适龄　母畜的配种适龄应根据其具体生长发育情况而定，一般比性成熟晚一些，在开始配种时的体重应达到正常成年体重 70％左右，妊娠也不会影响母体和胎儿的生长发育。配种时间过早会影响母畜的生长和胎儿的发育，配种时间过晚会因延长饲养时间造成经济损失。初配适龄对生产具有重要的指导意义，但是具体时间应当根据个体发育情况结合年龄和体重综合判定。中国荷斯坦牛一般在 15～16 月龄的理想体重为 350～400kg。引入品种猪或培育品种猪配种时体重是 130kg 左右，7～8 月龄；当地品种猪一般 80kg 左右，月龄 4～5 月；或根据猪的发情周期，初次发情后的第二或第三个情期。

（4）繁殖能力停止期　母畜经过多年的繁殖活动，生殖器官逐渐老化，生殖功能逐渐退化直至停止。在家畜繁殖功能停止前，一旦生产效益明显下降就应当淘汰。具体时间因品种、饲养管理、健康等状况不同而异。

不同家畜的繁殖阶段见表 4-1。

表 4-1　不同家畜的繁殖阶段

母畜种类	初情期/月	性成熟/月	适配年龄	繁殖功能停止期/岁
牛	8～12	8～14	1.5～2.0 岁	13～15
水牛	10～15	15～20	2.5～3.0 岁	13～15
猪	3～6	5～8	8～12 月	6～8
绵羊	4～5	6～10	1～1.5 岁	8～11
山羊	4～6	6～10	1～1.5 岁	8～11
马	12	12～18	2.5～3 岁	18～20
兔	4	3～4	6～7 月	3～4
犬	6～8	8～14	12～18 月	3～4

（三）母畜的发情周期

1. 发情周期的概念和类型

雌性动物出现周期性的卵泡发育和排卵，并伴随着生殖器官和机体发生一系列周期性的生理变化，这种周期性的性活动称为发情周期。发情周期指从一次发情的开始到下一次发情开始的间隔时间。母畜的发情周期因畜种类型而异。一般情况下，猪、牛、山羊和马平均为 21(16～25)d，绵羊 17(14～20)d，驴 23(20～28)d。

发情周期基本上可以分为两种类型：

（1）季节性发情周期　这一类家畜只有在发情季节才发情排卵。在非发情季节期间，卵巢功能处于静止状态，不会发情排卵，称为乏情期。

季节性多次发情：在发情季节家畜有多个发情周期，如马、驴、绵羊和山羊和骆驼。

季节性单次发情：在发情季节，只有一个发情周期。犬一般在春季 3～5 月发情一次，秋季 9～11 月再次发情。

（2）无季节性发情周期　全年均可发情，无发情季节之分，如猪、牛、湖羊等。

2. 发情周期的阶段划分

一般采用四期分法和二期分法来划分发情周期。

（1）四期分法　是根据母畜的精神状态，对公畜的性欲表现、卵巢及生殖道生理变化划分，分为四个阶段。

① 发情前期　是卵泡发育的准备时期。在促卵泡素（FSH）作用下上一个发情周期黄体退化，新的卵泡开始发育；雌激素开始分泌，生殖道供血量开始增加，毛细血管扩张，渗透性增强，阴道和阴门黏膜有轻度充血、肿胀，有少量稀薄黏液分泌；子宫腺体略有生长，腺体分泌活动逐渐增加并分泌少量稀薄黏液，阴道黏液涂片上分布有大而轮廓不清的扁平上皮细胞和散在的白细胞；母畜的外表发情行为不明显，尚无性欲表现，不接受公畜和其他母畜的爬跨。发情前期是母畜发情的准备阶段，相当于 21d 发情周期的 16～18d。

② 发情期　是性欲高潮的时期。卵泡迅速发育，卵巢体积明显增大，多数母畜在发情期末期排卵；生殖道黏膜充血肿胀明显，子宫黏膜显著增生，子宫的弹性增强变硬；子宫颈口松弛开张，子宫和阴道的收缩件性增强，腺体分泌活动加强，有大量透明稀薄黏液排出；外阴部充血、肿胀、松弛；阴道黏液涂片上分布有无核的上皮细胞和白细胞；母畜的外表发情行为、性欲表现明显，爬跨或接受爬跨。多数在发情末期排卵。发情期是母畜集中表现发情表现的阶段，相当于 21d 发情周期的 1～2d。

③ 发情后期　是黄体开始形成时期。排卵后卵巢开始形成黄体并分泌孕酮，子宫颈管逐渐收缩关闭，子宫颈内膜增厚，子宫收缩性降低，腺体分泌活动减弱，黏液量少而黏稠。阴道黏膜上皮脱落；母畜的精神状态逐渐恢复正常，性欲逐渐消失。发情后期是母畜发情后的恢复阶段，相当于 21d 发情周期的 3～4d。

④ 间情期　是黄体活动时期。母畜性欲消失，恢复常态，在间情期的初期卵巢上的黄体逐渐发育成熟并分泌孕酮，使子宫内膜增厚、腺体分泌活动旺盛，能分泌含有糖原的子宫乳，阴道黏液涂片上分布着有核和无核的扁平上皮细胞和大量的白细胞。如果卵子受精，此阶段延续下去，动物不再发情。如未孕则进入间情期的后期，增厚的子宫内膜回缩，呈矮柱状，腺体缩小，腺体分泌活动停止，周期黄体开始退化萎缩，新的卵泡开始发育，进入下一个发情周期前期。间情期的母畜外部表现处于正常状态，相当于 21d 发情周期的 5～15d。

（2）二期分法　是以卵巢组织学变化及有无卵泡发育和黄体存在为依据，分为两个阶段。

① 卵泡期　指黄体进一步退化，卵泡开始发育直到排卵为止。卵泡期对应发情前期和发情期两个阶段。

② 黄体期　指从卵泡破裂排卵后形成黄体，直到黄体萎缩退化为止。黄体期相当于发情后期和间情期两个阶段。

（四）乏情、产后发情和异常发情

1. 乏情

乏情指已达初情期的雌性动物不发情，或卵巢无周期性功能活动，处于相对静止状态的现象。若由于卵巢和子宫一些病理状态引起的乏情，属病理性乏情；若不是由上述疾病引起的乏情，称为生理性乏情。

（1）生理性乏情

① 季节性乏情　在非繁殖季节，卵巢卵泡无周期性活动而生殖道无周期性变化。

② 泌乳性乏情　在产后泌乳期间，由于卵巢周期性活动功能受到抑制而引起的不发情。

③ 营养性乏情　日粮的营养水平对卵巢功能活动有明显的影响，如能量水平过低，矿物质、微量元素和维生素缺乏都会引起哺乳母牛和断奶母猪乏情。

④ 应激性乏情　不同环境引起的应激，如气候恶劣、畜群密集、使役过度、栏舍卫生不良、长途运输等都可抑制发情、排卵及黄体功能。

⑤ 衰老性乏情　衰老导致垂体促性腺激素分泌减少，或卵巢对激素的反应性降低，不能激发卵巢功能活动而表现不发情。

（2）病理性乏情

① 卵巢功能减退　卵巢病理状态引起的乏情，多发生于气候寒冷、营养状况不良、役用过度的母畜或高产奶牛。

② 持久黄体　由于功能黄体不消退状态引起的乏情。

2. 产后发情

产后发情是指分娩后的第一次发情。产后发情时，由于卵巢内无黄体、泌乳和哺乳等影响，发情表现不同于正常发情。

① 母猪一般在分娩后 3～6d 发情，但不排卵；在仔猪断奶后 7d 左右，出现第一次正常发情，卵泡成熟并排卵。

② 母牛在产后 25～30d 排卵，但发情征状不明显；一般在产后 40～50d 正常发情。

③ 绵羊在产后 20d 左右发情，但征状不明显；发情季节不明显的母羊大多数在产后 60～90d 正常发情。

④ 母兔在产后 1～2d 就有正常发情，卵泡发育成熟并排卵。

⑤ 母马产驹 6～12d 发情，发情征状不明显，但卵泡发育成熟并排卵，配种可受胎。可在产后第 5d 进行试情，第 7d 进行直肠检查，若有成熟卵泡即可配种。

3. 异常发情

异常发情多见于初情期后、性成熟前，性功能尚未发育完全的一段时间内。性成熟以后，由于环境条件的影响也会导致异常发情，如劳役过重，营养不良，内分泌失调，泌乳过多，饲养管理不当和温度等气候条件的突变以及繁殖季节的开始阶段。常见的异常发情有以下几种。

（1）安静发情　指雌性动物缺乏发情外表征状，而卵巢上有卵泡发育、成熟并排卵，常见于产后带仔母牛或母马，以及牛产后第一次发情。引起安静发情的原因是：体内有关激素分泌失调所致，如雌激素分泌不足，发情外表征状就不明显；促乳素分泌不足，促使黄体早期萎缩退化，导致孕酮分泌不足，降低了下丘脑中枢对雌激素的敏感性。在发情季节，绵羊的第二个发情周期的安静发情发生率较高，显然是与缺乏上一周期的黄体有关。对安静发情可以通过直肠检查卵泡发育情况来发现，如能及时配种也可正常受胎。

（2）短促发情　指动物发情持续时间短，容易错过配种时机，多发生于青年家畜，乳牛发生率较高。其原因可能是：神经-内分泌系统的功能失调，发育的卵泡很快成熟破裂排卵，缩短了发情期；或卵泡突然停止发育或发育受阻而引起。

（3）断续发情　指雌性动物发情延续很长，且发情时断时续，多见于早春或营养不良的母马。其原因是：卵泡交替发育，先发育的卵泡中途退化，新的卵泡又开始发育，产生了断续发情的现象。当其转入正常发情时，就有可能发生排卵，配种也可能受胎。

（4）持续发情　是慕雄狂的一种症状，常见牛和猪。表现为阴户浮肿并流出透明黏液，荐坐韧带松弛，同时尾根举起，配种不受胎，常见于牛和猪，马也可能发生。患慕雄狂的母牛具有雄性特征（如颈部肌肉发达，短而粗壮似公牛），表现为极度不安，大声哞叫，频频排尿，追逐爬跨其他母牛，产奶量下降，食欲减退，身体消瘦，皮毛粗乱无光泽，阴门肿胀。患慕雄狂的母马易兴奋，性烈难以驾驭，不让其他母马接近，也不接受交配，发情持续时间10～40d而不排卵，一般在早春配种季节刚刚开始时容易发生。

（5）孕后发情　指动物在怀孕期仍有发情表现。母牛在怀孕最初90d内，3％～5％母牛发情；绵羊孕后发情达30％。因为激素分泌失调（即妊娠黄体分泌孕酮不足）和胎盘分泌雌激素过多所致。怀孕初期，卵巢仍有卵泡发育，致使雌激素含量过高而引起发情，并常造成激素性早期流产。

二、母畜的排卵

排卵是指成熟卵泡破裂，卵子随卵泡液排出的过程。排卵后在破裂的卵泡处形成一个暂时的激素分泌器官——黄体，黄体分泌的孕激素为胚胎的发育和维持妊娠提供了生理基础。

1. 卵泡生长和成熟

母畜在性成熟后，卵巢上出现周期性的卵泡发育和排卵。卵泡发育分为原始卵泡、初级卵泡、次级卵泡、生长卵泡和成熟卵泡五个阶段。

由于卵泡液不断增加、卵泡腔的扩大，卵母细胞被推向一边并被卵泡细胞所包围，形成半岛状的卵丘，其余卵泡细胞贴于卵泡腔周围成为颗粒细胞。卵泡膜分为内外两层，内膜有血管分布，并参与雌激素的合成。

各种母畜成熟卵泡的直径一般为：牛12～19mm，绵羊5～10mm，山羊7～10mm，猪8～12mm，马25～70mm，犬2～4mm。母畜发情时，由于卵泡液增加，卵泡体积的增大，泡壁变薄并部分突出于卵巢的表面。与此同时，卵泡颗粒细胞和内膜细胞出现促卵泡素和促黄体素受体，它们的变化和数量的增加对促进卵泡的成熟和排卵，以及雌激素的合成和分泌及促黄体素起着决定性的作用。

在卵泡生长发育过程中，初级卵母细胞处于减数第一次分裂前期的双线期，到卵泡发育至临排卵前，初级卵母细胞完成减数第一次分裂，产生1个次级卵母细胞和1个第一极体。此时，牛、羊和猪等多数动物的卵泡已经发育成熟并排出卵子。因此，多数家畜卵巢上排出的卵子是处于次级卵母细胞阶段。次级卵母细胞在进入输卵管后，开始进行减数第二次分裂，当精子进入卵子时，才刺激次级卵母细胞完成减数第二次分裂，形成1个卵细胞和1个第二极体。马和犬卵巢上排出的卵子仍处于初级卵母细胞阶段，当卵子进入输卵管后才完成减数第一次分裂，成为次级卵母细胞。当精子进入次级卵母细胞时，才完成减数第二次分裂。

2. 排卵

成熟卵泡破裂、释放卵子的过程称为排卵。

（1）排卵过程　卵泡在排卵过程中，由于LH和FSH的释放量骤增并达到一定比例所引起母畜卵巢出现一系列的变化。首先，卵母细胞细胞质和细胞核发育成熟；继而卵丘细胞聚合力松懈，颗粒细胞各自分离；最后由于卵泡液的增加，卵泡膜进一步变薄，纤维蛋白水解酶活性提高，并分解卵泡膜，造成顶端局部变薄形成排卵点，排卵点附近表层上皮和白膜在有关酶的作用下出现局部崩解，使卵母细胞随卵泡液排出并被输卵管接纳。排卵后，破裂的卵泡腔被淋巴液、血液和卵泡细胞充填，而形成红体和黄体，对维持妊娠和卵泡发育起到重要调控作用。

（2）排卵的时间、数目和类型

① 排卵的时间 家畜的排卵时间与种类、品种及个体有关。就某一个体而言，其排卵时间根据营养状况、环境等条件而有所变化。通常情况下，夜间排卵较白天多，右侧排卵较左侧多。家畜的排卵时间大致为：牛排卵距发情（接受爬跨）开始平均为 28～32h，距发情结束（拒配）平均为 10～12h；山羊排卵多发生在发情（接受爬跨）结束后数小时内；猪排卵在发情后 20～36h 时，排卵持续期 6～8h；马排卵在发情结束前 10～12h；兔是在交配后 6～12h 排卵。

② 排卵数目 在一个发情期中，不同家畜的排卵数有很大差异。排卵数受畜种、品种、年龄、营养和遗传等因素的影响，变化较大。牛、马、驴、水牛等一般只排 1～2 枚；羊 1～3 枚，猪 10～30 枚。

③ 排卵类型 母畜排卵的类型分为自发性排卵和刺激性排卵，与促黄体素的作用有关，但其作用的途径不同。

卵泡成熟后不经交配刺激能自发排卵，自动形成黄体称为自发性排卵，如猪、牛、羊、马等。母畜的促黄体素作用是周期性的，不决定于交配的刺激，而是由神经内分泌系统的相互作用所激发的。

刺激性排卵是指卵泡成熟后只有经交配或子宫颈受到某些刺激后才能排卵，兔、骆驼、猫等即属此类。动物只有当子宫或阴道受到适当刺激后，神经冲动由子宫颈或阴道传到下丘脑的神经核，并于该处产生 GnRH，沿着垂体门脉系统到垂体前叶，刺激其分泌 LH。刺激性排卵动物没有类似自发性排卵动物的发情周期，在交配前 2～3d 几乎总是处于发情状态，之后一段时间为乏情期。

3. 黄体的形成与退化

（1）黄体的形成 母畜排卵后，卵泡壁破裂流出的血液、淋巴液和残留的卵泡液聚集在卵泡腔形成的凝血块称为红体，此后颗粒细胞和内膜细胞增生变大并吸收类脂物质变为黄体，早期黄体细胞的营养来自红体，随血管的侵入和增生，使黄体靠血液提供营养。牛、绵羊、猪、马黄体达到最大体积的适当时间分别为排卵后 7～9d、10d、6～8d、14d。

（2）黄体的退化 如果母畜排卵后未妊娠，形成的黄体称为周期黄体（假黄体）；如果妊娠则称妊娠黄体（真黄体）。多数母畜的妊娠黄体存在于整个妊娠期，分泌孕酮以维持妊娠，直至妊娠结束才退化。但母马例外，一般在妊娠中期退化，以后靠胎盘分泌的孕酮维持妊娠。周期性黄体退化的时间，因畜种而异，一般维持 12～17d 退化，退化的黄体先变为白体，最后形成一个疤痕。

三、发情鉴定

发情鉴定技术是家畜繁殖改良工作中的重要技术环节。通过发情鉴定，可以判断母畜是否发情、发情周期所处的阶段及排卵时间，从而能够确定对母畜适宜的配种或输精时间，提高母畜的受胎率。对母畜进行发情鉴定时，既要观察外部表现，又要检查生殖道及卵泡的发育变化，同时还要联系影响发情的其他因素，根据各种家畜的特点，进行综合的分析判断。

（一）发情鉴定的基本方法

1. 外部观察法

外部观察法是各种家畜发情鉴定最常用的一种方法，主要是根据家畜的外部表现和精神状态来判断其是否发情和发情程度的方法。

各种家畜发情时的共同特征为：食欲下降甚至拒食，兴奋不安，爱活动；外阴肿胀、潮红、湿润，有的流出黏液，频频排尿。不同种类家畜也有各自特征，如母牛发情时只能哞叫，爬跨其他牛；母猪拱门闹圈；母马扬头嘶鸣，阴唇外翻闪露阴蒂；母驴伸颈低头、"吧嗒嘴"等。家畜的发情特征是随着发情过程的进展，由弱变强，又逐渐减弱直到完全消失。

2. 试情法

试情法是利用体质健壮、性欲旺盛、无恶癖的非种用公畜对母畜进行试情，根据母畜对公畜的反应来判断母畜是否发情与发情程度的方法。

当母畜发情时，愿意接近公畜且呈交配姿势；不发情的或发情结束的母畜，则远离试情公畜，在强行接近时，有反抗行为。试情用的公畜在试情前要进行处理，最好做输精管结扎或阴茎扭转手术，而羊在腹部结扎试情布即可使用。此方法的优点是简便，表现明显，容易掌握，适用于各种家畜，因此在生产中应用较为广泛。不足是不能准确鉴定母畜的发情阶段。

3. 阴道检查法

此方法是将灭菌的阴道开张器（或称开张器）插入被检查母畜的阴道内，观察其阴道黏膜的颜色、充血程度、润滑度和子宫颈的颜色、肿胀度、开口大小及黏液数量、颜色、黏稠度等，来判断母畜是否发情的方法。阴道检查法主要适用于马、牛、驴及羊等大家畜。由于此方法不能准确判断母畜的排卵时间，也容易对生殖道造成损伤、感染，故在生产中很少采用，只作为辅助的检查手段。如采用本方法，在操作时要严格保定家畜，防止人畜受到伤害；对母畜外阴部和开张器要严格进行清洗消毒；检查时动作要轻稳谨慎，避免损伤阴道黏膜和撕裂阴唇；检查时要使开张器的温度和畜体的温度接近。

4. 直肠检查法

直肠检查法是将已涂润滑剂的手臂伸进保定好的母畜直肠内，隔着直肠壁触摸卵巢上卵泡的发育情况，以确定配种时期的方法。本方法只适用于大家畜，在生产实践中，对牛、马及驴的发情鉴定效果较为理想。检查时要有步骤地进行，用指肚触诊卵泡的发育情况，切勿过于挤压，以免将发育中的卵泡挤破。

注意事项：

① 发现努责，停止检查。

② 过于扩张，停止检查。

③ 膀胱集尿，停止检查。

④ 防止捏碎卵泡。

⑤ 防止时间过长。

⑥ 防止过分牵拉，到处抓。

⑦ 注意安全。操作时要戴上长臂手套，手及手臂有伤时不能操作。防止被牛踢伤。

此法的优点是：可以准确判断卵泡的发育程度，确定适宜的输精时间，有利于减少输精次数，提高受胎率；也可以在必要时进行妊娠检查，以免对妊娠家畜进行误配，引发流产。

此法的缺点是：冬季检查时操作者必须脱掉衣服，才能将于臂伸进家畜直肠，易引起术者感冒和风湿性关节炎等职业病。如保护不妥（不戴长臂手套），易感染布氏杆菌病等人畜共患病。

5. 生物和理化鉴定

（1）仿生法　应用仿生学的方法模拟公畜的声音，或利用人工合成的外激素模拟公畜的气味，来测试母畜是否发情。

（2）孕酮含量测定法　从母畜的血液、尿液、乳汁中测定其孕激素含量，来判断母畜是否发情的方法。此方法的成本较高。

（3）生殖道分泌物 pH 测定法　母畜性周期的不同阶段，其生殖道分泌物的 pH 呈现一定的变化。发情旺盛时黏液为中性或弱碱性，黄体期偏酸性。

（二）各种家畜发情鉴定的要点

1. 牛的发情鉴定

母牛发情持续期短，外部表现明显，其发情鉴定主要靠外部观察结合直肠检查。

（1）外部观察法　是母牛发情鉴定的主要方法之一。主要是根据母牛的精神状态、外阴部变化及阴户内流出的黏液性状来判断是否发情。母牛表现发情的时间分布为：18～24 时占 25%，0～6 时占 43%，6～12 时占 22%，12～18 时占 10%，说明母牛出现发情征状多是在夜间。

发情早期母牛刚开始发情，征状是鸣叫、离群，沿运动场内行走，试图接近其他牛；爬跨其他牛；阴户轻度肿胀，黏膜湿润、潮红；嗅闻其他牛后躯；不愿接受其他牛爬跨；产奶量减少。

发情盛期持续约 18h，特征是母牛外阴部充血、肿胀，子宫颈松弛、充血、颈口开放，阴道黏液显著增多，稀薄透明，能拉成丝状，排出体外俗称"吊线"；站立接受其他牛爬跨，爬跨其他牛，母牛臀部、尾根有接受爬跨造成的小伤痕或秃斑；鸣叫频繁、兴奋不安、食欲不振或拒食；产奶量下降。

发情即将结束期母牛表现拒绝接受其他牛爬跨；食欲正常，产奶量回升；多数在发情后期有从阴道排出血黏液的现象，处女牛 90%，经产牛 50%以上有此现象。

在生产中应建立发情预报制度，每个配种员每天至少观察牛群 4 次，具体时间为：6:00、12:00、16:00、20:00，检出率可达 86%。

（2）直肠检查法　是术者将手伸进母牛的直肠内，隔着直肠壁触摸检查卵巢上卵泡发育的情况。是目前判断母牛发情比较准确而最常用的方法。根据母牛卵巢上卵泡的大小、质地、厚薄等来综合判断母牛是否发情。

① 检查前的准备　将被检母牛牵入保定架保定，把尾巴拉向一侧。术者穿上干净的工作服先将手指甲剪短磨光，消毒手臂后戴上长臂形的塑料手套，用水或润滑剂涂抹手套。

② 检查方法　检查时，术者五指并拢成锥状，慢慢插入母牛肛门并伸至直肠，先掏出直肠内的宿粪，然后根据母牛卵巢在体内的解剖部位寻找卵巢，触摸卵泡的发育情况。

牛的卵巢、子宫部位较浅，生殖器官集中在骨盆腔内。检查时一般手掌展平，掌心向下，将手伸入直肠约一掌左右，用力按下且左右抚摸，在骨盆底的正中感到前后长而稍扁的棒状物，即为子宫颈。试用拇指、中指及其他手指将其握在手里，感受其粗细、长短和软硬。将拇指、食指和中指稍分开，顺着子宫颈向前缓缓伸进，在子宫颈正前方由食指触到一条浅沟，此为子宫角间沟。沟的两旁各有一条向前弯曲的圆筒状物，粗细近似于食指，即为左右两子宫角。摸到后手继续前后滑动，沿子宫角的大弯，向下向侧面探摸，可以感到有扁圆、柔软而有弹性的肉质，即为卵巢。摸完右（左）侧卵巢后，再将手移至子宫分叉部的左（右）侧，并以同样的方法触摸另侧卵巢。找到卵巢后，可用食指和中指夹住卵巢系膜，然后用拇指触摸卵巢的大小、形状、质地和其表面卵泡的发育情况，判断发情的时期及输精时间。

牛的卵泡发育可分为4期：

第一期　卵泡出现期卵泡直径0.5～0.7cm，突出于卵巢表面，波动性不明显，此期内母牛开始发情，时间6～12h。

第二期　卵泡发育期卵泡直径1.0～1.5cm，呈小球状，明显突出于卵巢表面，弹性增强，波动明显。此期母牛外部发情表现明显-强烈-减弱-消失过程，全期10～12h。

第三期　卵泡成熟期卵泡大小不再增大，卵泡壁变薄，弹性增强，触摸时有一压即破之感，此时6～8h。此期外部发情表现完全消失。

第四期　排卵期卵泡破裂排卵，卵泡壁变为松软皮样，触摸时有一小凹陷。

（3）阴道检查法　主要根据母牛生殖道的变化，来判断母牛发情与否。其方法是将母牛保定，用0.1％高锰酸钾溶液或1％～2％来苏儿溶液消毒外阴部，再用清水冲洗，用消毒过的毛巾擦干。开膣器先用2％～5％来苏儿溶液浸泡消毒，再用温清水冲洗干净。然后一手持开膣器将阴道打开，借助手电筒光源，观察子宫颈口、黏液量及色泽等的变化。发情母牛子宫颈口开张，黏膜潮红，黏液多。此法作为生产中发情鉴定的辅助手段。操作时要严格消毒，打开阴道时，如母畜努责时，插入动作应停止。检查时间不宜太久。

（4）奶牛发情监测系统　电子计步器能测母牛发情。发情的母牛有个特点，就是行走的步数增多。平时每天大约行走2000～3000步，发情时会增加到8000～12000步。在大多数牛群中使用计步器收集发情期母牛信息的试验成功率可达90％～100％之间。

2. 猪的发情鉴定

母猪发情时，发情持续期长，外阴部和行为变化明显，因此母猪的发情鉴定是以外部观察为主，结合压背法进行判断。

母猪发情时，食欲下降，兴奋不安，对外界声音敏感，往往拱圈门，不时爬墙张望甚至跳圈寻找公猪，也称"闹圈"。外阴部充血、肿胀非常明显，呈浅红色或紫红色，有时从阴门流出极少量的黏液。用手压按其背腰部，若压背时呈静立不动、尾稍翘起、凹腰弓背，即为出现"静立反射"，向前推动母猪，不仅不逃脱，反而有向后的作用力，说明母猪发情已达最显著时期。生产中常常采用"一看、二听、三算、四按背、五综合"的发情鉴定方法，即一看外阴部变化、行为表现、采食情况；二听母猪的叫声；三算发情周期和持续期；四做按背试验；五进行综合分析。当阴户不再流出结液，黏膜由红色变为粉红色，出现"静立反射"时，为输精较好时间。具体方法如下：

（1）精神状态　母猪开始发情对周围环境十分敏感，兴奋不安，食欲下降、嚎叫、拱地、两前肢跨上栏杆、两耳耸立、东张西望，随后性欲趋向旺盛（图4-1）。在群体饲养的情况下，爬跨其他猪，随着发情高潮的到来，上述表现越来越频繁，随后母猪食欲由低谷开始回升，嚎叫频率逐渐减少，呆滞，愿意接受其他猪爬跨，此时配种最佳。

图4-1　猪发情早期两耳耸立

（2）外阴部变化　母猪发情时外阴部明显充血，肿胀，而后阴门充血、肿胀更加明显，阴唇黏膜随着发情盛期的到来，变为淡红或血红，黏液量多而稀薄。随后母猪阴门变为淡红、微皱、稍干，阴唇黏膜血红开始减退，黏液由稀转稠，此时母猪进入发情末期，是配种的最佳期。简而言之，母猪外阴由硬变软再变硬，阴唇颜色由浅变深再变浅，正是配种佳期。

（3）爬跨　母猪发情到一定程度，不仅接受公猪爬跨，同时愿意接受其他母猪爬跨，甚至主动爬跨别的母猪。用公猪试情，母猪极为兴奋，头对头地嗅闻；若公猪爬跨其后背时，则静立不动，正是配种良机。

（4）按压　用于压母猪腰背后部（图 4-2），如母猪四肢前后活动，不安静，又哼叫，这表明尚在发情初期，或者已到了发情后期，不宜配种；如果按压后母猪不哼不叫、四肢叉开、呆立不动、弓腰，这是母猪发情最旺的阶段，是配种最旺期。

图 4-2　猪发情时按背出现"静立反射"

可根据上述方法综合鉴定母猪发情而适时配种，也可采用人工合成的公猪外激素对母猪喷雾，观察母猪的反应，具有很高的准确率。

相对而言，培育品种（特别是国外引入品种）的发情表现不如地方猪种明显。因此，要多观察，从而找到某一猪种甚至个体的发情受胎规律，适时配种，以防空怀。掌握适宜的配种时间是提高母猪受胎率和产仔数的重要因素。具体的配种时间，应根据猪的品种、年龄及个体特点，注意观察母猪的发情表现，以确定最佳配种时间。

3. 羊的发情鉴定

羊的发情持续期短，且外部表现不明显，又无法进行直肠检查，因此母羊的发情常用试情法。

母羊发情时，其外阴部也发生肿胀，但不十分明显，只有少量黏液分泌，有的甚至见不到黏液而稍有湿润。生产中采用将试情公羊（结扎输精管或腹下带试情兜布），按一定比例（通常为 1∶40）放入母羊群内，每日一次或早晚两次定时放入母羊群中进行试情，接受公羊爬跨者即为发情母羊。同时，在试情公羊的腹部可以采用标记装置或在胸部装上颜料囊，如果母羊发情并接受公羊爬跨时，便将颜色印在母羊背部，有利于将发情母羊从羊群中挑选出来进行配种。

四、生殖激素的功能及对母畜发情周期调节

（一）生殖激素的概念

家畜的生殖活动是一个复杂的过程，如母畜卵子的发生、卵泡的发育、卵子的排出以及发情的周期性变化；公畜精子的发生及交配活动；生殖细胞在生殖管道内的运动，胚胎的附植及其在子宫内的发育；母畜的分娩及泌乳活动等。这些功能必须相互协调，而且要按照严格的顺序，使有关的器官和组织产生相应的变化。所有这些生理功能都受内分泌激素的调

控。激素的种类很多，作用也很复杂。通常把直接作用于生殖活动并以调节生殖过程为主要生理功能的激素叫做生殖激素。生殖激素作用的紊乱常常是造成家畜不育的重要原因。

（二）生殖激素的分类

生殖激素的种类很多。根据来源和功能可将生殖激素大致分为四类。①神经激素。神经细胞合成和分泌的激素为神经激素，负责控制垂体有关激素的释放以及引起子宫收缩促进或抑制动物繁殖系统等。②促性腺激素，负责调控配子的成熟、释放以及性腺激素的分泌。③性腺激素，由睾丸或卵巢分泌，对两性行为、第二性征和生殖器官的发育和维持，以及生殖周期的调节起重要作用。④其他。在体内广泛存在的前列腺素，虽不是经典的激素，但对动物繁殖有重要的调节作用；"外激素"不是激素，而是动物不同个体间的"化学通讯物质"，在动物繁殖活动中有重要的意义。因此，也将它们列入生殖激素。

此外还有对生殖活动有间接作用的激素，又称为"次发性生殖激素"。如垂体前叶所分泌的促生长激素（STH）、促甲状腺激素（TSH）、促肾上腺皮质激素（ACTH）；垂体后叶所分泌的加压素（或抗利尿激素，ADH）；甲状腺所分泌的甲状腺素；肾上腺所分泌的皮质激素和醛固酮；胰腺所分泌的胰岛素，以及甲状旁腺所分泌的甲状旁腺素等。这些次发性生殖激素通过直接影响家畜的代谢功能，进而间接影响其正常的生殖活动。在实际生产工作中，它们对生殖作用的影响是不容忽视的。

主要的生殖激素名称、简称、来源、主要生理功能归纳如表4-2。

表4-2　主要生殖激素的名称、简称、来源及主要生理功能

种类	名称	简称	来源	主要生理功能
神经激素	促性腺激素释放激素	GnRH	下丘脑	促进垂体前叶释放 FSH 和 LH
	催产素	OXT	下丘脑合成，垂体后叶释放	引起子宫收缩、排乳，加速配子运行
	松果腺激素		松果腺	在长日照繁殖动物抑制性腺活动，在短日照繁殖动物促进繁殖季节开始
促性腺激素	促乳素	PRL	垂体前叶	促进乳腺发育及泌乳、促进黄体分泌孕酮，诱导母性行为
	促黄体素	LH	垂体前叶	促进卵泡排卵，形成黄体，促进孕酮、雄激素分泌
	促卵泡素	FSH	垂体前叶	促进卵泡发育成熟，促进精子产生
	孕马血清促性腺激素	PMSG	马胎盘	具有 FSH 和 LH 作用，以 FSH 为主
	（人）绒毛膜促性腺激素	HCG	灵长类胎绒毛膜	与 LH 类似
性腺激素	雄激素（睾酮为主）	T	睾丸	维持雄性第二性征和性欲，促进副性器官发育及精子发生
	雌激素（雌二醇为主）	E	卵巢、胎盘	促进发情，维持第二性征。促进雌性生殖管道发育，增强子宫收缩力
	孕激素（孕酮为主）	P	卵巢、黄体、胎盘	低浓度时与雌激素协同引起发情行为，高浓度时抑制发情；维持妊娠；促进乳腺腺泡发育
	松弛素	RLX	卵巢、胎盘	分娩时促使子宫颈、耻骨联合、骨盆韧带松弛，妊娠后期保持子宫松弛
	抑制素	IBN	卵巢、睾丸	抑制垂体分泌 FSH，调节配子发生
其他	前列腺素	PG	广泛分布，精液中最多	多种生理作用，$PGF_{2\alpha}$溶解黄体、促进子宫收缩
	外激素		外分泌腺	促进性成熟、影响性行为

（三）生殖激素的作用特点

1. 生殖激素只调节反应的速度，不发动细胞内新的反应

激素只能加快或减慢细胞内的代谢过程，而不发动细胞内的新反应，类似化学反应中催化剂。

2. 生殖激素在血液中消失很快，但常常有持续性和累积性作用

例如，将孕酮注射到家畜体内，在 $10\sim20min$ 内就有 90% 从血液中消失。但其作用要在若干小时甚至数天内才能显示出来。

3. 微量的生殖激素就可以引起明显的生理变化

例如，将1pg（10^{-12}g）雌二醇直接作用到阴道黏膜或子宫内膜上，就可以引起明显的变化。母牛在妊娠时每毫升血液中含 $6\sim7$ng 的孕酮，而产后仍含有 1ng，两者只有 $5\sim6$ng 的含量差异，就可以导致母牛的妊娠和非妊娠之间的明显生理变化。

4. 生殖激素的作用具有一定的选择性

各种生殖激素均有其一定的靶组织或靶器官，如促性腺激素作用于性腺（睾儿和卵巢），雌激素作用于乳腺管道，而孕激素作用于乳腺腺泡等，它们均具有明显的选择性。

5. 生殖激素间具有协同和抗衡作用

某些生殖激素对某种生理现象有协同作用。例如，母畜的排卵现象就是促卵泡素和促黄体激素协同作用的结果。又如，雌激素能引起子宫兴奋，增加蠕动；而孕酮可以抵消这种兴奋作用；当减少孕酮或增加雌激素都可能引起妊娠家畜流产，这说明了两者之间存在着抗衡作用。

（四）生殖激素的功能与应用

1. 神经激素

近年来，神经内分泌学发展很快，它研究的重点是丘脑下部释放激素的生理功能、类似物的人工合成、分泌调节机制等。研究发现丘脑下部某些神经细胞具有双重性质，除保留着神经元的结构和功能外，还有内分泌功能。而且这些细胞的分泌物不像神经递质那样进入突触间隙，而是进入血液循环，以真正激素的方式影响着组织和器官。这种神经细胞合成和分泌激素的生理现象称之为神经内分泌，这类细胞称为神经内分泌细胞，其分泌产物则称为神经激素。目前发现的神经内分泌器官主要有丘脑下部、松果体、肾上腺髓质等。

（1）下丘脑与垂体的关系　丘脑下部又称下丘脑，也可算做边缘系统的组成部分。丘脑下部包括第三脑室的底部和部分侧壁。在解剖学上，下丘脑主要包括视交叉、乳头体、灰白结节、正中隆起等部分。底部突出以漏斗柄和垂体相连（图4-3）。

下丘脑与垂体激素的分泌活动有着密切的关系。现在已知丘脑下部分泌多种释放激素，直接影响着垂体各种激素的分泌。因此，了解丘脑下部和垂体的关系是十分必要的。实际上，垂体后叶在解剖学上是由丘脑下部直接延伸出来的。由丘脑下部至垂体并没有直接的神经支配，但可以通过门脉系统来传递其对垂体分泌功能的影响。通过直接观察注射物质，已经在许多动物中（牛、猪、羊）证实了丘脑下部—垂体门脉血管的血流方向（由丘脑下部至垂体前叶）及其正常功能。

来自垂体上动脉的长门脉系统和来自垂体下动脉的短门脉系统，在丘脑下部神经细胞和垂体前叶的激素分泌细胞之间提供了生理联系。丘脑下部外的神经细胞①可通过刺激丘脑下部的神经分泌释放激素；位于下丘脑外的神经细胞②也可能分泌释放激素，神经细胞②和③所分泌的释放激素，均被微血管丛所吸收，而经过长门脉系统进入垂体前叶；神经

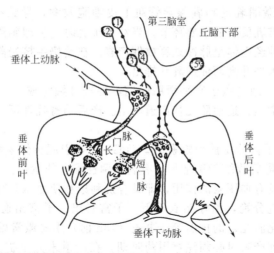

图 4-3　丘脑下部与垂体关系示意图
(引自许美解，李刚主编. 动物繁殖技术. 北京：化学工业出版社，2009)
①②—丘脑外神经核；③④—视上核；⑤—室旁核

细胞④所分泌的释放激素通过短门脉而进入垂体前叶；神经细胞⑤在神经分泌过程中所合成的催产素和血管加压素被直接运送至垂体后叶，并于该处释放而进入血液循环，它不经过垂体门脉系统。

（2）促性腺激素释放激素（GnRH）　由下丘脑某些神经细胞所分泌，研究发现松果腺、视网膜、性腺、胎盘、肝脏、消化道及颌下腺等多种器官组织存在 GnRH 或 GnRH 样肽。说明这种激素的来源和分布十分广泛。从猪、牛、羊的下丘脑提纯的促性腺激素释放激素由 10 个氨基酸组成，人工合成的比天然的少 1 个氨基酸，但其活性大，有的比天然的高出 140 倍左右。其主要生理功能如下：

① 生理剂量的（GnRH）主要引起垂体 LH 和 FSH 的分泌，其中以促 LH 释放为主。

② 长时间、大剂量的使用 GnRH 或其高活性 GnRH 类似物对生殖系统具有抑制作用甚至抗生育作用，如使性腺及副性器官的重量减轻，抑制排卵及精子生成。

③ GnRH 可促使精子形成。GnRH 可促使雄性动物精液中的精子数增加，使精子的活动能力和精子的形态有所改善。

④ GnRH 的垂体外作用。促性腺激素释放激素不仅作用于垂体，而且对垂体外的一些组织具有直接作用的能力，称之为垂体外作用。例如，用雌二醇处理脑垂体、卵巢的大白鼠，GnRH 可诱发交配行为。

GnRH 及其类似物不但成功地应用于人医临床，而且也应用畜牧业和养殖业中，达到提高繁殖力的目的。GnRH 能促进腺垂体合成和分泌 FSH、LH，所以可以用于发情和排卵的控制。母牛用 GnRH 和 PGF$_{2\alpha}$联合处理可提高超数排卵效果。在黄体期内大剂量或持续使用 GnRH，具有溶解黄体的作用，从而可控制同期发情效果。例如牛卵巢囊肿时，每天用 100μg，可使垂体前叶分泌 LH，促进卵泡囊肿破裂，使牛正常发情而繁殖。用 150mg～300mg GnRH 静脉注射可使母羊排卵。此外，GnRH 类似物可提高家禽的产蛋率和受精率，还可用于鱼类的催情和促排卵。

（3）催产素（OXT）　催产素是由下丘脑视上核和室旁核分泌合成的有一个二硫键的由 9 个氨基酸组成的多肽激素，贮存于垂体后叶，当动物机体受到刺激时释放。研究发现，在下丘脑以外的许多脑区、脑脊液以及脊髓中也存在催产素及其相关的运载蛋白。在卵巢、子宫等部位也产生少量局部催产素。其主要生理功能如下：

① 催产素可以刺激哺乳动物乳腺导管肌上皮细胞收缩，导致排乳。在生理条件下，催产素的释放是引起排乳反射的重要环节。当幼畜吮乳时，生理刺激传入脑区，引起下丘脑活动，进一步促进神经垂体呈脉冲式释放催产素。在给奶牛挤奶前按摩乳房，就是利用排乳反射引起催产素水平升高而促进乳汁排出。

② 催产素可以强烈地刺激子宫平滑肌收缩，促进分娩完成。母畜分娩时，催产素水平升高，使子宫阵缩增强，迫使胎儿从产道产出。产后幼畜吮乳可加强子宫收缩，有利于胎衣排出和子宫复原。

③ 催产素可引起子宫分泌前列腺素 $F_{2\alpha}$（$PGF_{2\alpha}$），引起黄体溶解而诱导发情。

④ 催产素能使输卵管收缩频率增加，有利于两性配子的运行。

此外，催产素还具有加压素的作用，即具有抗利尿和使血压升高的功能。

催产素常用于促进分娩，治疗胎衣不下、子宫脱出、子宫出血和子宫内容物（如恶露、子宫积脓或干尸化胎儿）的排出等。事先（48h前）用雌激素处理，可增强子宫对催产素的敏感性。应用催产素时必须注意用药时期，在产道未完全扩大前大量使用催产素，易引起子宫撕裂。催产素有抑制黄体发育的作用，可用于人工流产或阻止胚胎附植。分娩后母畜排乳发生问题时，可注射催产素促进排乳。在精液中加入催产素，可加速精子运动，提高受胎率。

（4）松果腺激素 松果腺又名松果体，因形似松果而得名，位于脑的上方又称脑上腺。松果体具有发育良好的血管系统，它是全身血流最丰富的器官之一。在低等脊椎动物如古爬行类的松果腺是由能感受光刺激、类似视网膜的细胞构成的，因此这些动物的松果体有"第三只眼睛"之称。而哺乳动物的松果腺已进化为腺体组织，是一个神经内分泌换能器。眼睛把光照周期的信息通过一系列神经元传递给松果腺，影响其分泌活动。目前已阐述松果腺是一个具有多方面生理功能的神经内分泌器官，对哺乳动物最明显的生理功能是对生殖系统的抑制作用。其主要的生理功能如下：

① 对繁殖系统的作用 褪黑素是对生殖功能作用最强的松果腺吲哚类激素。长日照系列动物，褪黑素对生殖系统表现明显的抑制作用。一些非季节性动物，如大鼠、牛等褪黑素对生殖也有抑制作用。对于短日照动物如绵羊、山羊、红鹿等，褪黑素具有促进繁殖作用。

② 对毛纤维生长的作用 貂、狐、绒山羊等毛皮动物的换毛具有明显的季节性，也与光周期有密切关系。毛（绒）的季节性生长与褪黑素的分泌有关。用外源褪黑素诱导毛皮动物在生产季节生产毛皮（绒）已获成功。

③ 褪黑素使鱼类和蛙等动物皮肤颜色变浅 这是褪黑素得名的缘由。

2. 促性腺激素

促性腺激素主要包括垂体前叶分泌的促黄体素和促卵泡素、胎盘分泌的孕马血清促性腺激素和绒毛膜促性腺激素以及垂体前叶和胎盘分泌的促乳素。

（1）垂体促性腺激素 垂体是一个很小的腺体（成年牛的垂体也不过重 1g 多），位于脑下蝶骨凹部（蝶鞍），分前后两叶及位于前后两叶之间的中叶，由柄部和下丘脑相连接。垂体前叶主要为腺体组织，包括远侧部和结节部；垂体后叶主要为神经部。垂体远侧部为构成前叶的主要部分，垂体促性腺激素在此分泌。垂体受下丘脑分泌的释放激素以及性腺的反馈，可以释放多种激素，其中垂体前叶分泌的促卵泡素、促黄体素和促乳素与生殖的关系最为密切，它们都直接作用于性腺，但正常生理状态下很少单独存在，多为协同作用。

① 促卵泡素 又名卵泡刺激素，简称 FSH，是由腺垂体分泌的糖蛋白激素。FSH 在垂体中含量较少，提纯比较困难。FSH 的半衰期约为 5h。FSH 的分子由非共价键 α 亚基

和 β 结合亚基组成，并且只有在两者结合的情况下，才有活性。同种哺乳动物的各种糖蛋白激素中 α 亚基基本相同，β 亚基具有激素的特异性。对不同哺乳动物来说，α 亚基和 β 亚基具有明显的种属差异。α 亚基和 β 亚基都由蛋白质和糖基组成，这两部分以共价键结合。其主要生理功能如下：

a. 对于雄性动物，促卵泡素可促进细精管发育，使睾丸增大。促进生精上皮发育，刺激精原细胞增殖，在睾酮的协同下促进精子的形成。

b. 对于雌性动物，促卵泡素可促进卵巢卵泡生长和发育。FSH 能提高卵泡壁细胞的摄氧量，增加蛋白合成，促进卵泡内膜细胞分化，促进卵泡颗粒细胞增生和卵泡液的分泌。在促黄体素的协同下，促使卵泡内膜细胞分泌雌激素；激发卵泡的最后成熟；诱发排卵并使颗粒细胞变成黄体细胞。在生产中在如下方面进行应用：

（a）提早动物的性成熟　对接近性成熟的雌性动物，将 FSH 和孕激素配合使用，可提早其发情配种。

（b）诱发泌乳乏情的母畜发情　对产后 4 周的泌乳母猪及产后 60d 以后的母牛，应用 FSH 可提高发情率和排卵率，缩短其产犊间隔。

（c）超数排卵　为了获得大量的卵子和胚胎，应用 FSH 可使卵泡大量发育和成熟排卵，牛、羊应用 FSH 和 LH，平均排卵数可达 10 枚左右。

（d）治疗卵巢疾病　FSH 对卵巢功能不全或静止，卵泡发育停滞或交替发育及多卵泡发育均有较好疗效，如母畜不发情、安静发情、卵巢发育不全、卵巢萎缩、卵巢硬化、持久黄体等（对幼稚型卵巢无反应）。其用量为：牛、马为 200～450IU；猪 50～100IU；肌内注射，每日或隔日一次，连用 2～3 次。若与 LH 合用，效果更好。

（e）治疗公畜精液品质不良　当公畜精子密度不足或精子活率低时，应用 FSH 和 LH 可提高精液品质。

② 促黄体激素　促黄体激素是由腺垂体分泌的糖蛋白激素。在提取和纯化过程中比 FSH 稳定。LH 分子结构和 FSH 类似，也是由 α 和 β 亚基组成的糖蛋白激素。α 亚基与 FSH 的相同，β 亚基决定激素的特异性。其主要生理功能如下：

a. 对于雄性动物，促黄体激素可刺激睾丸间质细胞合成并分泌睾酮。这对副性腺体的发育和精子的最后成熟起决定性作用。

b. 对于雌性动物而言，促黄体激素可促使卵巢血流加速；在促卵泡素作用的基础上引起卵泡排卵和促进黄体的形成。在牛、猪方面已证实，促黄体激素可刺激黄体释放孕酮。

c. 垂体中 FSH 和 LH 的比例与不同家畜的生殖活动表现有着密切的关系。不同动物垂体中 FSH 和 LH 的比例和绝对值有所不同。例如母牛垂体中的 FSH 最低，母马的最高，绵羊和猪虽介于两者之间，但仅为母马 FSH 含量的 1/10。就两者比较而论，牛羊的 FSH 显著低于 LH，马的恰好相反，母猪则介于中间。这种差别可能关系到不同动物的发情期的长短、排卵时间的早晚、发情表现的强弱以及安静发情出现的多少等（图 4-4）。

由图 4-4 可以看出马垂体中的 FSH 含量最高，猪次之，羊居猪后，牛最低。这些动物的发情持续时间也和上述顺序相同，以马最长，牛最短；而 LH 与 FSH 的比例，则牛、羊显著高于猪、马。同时牛、羊出现安静发情的情况，也显著多于猪和马。

生产应用　LH 常用于诱导排卵、治疗黄体发育不全和卵巢囊肿等。一般先用 PMSG 或 FSH 促进卵泡发育，然后注射 LH 或 HCG 促进排卵。

LH 主要用于治疗排卵障碍、早期胚胎死亡或早期习惯性流产、母畜发情期过短、久配不孕、雄性动物性欲不强、精液和精子量少等症。在临床上常以人绒毛膜促性腺激素代替，因其成本低且效果较好。

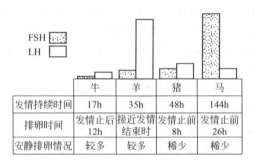

	牛	羊	猪	马
发情持续时间	17h	35h	48h	144h
排卵时间	发情止后12h	接近发情结束时	发情止前8h	发情止前26h
安静排卵情况	较多	较多	稀少	稀少

图 4-4 各种母畜垂体前叶 FSH 及 LH 含量比例与发情排卵特点的关系
(引自张周主编. 家畜繁殖. 北京：中国农业出版社，2001)

此外，FSH 和 LH 这两种激素制剂还可用于诱发季节性繁殖的母畜在非繁殖季节发情和排卵。在同期发情的处理过程中，配合使用这两种激素，可增进群体母畜发情和排卵的同期率。

③促乳素 又名催乳素，由腺垂体细胞分泌，经腺垂体门脉系统进入血液循环。哺乳动物妊娠和泌乳期间 PRL 的分泌显著增多。现已发现，除哺乳动物外，两栖类和硬骨鱼类中也存在 PRL。哺乳动物的 PRL 为 199 个氨基酸残基组成的单链蛋白质，分子内含有 3 个二硫键。其主要生理功能如下。

a. 促进乳腺的功能 PRL 与雌激素协同作用于乳腺导管系统，与孕酮共同作用于乳腺腺泡系统，刺激乳腺的发育，与皮质类固醇激素一起激发和维持泌乳活动。

b. 促进和维持黄体分泌孕酮的作用 这一点已在绵羊和鼠类中得到证实，因此促乳素又被称为促黄体分泌素（LTH）。

c. 可增强雌性动物的母性行为 如禽类的抱窝性、鸟类的反哺行为、家兔产前梳毛造窝等。

d. 抑制性腺功能 在奶牛生产中发现，产奶量高的奶牛由于其血液中 PRL 水平较高，卵巢功能受到抑制，影响发情周期，使得配种受胎率降低。

e. 刺激雄性激素的产生 对公畜具有维持睾丸分泌睾酮的作用，并与雌激素协同，刺激副性腺的发育。

(2) 胎盘促性腺激素 包括孕马血清促性腺激素和（人）绒毛膜促性腺激素。

孕马血清促性腺激素（PMSG）主要存在于孕马的血清中，它是由马、驴或斑马子宫内膜的"杯状"组织所分泌的，一般妊娠后 40d 左右开始出现，60d 时达到高峰，此后可维持至第 120d，然后逐渐下降，到 170d 时至检测不出的水平。血清中的 PMSG 含量因品种不同而异，轻型马最高，每毫升血液中含 100IU；重型马最低，每毫升血液中含 20IU；兼用品种居中，每毫升血液中含 50IU。在同一品种中，也存在个体差异。此外，胎儿的基因型对其分泌量影响最大，如驴怀骡分泌量最高，马怀马次之，马怀骡再次之，驴怀驴最低。PMSG 是一种糖蛋白质激素。PMSG 与其他糖蛋白激素一样也是由 α 亚基和 β 亚基组成，其中的 α 亚基与 FSH、LH 相似，β 亚基具有激素特异性，并且只有和 PMSG 的 α 亚基结合后才能表现其生物活性。PMSG 的分子不稳定，高温和酸、碱条件以及蛋白分解酶均可使其失活，此外，冷冻干燥和反复冻融可降低其生物活性。PMSG 具有 FSH 和 LH 两种激素的生物学作用，以 FSH 活性占优，对促进卵泡发育和成熟作用较大。同时，由于它很可能含有类似 LH 的成分，因此具有一定的促进排卵和形成黄体的功能；此外，它对公畜具有促进精细管发育和性细胞分化的功能。由于 PMSG 具有 FSH 和 LH 双重活性，在畜牧生产和兽医临床上被广泛应用。用于超数排卵：用 PMSG 代替价格较贵的

FSH 进行超排，取得一定效果。但由于 PMSG 半衰期长，在体内不易被清除，一次注射后可在体内存留数天甚至 1 周以上，残存的 PMSG 影响卵泡的最后成熟和排卵，使胚胎回收率下降。所以，近年来在用 PMSG 进行超排处理时，补用 PMSG 抗体（或抗血清），以中和体内残存的 PMSG，明显改善了超排反应。治疗雌性动物乏情、安静发情或不排卵。提高母羊的双羔率。治疗雄性动物睾丸功能衰退或提高精液品质有一定效果。

人绒毛膜促性腺激素（HCG）由孕妇胎盘绒毛的合胞体滋养层细胞合成和分泌，大量存在于孕妇尿中，血液中亦有。采用灵敏的放射免疫测定法，在受孕第 8d 孕妇尿中即可检出 HCG，妊娠 60d 时达高峰，至第 150d 前后降至低浓度。其他灵长类胎盘也有类似于 HCG 的促性腺激素产生。HCG 为糖蛋白激素，由 α 亚基、β 亚基通过非共价键结合而成，α 亚基和 β 亚基拆分后，生物活性消失，其特异性取决于 β 亚基。HCG 的结构与人的 LH 极其相似，导致它们在靶细胞上有共同受体结合点，因而具有相似的生理功能。HCG 与 LH 的生理功能相似，并含有少量的 FSH 活性，所以兼有 FSH 的作用。它对雌性动物具有促进卵泡成熟、排卵和形成黄体并分泌孕酮的作用；对雄性动物具有刺激精子生成、睾丸间质细胞发育并分泌雄激素的功能。此外 HCG 还具有明显的免疫抑制作用，可防御母体对滋养层的攻击，使附植的胎儿免受排斥。灵长类动物的 HCG 间接抑制垂体 FSH 和 LH 的分泌和释放，其可能的生理功能是在妊娠早期抑制排卵，维持妊娠。市售的 HCG 制品主要从孕妇尿液和刮宫液中提取得到，较 LH 来源广且成本低，又由于 HCG 兼具有一定的 FSH 作用，其临床效果往往优于单纯的 LH。其生产应用主要有：

① 刺激母畜卵泡成熟和排卵，马和驴应用 HCG 诱发排卵和提高受胎率尤为明显；

② 与 FSH 和 PMSG 结合应用，可以提高同期发情和超数排卵的效果；

③ 治疗雄性动物的睾丸发育不良、阳痿和雌性动物的排卵延迟、卵泡囊肿以及因孕酮水平降低所引起的习惯性流产等症。

3. 性腺激素

（1）雄激素　主要由睾丸间质细胞所分泌。肾上腺皮质部、卵巢、胎盘也能分泌少量雄激素，但其量甚微。雄激素主要为睾酮、雄酮、雄二酮，其中最主要的形式为睾酮。睾酮一般不在体内存留，而很快被利用或分解，并通过尿液或胆汁、粪便排出体外。人工合成的雄激素类似物主要有甲基睾酮和丙酸睾酮，其生物学效价远比睾酮高，并可以通过消化道淋巴系统直接被吸收。睾酮是种含有环戊烷多氢菲结构的类固醇激素。在血液循环中，98% 的睾酮同类固醇激素结合球蛋白结合，只有约 2% 的部分游离，进入靶细胞。睾酮本身并不能与靶细胞膜上的受体结合，只有转化成具有生物活性的二氢睾酮后才能与受体结合。其主要生理功能有：刺激精子发生，延长附睾中精子的寿命；促进雄性副性器官的发育和分泌功能，如前列腺、精囊腺、尿道球腺、输精管、阴茎和阴囊等；促进雄性第二性征的表现，如骨骼粗大、肌肉发达、外表雄壮等；促进公畜的性行为和性欲表现；雄激素量过多时通过负反馈作用，抑制垂体分泌过多的促性腺激素，以保持体内激素的平衡状态；对生殖系统以外的作用，如增加骨质生成和抑制骨吸收；激活肝酯酶，加快高密度脂蛋白的，脂质沉积加快。

在临床上主要用于治疗雄性动物性欲不强和性功能减退等。但单独使用不如睾酮与雌二醇联合处理效果好。合成雄激素制剂处理去势公畜，可用作试情公畜效果好。

（2）雌激素　主要来源于卵巢，在卵泡发育过程中，由卵泡内膜和颗粒细胞分泌。卵巢分泌的雌激素主要是雌二醇和雌酮。此外，肾上腺皮质、胎盘和雄性动物的睾丸也可分泌少量雌激素。雌激素与雄激素一样，不在体内存留，而经降解后从尿粪排出体外。雌激素是一类化学结构类似，分子中含 18 个碳原子的类固醇激素。动物体内的雌激素主要有雌二醇、雌酮、雌三醇、马烯雌酮、马奈雌酮等。动物体内雌激素的生物活性以雌二醇最高，主要为卵巢所分泌。其主要的生理功能如下。

① 在发情期促使母畜表现发情和生殖道的一系列生理变化。如初情期前雌激素可促进并维持母畜生殖道的发育，产生并维持雌性动物的第二性征；促使阴道上皮增生和角化，以利交配；促使子宫颈管道松弛，并使黏液变稀，以利交配时精子通过；促使子宫内膜及肌层增长；刺激子宫肌层收缩，以利精子运行和妊娠；促进输卵管增长和刺激其肌层活动，以利精子和卵子运行。可见，雌激素对配种、受精、胚胎附植等生殖生理过程都是不可缺少的。

② 初情期雌激素对下丘脑和垂体的生殖内分泌活动有促进作用。

③ 妊娠期雌激素刺激乳腺腺泡和管状系统发育，并对分娩启动具有一定作用；分娩期与催产素协同作用，刺激子宫平滑肌收缩，以利于分娩；泌乳期与促乳素协同作用，促进乳腺发育和乳汁分泌。

④ 促使长骨骺部骨化，抑制长骨生长，因此，一般成熟母畜的个体较公畜为小。

⑤ 促使公畜睾丸萎缩，副性器官退化，最后造成不育。

近几年来，合成类雌激素物质在畜牧生产和兽医临床方面应用很广，此类物质虽然在结构上和天然雌激素很不相同，但其生物活性却很强。它们具有成本低、可口服吸收、排泄快等特点，同时还可以制成丸剂进行组织埋植。如己烯雌酚、苯甲酸雌二醇、己雌酚、二丙酸雌二醇、二丙酸己烯雌酚、乙炔雌二醇、戊酸雌二醇和双烯雌酚等。雌激素生产上常用于促进产后胎衣或干尸化胎儿排出，诱导发情；与孕激素配合可用于牛、羊的人工诱导泌乳；还可用于公畜的"化学去势"，以提高肥育性能和改善肉质。合成类雌激素的剂量因家畜种类和使用方法及目的不同，使用时可根据厂商说明书进行。

（3）孕激素　主要由卵巢中黄体细胞所分泌，孕酮为最主要的孕激素。多数家畜，尤其是绵羊和马，妊娠后期的胎盘为孕酮更重要的来源。此外，睾丸、肾上腺、卵泡颗粒层细胞也有少量分泌。在代谢过程中，孕酮最后降解为孕二醇而被排出体外。

孕激素是一类分子中含有 21 个碳原子的类固醇激素，它既是雄激素和雌激素生物合成的前体，又是具有独立生理功能的性腺类固醇激素。除孕酮外，天然的孕激素还有孕烯醇酮、孕烷二醇、脱氧皮质酮等，由于它们的生物学活性不及孕酮高，但可竞争性地结合孕酮受体，所以在体内有时甚至对孕酮有拮抗作用。

在自然情况下孕酮和雌激素共同作用于母畜的生殖活动，通过协同和抗衡进行着复杂的调节作用。若单独使用孕酮，可见以下特异效应：

① 促进子宫黏膜加厚子宫腺增大，分泌功能增强，有利于胚泡附植。

② 抑制子宫的自发性活动　降低子宫肌层的兴奋作用，可使胎盘发育，维持正常妊娠。

③ 促使子宫颈和阴道收缩子宫黏液变稠，以防异物侵入，有利于保胎。

④ 大量孕酮对雌激素有抗衡作用，可抑制发情活动，少量则与雌激素有协同作用，可促进发情表现。

孕激素本身口服无效，但现在已有若干种具有口服、注射效能的合成孕激素，其效能远远大于孕酮。如甲孕酮（MAP）、甲地孕酮（MA）、氯地孕酮（CAP）、氟孕酮（FGA）、炔诺酮、16-次甲基地孕酮（MGA）、18-甲基炔酮等。生产中常制成油剂用于肌内注射，也可制成丸剂皮下埋藏或制成乳剂用于阴道栓。在生产上主要应用于控制发情、防止功能性流产等。用于诱导发情和同期发情时，孕激素必须连续提供 7d 以上，一般采用皮下埋植或用阴道海绵栓给药的方法，终止提供孕激素后，雌性动物即可发情排卵。用于治疗功能性流产时，使用剂量不宜过大，且不能突然终止使用。

（4）松弛素　主要产生于哺乳母畜妊娠期间的黄体，此外，卵泡内膜、子宫内膜、胎盘、乳腺、前列腺都可产生松弛素。松弛素是由 α 和 β 两个亚基通过二硫键连接而成的多肽类激素，分子中含有 3 个二硫键。不同动物的松弛素分子结构略有差异，目前已从猪和鼠等动物中提取、纯化得到松弛素。

松弛素的主要作用是在妊娠期影响结缔组织，使耻骨间韧带扩张，抑制子宫肌的自发性收缩，从而防止未成熟的胎儿流产。在分娩前，松弛素分泌增加，在雌激素和孕激素预先作用下，使产道和子宫颈柔软并扩张，有利于分娩。此外，在雌激素的作用下，松弛素还可促进乳腺发育。

由于松弛素能使子宫肌纤维松弛、宫颈扩张，因此生产上可用于子宫镇痛、预防流产和早产以及诱导分娩等。

（5）抑制素　性腺是抑制素的主要来源。卵巢的卵泡液中的抑制素主要由卵泡颗粒细胞产生，睾丸内的抑制素主要由支持细胞所分泌，间质细胞也可少量产生抑制素。抑制素是一种糖蛋白激素，由 α 和 β 两个亚基通过二硫键连接而成。其主要的生理功能如下。

① 对促性腺激素分泌作用　抑制素对基础的和 GnRH 刺激的 FSH 分泌都有抑制作用。抑制素对 FSH 分泌的抑制作用有两种可能途径：一是直接作用于腺垂体，对抗下丘脑释放的 GnRH 对垂体的作用；二是直接作用于下丘脑抑制 GnRH 合成和释放。抑制素对 FSH 的抑制作用存在着性别上的差异，对雌性动物的作用非常强烈，而对雄性动物的作用甚微。

② 在配子发生中的作用　抑制素除作为内分泌激素，抑制 FSH 分泌而间接影响配子发生外，在睾丸或卵泡中还通过自分泌或旁分泌作用，直接影响配子发生。据报道，抑制素抑制大鼠卵母细胞的成熟分裂，抑制卵泡生长和排卵。

③ 在妊娠中的作用　在啮齿类动物证实，抑制素可抑制胚胎附植。

通过抑制素主动或被动免疫可提早动物性成熟和增加排卵率，增加家畜的排卵率和繁殖力，从而使之在畜牧业中产生更大的效益。

4. 其他激素

（1）前列腺素　早在 20 世纪 30 年代，国外就有多个实验室在人、猴、羊的精液中发现有能够兴奋平滑肌和降低血压的生物活性物质，当时设想此类物质来自前列腺，所以命名为前列腺素（PG）。后来研究发现，前列腺素并非由专一的内分泌腺产生，生殖系统（睾丸、精液、卵巢、子宫内膜和子宫分泌物以及胎盘血管等）、呼吸系统、心血管系统等多种组织均可产生前列腺素，其广泛存在于机体的各组织和体液中。

前列腺素是一类具有生物活性的类脂物质。其基本结构为含有 20 个碳原子的不饱和脂肪酸，由一个环戊烷和两个脂肪酸侧链组成。根据环戊烷和脂肪酸侧链中的不饱和程度与取代基的不同，可将天然前列腺素分为三类九型。三个类代表环外双键的数目，用 1、2、3 表示，缩写为 PG_1、PG_2、PG_3 三类。九个型代表环上取代基和双键的位置。用 A、B、C、D、E、F、G、H 和 I 表示。

前列腺素的种类很多，不同类型的 PG 具有不同的生理功能。在动物繁殖上以 PGE、PGF 两种类型比较重要，这两类中又以 $PGF_{2\alpha}$ 最为突出。其主要生理功能如下。

① 溶解黄体作用　$PGF_{2\alpha}$ 对牛、羊、猪等动物卵巢上的黄体具有溶解作用，因此又称为子宫溶黄素。由子宫内膜产生的 $PGF_{2\alpha}$ 通过"逆流传递系统"由子宫静脉透入卵巢动脉而作用于黄体（图 4-5），促使黄体溶解，使孕酮分泌减少或停止，从而促进发情。对不同种动物的黄体，$PGF_{2\alpha}$ 产生溶黄作用的时间有较大差异。

② 促排卵作用　$PGF_{2\alpha}$ 触发卵泡壁降解酶的合成，同时也由于刺激卵泡外膜组织平滑肌纤维收缩增加了卵泡内压力，导致卵泡破裂和卵子排出。

③ 有利于分娩　$PGF_{2\alpha}$ 对子宫肌有强烈的收缩作用，子宫收缩（如分娩）时血浆

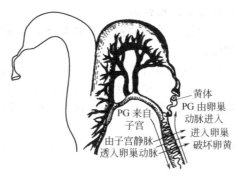

图 4-5 PG 逆流传递至卵巢

（引自张周主编. 家畜繁殖. 北京：中国农业出版社，2001）

$PGF_{2\alpha}$的水平立即上升。$PGF_{2\alpha}$可促进催产素的分泌，并提高妊娠子宫对催产素的敏感性。

④ 可提高精液品质 精液中的精子数和 PG 的含量成正比，并能影响精子的运行和获能。PGE 能够使精囊腺平滑肌收缩，引起射精。

⑤ 有利于受精 PG 在精液中含量最多，对子宫肌肉有局部刺激作用，使子宫颈舒张，有利于精子的运行通过。$PGF_{2\alpha}$能够增加精子的穿透力和驱使精子通过子宫颈黏液。

天然前列腺素提取较困难，价格昂贵，而且在动物体内半衰期短，如以静脉注射体内，1min 就可被代谢 95%；生物活性范围广，使用时容易产生副作用。而合成的前列腺素具有作用时间长、活性较高、副作用小、成本低等优点，目前应用较广的有氯前列烯醇、氟前列烯醇、15-甲基 $PGF_{2\alpha}$、$PGF_{1\alpha}$ 甲酯等。前列腺素在繁殖上主要应用于以下几个方面。

① 调节发情周期 $PGF_{2\alpha}$ 及其类似物，能显著缩短黄体存在的时间，控制各种动物的发情周期，促进同期发情，促进排卵。$PGF_{2\alpha}$ 的剂量，肌内注射或子宫内灌注：牛为 $2\sim8mg$，猪、羊为 $1\sim2mg$。

② 人工引产 由于 $PGF_{2\alpha}$ 的溶黄体作用，对各种动物的引产有明显效果，用于催产和同期分娩。$PGF_{2\alpha}$ 的用量：牛 $15\sim30mg$，猪 $2.5\sim10mg$，绵羊 $25mg$，山羊 $20mg$。

③ 治疗母畜卵巢囊肿与子宫疾病 如子宫积脓、干尸化胎儿、无乳症等。剂量同人工引产。

④ 增加公畜射精量，提高受胎率 公牛在采精前 $30min$ 注射 $PGF_{2\alpha}20\sim30mg$ 既可提高公牛的性欲，又能提高射精量，精液中 $PGF_{2\alpha}$ 的含量升高 $45\%\sim50\%$。在猪精液稀释液中添加 $PGF_{2\alpha}2mg/ml$，绵羊精液稀释液中添加 $PGF_{2\alpha}1mg/ml$，均可显著提高受胎率。

（2）外激素 外激素是由动物体释放至体外，并可引起同类动物行为和生理反应的一类生物活性物质。这些物质由于其来源的动物种类和个体不同，其所产生的生物学效应也有差异大部分动物释放的外激素可刺激异性交配，并影响同性别动物的生殖活动或生殖周期等。这些与性活动有关的外激素统称为性外激素。

外激素是由某特定腺体（一般为有管腺）释放的，这些腺体分布广泛，遍及身体各处，靠近体表，主要有皮脂腺、汗腺、唾液腺、下颌腺，泪腺，耳下腺、包皮腺、尾下腺、肛腺、会阴腺、腹腺等。有些家畜的尿液和粪便中亦含有外激素。外激素释放至体外后，主要通过空气和水（水生动物）进行传播。外激素的作用是靠嗅觉来传达和识别的。

外激素种类很多，常常是多种化学成分的混合物。如公猪的外激素有两种：一种是由睾丸合成的有特殊气味的类固醇物质，贮存于脂肪中，由包皮腺和唾液排出体外；第二种是由下颌腺合成的有麝香气味的物质，经由唾液排出。羚羊的外激素含有戊酸，具有挥发性。昆虫的外激素有 40 多种，多为乙酸化合物。各种外激素都含有挥发性物质。

性外激素主要应用于以下几方面。

① 用于母猪催情试验表明，给断奶后第 2d、第 4d 的母猪鼻子上喷洒合成外激素两次，能促进其卵巢功能的恢复；青年母猪给以公猪刺激，则能使初情期提前到来。

② 用于母猪的试情母猪对公猪的性外激素反应非常明显。例如利用雄烯酮等合成的公猪性外激素，发情母猪则表现"静立反应"，发情母猪的检出率在 90% 以上，而且受胎率和产仔率均比对照组提高。

③ 使用性外激素可加速公畜采精训练。

④ 其他性外激素可以促进牛、羊的性成熟，提高母牛的发情率和受胎率。外激素还可解决猪群的母性行为和识别行为，为寄养提供方便的方法。

(五) 生殖激素对发情周期的调节

雌性动物的发情周期，实质上是卵泡期和黄体期的更替变化，是在一定的内分泌激素的基础上产生的变化，这些变化受到神经系统的调节，外界环境的变化以及雄性刺激反应，经过不同途径，通过神经系统影响下丘脑 GnRH 的合成和释放，并刺激垂体前叶促性腺激素的产生和释放，作用于卵巢，产生性腺激素，从而调节雌性动物的发情。

根据神经内分泌对雌性动物生殖器官的作用，可将发情周期的调节过程概括如下。

雌性动物生长至初情期，在外界环境因素影响下，下丘脑的某些神经细胞分泌 GnRH，GnRH 经垂体门脉循环到达垂体前叶，调节促性腺激素的分泌，垂体前叶分泌的 FSH 经血液循环运送到卵巢，刺激卵泡生长发育，同时垂体前叶分泌的 LH 也进入血液与 FSH 协同作用，促进卵泡进一步生长并分泌雌激素，刺激生殖道发育。雌激素与 FSH 发生协同作用，从而使颗粒细胞的 FSH 和 LH 受体增加，于是卵巢对这两种促性腺激素的结合性更大，增加了卵泡的生长和雌激素的分泌量，并在少量孕酮的作用下，刺激雌性动物性中枢，引起雌性动物发情，而且刺激生殖道发生各种生理变化。

当雌激素分泌到一定数量时，作用于丘脑下部或垂体前叶，抑制 FSH 分泌，同时刺激 LH 释放，LH 释放脉冲式频率增加，而至出现排卵前 LH 峰，引起卵泡进一步成熟、破裂、排卵。排卵后，卵泡颗粒层细胞在少量 LH 的作用下形成黄体并分泌孕酮。此外，当雌激素分泌量升高时，降低下丘脑促乳素抑制激素的释放，而引起垂体前叶促乳素（PRL）释放增加，PRL 与 LH 协同作用，促进和维持黄体分泌孕酮。

当孕酮分泌达到一定量时，对下丘脑和垂体产生负反馈作用，抑制垂体前叶 FSH 的分泌，以至卵巢卵泡不再发育，抑制中枢神经系统的性中枢，使雌性动物不再表现发情。同时，孕酮也作用于生殖道及子宫，使之发生有利于胚胎附植的生理变化。

如果排出的卵子已受精，囊胚刺激子宫内膜形成胎盘，使溶黄体的前列腺素 $PGF_{2\alpha}$ 产生受到抑制，此时黄体保留成为妊娠黄体。若排出的卵子未受精，则黄体维持一段时间后，在子宫内膜产生的 $PGF_{2\alpha}$ 的作用下，黄体逐渐萎缩退化，于是，孕酮分泌量急剧下降，下丘脑也逐渐脱离孕酮的抑制作用；垂体前叶又释放 FSH，使卵巢上新的卵泡又开始生长发育。

　　与此同时，子宫内膜的腺体开始退化，生殖道转变为发情前状态。但由于垂体前叶的FSH释放浓度不高，新的卵泡尚未充分发育，致使雌激素分泌量也较少，使雌性动物不表现明显的发情征状。随着黄体完全退化，垂体前叶释放的促性腺激素浓度逐渐增多，卵巢上新的卵泡生长迅速，下一次发情又开始。因此，雌性动物的正常发情就这样周而复始地进行着。

　　生殖激素对母畜发情周期的调节见图4-6。

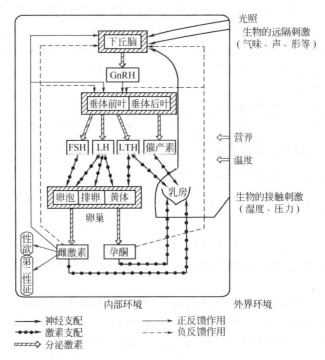

图4-6　生殖激素对母畜发情周期调节

五、拓展资源

1. 许美解，李刚. 动物繁殖技术. 北京：化学工业出版社，2009.
2. 张忠诚. 家畜繁殖学. 北京：中国农业出版社，2006.
3. 桑润滋. 动物繁殖生物技术. 北京：中国农业出版社，2001.
4. 耿明杰. 畜禽繁殖与改良. 北京：中国农业出版社，2006.
5. 《畜禽繁育》网络课程：http：//portal. lnnzy. cn/kczx/xuqinfanyu/index. html.

➢ 工作页

子任务4　发情鉴定的资讯单见《学生实践技能训练工作手册》。
子任务4　发情鉴定的记录单见《学生实践技能训练工作手册》。

任务 5

人工授精

❖ 学习目标

- 能够针对不同养殖环境，制订以人工授精为核心的畜禽配种方案。
- 能够对公畜禽进行精液的采集、品质的检查和处理。
- 能够对畜禽进行适时的输精和效果评价。

❖ 任务说明

■ 任务概述

人工授精是畜禽生产管理环节非常核心的繁殖技术手段，是采用技术手段替代传统本交方式的改革。目前，人工授精在牛和猪的生产中得到了广泛的应用。该技术的应用充分提高了优良种畜的利用率，使传统配种方式下的种畜利用率提高了几十倍，降低了生产成本，加速了品种的改良速度；同时，可防止疾病转播，并使配种的空间和时间的阻隔以及体重差别较大影响配种等情况得以改善和解决。

■ 任务完成的前提及要求

公畜具备采精的体况和条件、母畜达到配种体况和年龄并发情得到准确的判定。

■ 技术流程

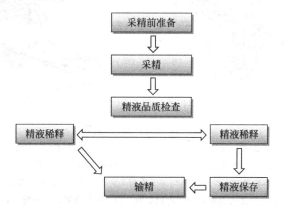

❖ 任务开展的依据

子任务	工作依据及资讯	适用对象	工作页
5-1 采精	公畜的繁殖生理	中职生	5-1
5-2 精液品质检查	精液的生理特性	中职生	5-2
5-3 精液的处理	精液的生理特性	高职生	5-3
5-4 输精	母畜的繁殖生理	中职生和高职生	5-4

123

任务 5

人工授精

❖ 子任务 5-1 采精

➤ 资讯

一、公畜的生殖生理

（一）公畜的生殖器官和功能

公畜的生殖器官（图 5-1）包括：①性腺，即睾丸；②输精管道，即附睾、输精管和尿生殖道；③副性腺，即精囊腺、前列腺和尿道球腺；④外生殖器，即阴茎。

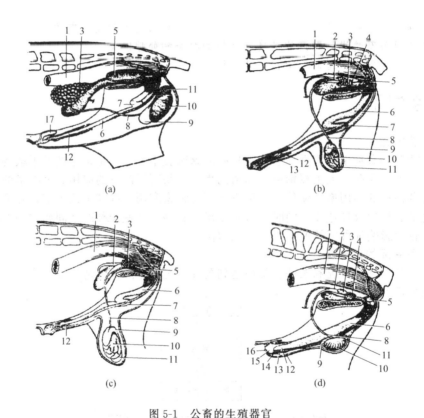

图 5-1　公畜的生殖器官

（a）公猪生殖器官；（b）公牛生殖器官；（c）公羊生殖器官；（d）公马生殖器官

1—直肠；2—输精管壶腹；3—精囊；4—前列腺；5—尿道球腺；6—阴茎；

7—S状弯曲；8—输精管；9—附睾头；10—睾丸；11—附睾尾；

12—阴茎游离端；13—内包皮鞘；14—外包皮鞘；15—龟头；

16—尿道突起；17—包皮憩室

1. 睾丸

（1）形态位置　家畜的睾丸均为长卵圆形。不同种家畜睾丸大小有很大的差别。猪、绵羊和山羊的睾丸相对较大。正常的两个睾丸大小相同。牛马的左侧稍大于右侧。成年公畜的睾丸位于阴囊中，左右各一。各种家畜睾丸重量如表 5-1 所示。

表 5-1　各种家畜睾丸重量

畜种	两个睾丸重量		畜种	两个睾丸重量	
	绝对重量/g	相对重(占体重百分比)/%		绝对重量/g	相对重(占体重百分比)/%
牛	550~650	0.08~0.09	山羊	150	0.37
猪	900~1000	0.34~0.38	马	550~650	0.09~0.13
绵羊	400~500	0.57~0.70	犬	30	0.32

（2）组织构造　睾丸的最外层由浆膜覆盖，其下为白膜，在睾丸实质部纵轴方向有一结缔组织索状结构形成睾丸纵隔，并由它分出许多锥形小叶，每个小叶内含 2~3 条曲精细管，管径只有 0.1~0.3mm。据估计，公牛的曲精细管的总长可达 5km，占睾丸总量的 80%~90%。曲精细管在各小叶的尖端各自汇成直精细管，穿入纵隔，形成睾丸网（马无睾丸网）。在睾丸网的一端又汇合成 10~30 条睾丸输出管，穿过白膜，形成附睾头。见图 5-2。

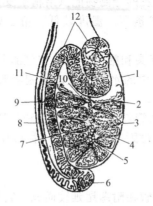

图 5-2　睾丸和附睾的组织构造
1—睾丸；2—精细管；3—小叶；4—中隔；5—纵隔；
6—附睾尾；7—睾丸网；8—输精管；9—附睾体；
10—附睾管；11—附睾头；12—输出管

精细管的管壁由外向内是由结缔组织纤维、基膜和多层上皮细胞构成。多层上皮细胞主要由各类生精细胞和位于生精细胞中间附着在基膜上起营养和支持作用的支持细胞构成。在精细管之间为间质区，内含结缔组织、淋巴、血管、神经和具有分泌雄激素的间质细胞。

（3）睾丸的生理功能

① 产生精子　精细管的生精细胞是直接形成精子的细胞，它经多次分裂后最后形成精子。精子随精细管的液流输出，经直精细管、睾丸网、输出管而到附睾。公畜每克睾丸组织平均每天可产生 1000 万~3000 万个精子。

② 分泌雄激素　间质细胞能分泌雄激素，雄激素能激发公畜的性欲和性行为、刺激第二性征、刺激阴茎及副性腺的发育、维持精子的发生及附睾内精子的存活。公畜在性成熟前阉割会使生殖道的发育受到抑制，成年后阉割会发生生殖器官结构和性行为的退行性变化。

③ 产生睾丸液　曲细精管和睾丸网可产生大量的睾丸液，其含有较高的钙、钠等离子成分和少量的蛋白成分。睾丸液主要作用是维持精子的生存，并有助于精子的移动。

2. 附睾

（1）形态位置　附睾位于睾丸的附着缘，分头、体、尾三部分。主要由睾丸输出管盘

任务5

人工授精

曲组成。这些输出管汇集成一条较粗而弯曲的附睾管，构成附睾体。在睾丸的远端，附睾体延续并转为附睾尾，其中附睾管弯曲减少，最后逐渐过渡为输精管。

(2) 功能

① 附睾是精子最后成熟的地方 附睾是促进精子成熟的器官。从睾丸曲精细管生成的精子，其形态尚未发育完全，颈部常有原生质滴存在，活动能力微弱，没有受精能力或受精能力很低。精子通过附睾管的过程中，原生质滴向尾部末端移行脱落，活力增强，具有受精能力，达到最后成熟。

精子的成熟与附睾的物理及细胞化学特性有关，精子通过附睾管时，附睾管柱状细胞分泌的磷脂质和蛋白质包被在精子表面，形成脂蛋白膜，能够保护精子和防止精子膨胀，抵抗外界环境的不良影响。精子通过附睾管时，可获得负电荷，可防止精子的凝集。

② 贮存作用 附睾是精子的贮藏场所。附睾内贮存的精子，经 60d 后仍具有受精能力。但如果贮存过久，则活力降低，畸形及死亡精子增加，最后被吸收。精子能在附睾内较长期贮存的原因是：附睾管上皮的分泌物能供给精子发育所需要的养分；附睾内环境呈弱酸性（pH 为 6.2～6.8）、高渗透压、温度较低，精子处于休眠状态，减少能量消耗，为精子的长期贮存创造了条件。

③ 附睾管的吸收作用 附睾头和附睾体的上皮细胞具有吸收功能，来自睾丸的稀薄精子悬浮液，通过附睾管时，其中的水分被上皮细胞吸收，因而到附睾尾时精子浓度升高，每微升含精子 400 万个以上。

④ 附睾管的运输作用 附睾管纤毛上皮的活动和管壁平滑肌的收缩，将精子悬浮液从附睾头运送到附睾尾。精子通过附睾管的时间：牛 10d，绵羊 13～15d，猪 9～12d，马 8～11d。

3. 输精管和精索

(1) 输精管 输精管由附睾管在附睾尾延续而成，它与通向睾丸的血管、淋巴管、神经、提睾肌等共同组成精索，经腹股沟管进入腹腔，折向后进入盆腔。两条输精管在膀胱的背侧逐渐变粗，形成输精管壶腹，其末端变细，穿过尿生殖道起始部背侧壁，与精囊腺的排泄管共同开口于精阜后端的射精孔。

(2) 精索 精索是包括睾丸血管（动脉、静脉）、淋巴管、神经、提睾内肌和输精管的浆膜褶，外部包有固有鞘膜，呈上窄下宽的扁圆锥形索状物，其基部附着于睾丸和附睾，上端达鞘膜管内口即腹股沟腹环。

4. 阴囊

阴囊是柔软而有弹性的袋状皮肤囊，内含丰富的皮脂腺和汗腺。在表面沿正中线有一条阴囊缝将阴囊从表面分成互不相通的两个腔。每个腔内有一个睾丸和附睾。阴囊具有温度调节以保护精子正常生成。当温度下降时，借助肉膜和睾外提肌的收缩作用，上举，紧贴腹壁，阴囊皮肤紧缩变厚，保持一定的温度。当温度升高时，总之，阴囊皮肤松弛变薄，睾丸下降，降低睾丸的温度。阴囊腔的温度低于腹腔的温度，通常为34～36℃。

阴囊表面正中，有一条上下延伸的皮肤皱褶，向前延续为包皮腹侧的包皮缝，称为阴囊缝，是做阉割手术下刀的定位标志。在做去势（阉割）手术时，应该剪断阴囊韧带和睾丸系膜（悬吊睾丸、附睾和精索的系膜）后，才能取下睾丸和附睾及部分精索。

睾丸和附睾在胚胎时期位于腹腔内，而在出生前后，二者经腹股沟管下降至阴囊内，此过程称为睾丸下降。若有一侧或两侧睾丸未进入阴囊内，称为单睾或隐睾。隐睾睾丸的内分泌功能虽然未受损害，但由于腹腔和腹股沟内的温度较阴囊高，睾丸对一定温度的特殊要求不能得到满足，从而影响生殖功能。如是双侧隐睾，虽多少有点正常性欲，但无生殖力，不宜作种畜用。

5. 副性腺

副性腺是精囊腺、前列腺和尿道球腺的总称。见图 5-3、图 5-4。

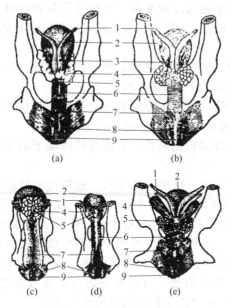

图 5-3　各种家畜的副性腺

（a）牛；（b）羊；（c）猪；（d）去势公猪；（e）马

1—输精管；2—膀胱；3—输精管壶腹；4—精囊腺；5—前列腺；
6—尿生殖产骨盆部；7—尿道球腺；8—阴茎缩肌；9—球海绵体肌

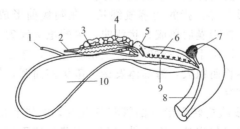

图 5-4　公牛尿生殖道骨盆部及副性腺（正中矢状切面）

1—输精管；2—输精管壶腹；3—精囊腺；4—前列腺体部；
5—前列腺扩散部；6—尿殖道骨盆部；7—尿道球腺；
8—尿殖道阴茎部；9—精阜及射精孔；10—膀胱

（1）形态位置

① 精囊腺　成对，位于输精管末端的外侧。牛、羊、猪的精囊腺是致密的分叶腺，腺体组织中央有一较小的腔。马的为长圆形盲囊，其黏膜层含分支的管状腺。精囊腺的排泄管和输精管一起开口于精阜，形成射精孔。猪的精囊腺最发达。

② 前列腺　即尿生殖道起始部的背侧。牛前列腺分为体部和扩散部；羊的仅有扩散部；马的前列腺位于尿道的背面，并不围绕在尿道的周围。前列腺为复管状腺，有多个排泄管开口于精阜两侧。前列腺因年龄的变化而发生变化，幼龄时小，性成熟时大，老龄逐渐退缩。

③ 尿道球腺　成对，位于尿生殖道骨盆部的外侧。猪的体积最大，马次之，牛、羊

的最小。

（2）功能　虽然已经知道副性腺液的化学成分，但其功能还不完全清楚；目前一般认为，副性腺的功能主要有以下几个方面：

① 冲洗尿生殖道，为精液通过做准备　交配前阴茎勃起时，主要是尿道球腺分泌物先排出，它可以冲洗尿生殖道内的尿液，为精液通过创造适宜的环境，以免精子受到尿液的危害。

② 精子的天然稀释液　副性腺分泌物是精子的内源性稀释剂。因此，从附睾排出的精子与副性腺分泌物混合后，精子即被稀释。

③ 为精子提供营养物质　精囊腺分泌物含有果糖，当精子与之混合时，果糖即很快地扩散入精子细胞内，果糖的分解是精子能量的主要来源。

④ 活化精子　副性腺分泌物偏碱性，其渗透压也低于附睾处，这些条件都能增强精子的运动能力。

⑤ 运送精液　精液的射出，除借助附睾管、输精管副性腺平滑肌收缩及尿生殖道肌肉的收缩外，副性腺分泌物的液流也起着推动作用。在副性腺管壁收缩排出的腺体分泌物与精子混合时，随即运送精子排出体外，精液射入母畜生殖道内。

⑥ 延长精子的存活时间　副性腺分泌物中含有柠檬酸盐及磷酸盐，这些物质具有缓冲作用，从而可以保护精子，延长精子的存活时间，维持精子的受精能力。

⑦ 形成阴道栓，防止精液倒流　有些家畜的副性腺分泌物有部分或全部凝固现象，一般认为这是一种在自然交配时防止精液倒流的天然措施。

6. 尿生殖道与外生殖器

（1）阴茎与包皮

① 阴茎　阴茎为雄性动物交配器官，位于包皮内，由阴茎海绵体和尿生殖道阴茎部构成，大致分为阴茎头、阴茎体和阴茎根三部分。

不同家畜的阴茎外形迥异：猪的阴茎较细长，在阴囊前形成 S 状弯曲，龟头呈螺旋状。牛、羊的阴茎较细，在阴囊后形成 S 状弯曲。牛的龟头较尖，沿纵轴略呈扭转形，在顶端左侧形成沟，尿道外口位于此。羊的龟头呈帽状隆突，尿道前端有细长的尿道突，突出于龟头前方。马的阴茎长而粗大，海绵体发达，龟头钝而圆，外周形成龟头冠，腹侧有凹的龟头窝，窝内有尿道突。

② 包皮　包皮为由皮肤折转而形成的管状皮肤套，容纳和保护阴茎。阴茎勃起伸长时包皮展平，保证阴茎伸出包皮外。在不勃起时，阴茎头位于包皮腔内，包皮有保护阴茎头的作用。

猪的包皮腔很长，包皮口上方形成包皮憩室，常积有尿和污垢，有一种特殊的腥臭味。牛的包皮较长，包皮口周围有一丛长而硬的包皮毛。马的包皮形成内两层皮肤褶，有伸缩性。阴茎勃起时内外两层皮肤褶展平而紧贴于阴茎表面，该处的包皮垢较多。

（2）尿生殖道　雄性动物的尿道兼有排精作用，故称尿生殖道，可以分为盆部和阴茎部（海绵体部）。尿生殖道壁包括黏膜、海绵体层、肌层和外膜。

（二）公禽的生殖器官

主要由睾丸（性腺）、附睾、输精管和交配器官构成。与家畜及其他哺乳动物相比：公禽的睾丸位于腹腔内，且没有性副腺，阴茎不发达或发育不全。见图 5-5。

1. 睾丸

公禽的睾丸一般为圆形或椭圆形，位于腹腔肾脏前方的脊柱两侧，其大小和颜色常因品种、年龄和性活动的情况而有所变化。和家畜一样，公禽的睾丸具有产生精子和分泌雄

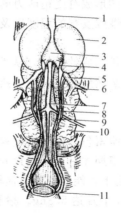

图 5-5　公禽泌尿生殖系统
1—后腔静脉；2—睾丸；3—睾丸系膜；4—附睾；
5—带静脉；6—股静脉；7—主动脉；8—输尿管；
9—输精管；10—肾；11—泄殖腔

激素的功能。

2. 附睾

附睾位于睾丸内侧的凹陷部，前端接睾丸，后部变为输精管。公禽的附睾较短而不发达，仅为睾丸产生精子进入输精管的一段通道。

3. 输精管

输精管为一对弯曲的细管，位于脊柱两侧，与输尿管平行，向后延伸时变粗，最后开口于泄殖腔。输精管的末端为圆锥形，突入泄殖腔，称作乳头。

输精管的主要功能是睾丸产生精子的贮库和进一步成熟的场所，也是精子输出的管道，由输精管分泌的输精管液是精液的组成部分。

4. 阴茎

阴茎是公禽的交配器官，不同种雄禽的阴茎形态和构造差异较大。

公鸡没有真正的阴茎，只有退化的交配器，由泄殖腔上的圆褶和白体组成，交配时，通过勃起的交配器与母鸡外翻的阴道相接触，精液经乳头流入母鸡的阴道。

公鸭和公鹅的阴茎比较发达，表面有螺旋形的输精沟。交配时，阴茎勃起，边缘闭合成管状，其中充满淋巴液，可将精液输入母禽的阴道。

（三）公畜的生殖功能

1. 初情期、性成熟

（1）初情期　是公畜初次出现性行为和能够射出精子的时期，是性成熟的开始阶段。

（2）性成熟　是公畜的生殖器官、生殖功能趋于完善，达到能够产生具有受精能力的精子并有完全的性行为的时期。

家畜的性成熟可视为从初情期起渐向体成熟过渡的个体发育阶段，亦即性成熟以初情期开始，而把初情期包括在性成熟的初期。

但是确定公畜的初情期要比母畜困难得多，因为公畜第一次精原细胞的分化比从精细管释放出来的精子早一个月以上，而且精子从睾丸运送到输精管约需两周时间。如果公畜第一次能够释放出精子就认为已是性成熟则未免太早。例如有些品种的仔猪，在哺乳末期，挺出部分阴茎，有跃跃欲试的行为，就认为开始性成熟了，这就把性成熟估计得过早，因为在这阶段的仔猪显然还不能形成有受精能力的生殖细胞。

在生产实践中可以根据个体和性腺发育的程度以及有无成熟生殖细胞的产生来判定初情期或性成熟。

体成熟乃是家畜基本上达到生长完成的时期。从性成熟到体成熟须经过一定的时期，在这期间如果由于生长发育受阻，必然延缓达到体成熟的时期，对种用或非种用的家畜都会带来经济上的损失。

2. 内分泌和性成熟的关系

幼畜在初情期以前，垂体前叶激素包括促性腺激素和生长激素早已有少量的分泌，睾丸也在分泌雄激素，但绝不是到初情期才有这些激素分泌，这可从血清中检查证明。例如 $2\sim6$ 月龄的公犊，在 GnRH 的作用下，能使性成熟提早，每毫升血清 LH 达 20ng，睾酮在 $2\sim4$ 月龄的含量尚不明显，到 6 个月达 5.8ng。猪和马也有类似现象，只是时间和分泌量不同。

由于促性腺激素在幼龄时对性腺发育的刺激，使睾丸产生雄激素，但早龄的幼畜睾丸对微量的促性腺激素尚缺乏敏感性，以后在生长激素的协同作用下，性腺对垂体前叶激素才富于敏感，于是分泌较多的激素，促使全部生殖器官的发育，并引起性冲动，开始生产成熟的生殖细胞。

对肉用家畜一般早在性成熟以前或在出生后几周内去势，由于垂体和睾丸完全断绝了关系，没有雄激素对家畜产生的生理效应，因而失去雄性行为，使以后的生长加速，并有利于肉质的嫩美。但对役用家畜不宜如此提早去势。因这会影响骨骼肌肉的发育，缺乏雄性家畜所固有的坚韧性，所以牛、马的去势一般都在性成熟以后至少半年以上的时期。

3. 影响性成熟的诸因素

(1) 品种　猪、羊等小型家畜早于牛、马。我国的家畜和外来品种比较，通常以牛、马、绵羊较迟，而猪和一些杂种家畜较早。

(2) 气候环境　北方或寒冷地区的家畜一般晚于温暖地区，因寒冷季节较长，生活环境不良，不利于性激素的产生。

(3) 饲养管理条件　良好饲养水平的家畜一般比营养不足的性成熟早。因低水平的营养，特别是蛋白质缺少，就会使公畜在配种季节出现精力亏损或耗竭的现象。因下丘脑的神经分泌物如 GnRH 和垂体促性腺激素就是由外源蛋白质成分经过生物合成的，而且精液固体成分主要也由蛋白组成。群居生活的家畜比隔离饲养的早，特别在雌雄不分群时更是如此，因受到异性的刺激。但在牧区放牧条件不良的环境中，往往又不及良好饲养培养条件下的家畜早熟。

(4) 个体差异　公畜一般比母畜的性成熟迟些；生长发育受阻的动物，除主要是营养不足或疾病的结果外，还有先天的原因，性成熟必推迟。

各种公畜的性成熟和初配年龄如表 5-2 所示。

表 5-2　各种公畜的性成熟和初配年龄

家　畜	性成熟/月龄	初配年龄/月龄	家　畜	性成熟/月龄	初配年龄/月龄
牛	$10\sim18$	$18\sim24$	绵羊	$6\sim10$	$12\sim15$
马	$18\sim24$	$30\sim36$	山羊	$6\sim10$	$12\sim15$
猪	$5\sim8$	$10\sim12$	犬	$8\sim10$	$18\sim24$

4. 性行为

性行为是在神经和激素的共同作用下发生的，是动物的一种特殊行为，是两性接触中一系列常见的现象。公畜的性行为表现形式一般是经过性激动、求偶、勃起、爬跨、交配、射精，直至交配结束的过程。性行为的强度受性经验、公畜的营养水平、健康状况、激素水平、神经类型以及季节和气候等因素的影响。缺乏性经验的青年公畜有时会出现性行为顺序不完全，使配种或采精不能完成。因此有时需要对青年公畜加以调教和训练。

5. 精子的发生、成熟及其形态结构

（1）精子发生过程　睾丸精细管中的精原细胞经过系列的细胞分裂、分化和形态变化而形成精子的过程。

精子的发生过程可分为以下四个阶段。

① 初级精母细胞的形成　精原细胞是睾丸内最幼稚的生精细胞，按照精原细胞的形态、大小、染色质的染色、核仁的位置和数量等特征，分为A型精原细胞、中间型精原细胞和B型精原细胞三种类型。

A型精原细胞是生精细胞的干细胞。一个生精干细胞通过第一次有丝分裂，产生两个A型精原细胞，其中的一个A型精原细胞再分裂产生两个A型精原细胞，而另一个进行有丝分裂并分化成B型精原细胞及初级精母细胞。所以在精原细胞的增殖过程中，有一部分的A型精原细胞不再继续分裂，而是保留下来，成为新的精原干细胞，使得精原细胞能够在不断更新的同时还能使精子的发生不断持续地进行。精原细胞经过有丝分裂，在理论上得到16个初级精母细胞，猪的精原细胞可能分裂成24个。

② 次级精母细胞的形成　初级精母细胞形成后发生细胞核的变化和染色体的复制，进入第一次减数分裂期，由一个初级精母细胞分裂成2个次级精母细胞，次级精母细胞含有体细胞一半的染色体。

③ 精细胞的形成　次级精母细胞形成后存在时间很短，不再进行DNA的复制，然后很快进行第二次减数分裂形成2个精细胞。因此，一个初级精母细胞最终形成4个精细胞。

④ 精子的形成　圆的精细胞形成后不再分裂，而是附着在靠近精细管管腔支持细胞的顶端，经过复杂的形态学变化形成蝌蚪状的精子。精细胞在变形的过程中，细胞核成为精子头部的主要成分，高尔基体发育成精子的顶体，细胞内的中心小体生成精子的尾部，线粒体聚集在尾部中段的周围形成线粒体鞘膜，最后精子从支持细胞的顶端脱离，进入曲精细管管腔内。在此，精细胞完成了精子发生的全过程。

（2）精子发生周期　精子发生周期是指从A型精原细胞开始，经过增殖、生长、减数分裂及变形等阶段形成精子的全过程所需要的时间。哺乳动物的精子发生周期为45～60d。在畜牧生产实践中，内、外环境条件的改变对公畜生精功能和精液品质的影响，只有在2个月以后才能在精液中得以反映。同样，公畜生精功能和精液品质的突然变化，需要追溯2个月前的某些影响因素。

（3）精子的成熟　睾丸内生成的精子不具备运动和受精的能力，需要在附睾内贮存的过程中发生某些形态学和功能的变化，才能获得受精的潜能和运动能力，这种变化称为精子的成熟。精子在成熟过程中的变化主要包括以下几个方面。

① 精子形态学的变化　精子成熟过程中形态学的变化主要是附着在精子颈部的原生质滴在成熟过程中脱水浓缩，向精子尾部移动和脱离精子尾部。如果在精子尾部还附着有原生质滴，说明精子尚未完成成熟过程。

② 精子运动方式的变化　在睾丸液中的精子具有活动能力，但精子进入到附睾头后便失去活动能力。

精子在附睾内运行过程中，其运动方式发生有规律的变化，先是原地摆动，然后转圈运动，最后才具有螺旋式前进运动的能力。

③ 精子膜的变化　精子膜的主要变化是膜表面电荷的变化、膜通透性的变化、膜的

凝集素受体的变化和精子表面附睾分泌物的变化。精子质膜的变化对于精子获得受精潜能、防止精子过早发生超激活和顶体反应均具有重要的作用。

(4) 精子的形态结构　各种家畜精子的形态和结构基本相似，分头、颈、尾三个部分。见图 5-6。

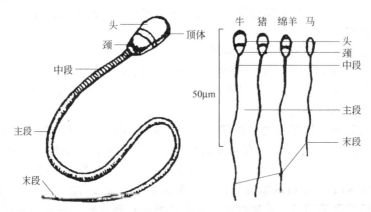

图 5-6　各种家畜精子的结构图

① 头部　家畜精子头部呈扁卵圆形，家禽精子呈长的圆锥形，主要由细胞核、顶体和核后帽三部分组成。核内含有单倍的染色体。核的前面被顶体覆盖，顶体是一双层膜囊结构，顶体内含有中性蛋白酶、透明质酸酶、放射冠溶解酶、酸性磷酸酶等多种酶类，它们在精子受精过程中起着重要的作用。顶体是一个不稳定的特殊结构，在精子衰老时容易变性、出现异常或从头部脱落。因此精子顶体异常率是评定精液品质的一个重要指标。核后帽是包在核后部的一层薄膜，顶体和核后帽相重叠的部分称为核环或赤道段。

② 颈部　精子的颈部位于头部和尾部之间，起到连接作用。其中含有 2～3 个基粒，在基粒与核之间有一基板，尾部的纤丝即以此为起点。颈部是精子最脆弱部分，特别是在精子成熟时稍受影响，或者在精液稀释、保存过程中受到内外环境的不良影响，会出现精子颈部断裂，形成头尾分离的畸形精子。

③ 尾部　尾部是精子的运动和代谢器官，根据其结构的不同可分为中段、主段和末段三部分。

a. 中段　是由颈部延伸而成，位于颈部和终环之间，其内部为轴丝，外部是螺旋状的线粒体鞘，在线粒体内含有多种酶类，是精子能量合成的部位，可以为精子运动提供能量。

b. 主段　是位于终环之后尾部最长的部分，是精子尾部的主要组成部分，由中央的 20 条纤丝和 9 条粗纤维组成，外部没有线粒体鞘膜环绕。

c. 末段　是精子尾部最短的部分，只有 3～5μm，末段的纤维鞘已消失，其结构主要是由纤丝和包在外面的精子质膜构成。

精子的运动主要靠尾的鞭索状波动，把精子推向前进。

6. 精液的组成及生理特性

(1) 精液的组成及成分　精液由精子和精清组成。精子所占精液的比例很小。精清由附睾液、副性腺及输精管壶腹部所分泌的液体组成，占精液的绝大部分。猪、马、牛、羊精液中的精清成分所占比例分别为 93%、92%、85% 和 70%。精清中水分占 90%～98%，干物质仅占 2%～10%。精清具有稀释精液、活化精子、减少或缓冲不良因素对精子的危害、保护精子和提供精子所需能量等作用。

家畜精液量的多少取决于副性腺，牛、羊的副性腺不发达，分泌能力弱，故精液量小，精子密度很大。猪、马的副性腺发达，精液量大，精子密度小（表 5-3）。

表 5-3　各种家畜精液的量和精子密度

畜别	一次射精量/ml	精子密度/(亿/ml)
牛	4(2～10)	10(2.5～20)
绵(山)羊	1(0.7～2)	30(20～50)
马	70(30～100)	1.2(0.3～8)
猪	250(150～500)	2.5(1～3)
家兔	1(0.4～6)	7(1～20)
鸡	0.8(0.2～1.5)	35(0.5～60)

（2）精清的主要化学成分

① 糖类　大多数哺乳动物的精清中都含有糖类物质。其中最主要的糖类是果糖，果糖是精子可以利用的主要能源，主要来源于精囊腺。果糖的分解产物丙酮酸在射精时瞬间给予精子能量，射精后很快从精清中消失。牛、绵羊的精清中果糖含量较高，而马、猪、犬的精清中含量很少。此外，精清中还有山梨醇和肌醇等糖醇，也是由精囊腺所分泌的。其中山梨醇可氧化为果糖供精子利用，肌醇在猪的精清中含量很高，但不能被精子利用。

② 脂类　精清中的脂类物质主要是磷脂（磷脂酰胆碱、乙胺醇），其在精子中含量较高。脂类主要存在于精子质膜和线粒体内，并且大多以脂蛋白和磷脂的结合态而存在。当精子质膜破损时，精子的磷脂很快渗透到精清内。精液的磷脂有 10% 存在于精清中，精清中的卵磷脂具有延长精子的寿命和抗低温打击的重要作用。

③ 蛋白质和氨基酸　精清中的蛋白质含量很低，一般为 3%～7%。精清中的蛋白质主要是组蛋白，其主要在精子头部和 DNA 结合构成核蛋白，并在精子尾部形成脂蛋白和角质蛋白。精清中的蛋白质成分，射精后在蛋白酶的作用下很快发生变化，使非透析性氮的浓度降低，同时使非蛋白氮和氨基酸的含量增加。精清中游离的氨基酸成为精子氧化代谢中用以氧化的基质。精液中的氨基酸主要影响精子的存活时间。精子有氧代谢时可利用精清中的氨基酸作为基质合成蛋白质。

④ 酶类　精液中有多种酶类，大部分来自副性腺，少量由精子渗出。有水解酶、氧化还原酶、转氨酶等，这些酶对精子的活动、代谢及受精具有重要作用。

⑤ 维生素　精清中维生素的种类和含量与动物本身的营养和饲料有关。精清中的维生素主要有维生素 B_1、维生素 B_2、维生素 C、泛酸和烟酸等。这些维生素可以影响精子的活力和密度，并使精液呈现某种色泽。

⑥ 有机酸　动物精液中还有多种有机酸及相关物质，主要包括柠檬酸和乳酸。此外，还有少量的甲酸、草酸、苹果酸等。

⑦ 无机成分　动物的精液中无机离子主要有 Na^+、K^+、Ca^{2+}、Mg^+、Cl^-、PO_4^{3-}，对维持精液渗透压具有重要的调节作用。

（3）同一次射精的成分差异　同一头公畜不仅在短期内多次采精可改变精液的质量，而且同一次射精的组成部分也有差异，这在射精量大的猪和马的精液更为显著。这两种家畜的精液常分几部分排出，其成分颇有差异。

① 马　第一部分一般不含精子；第二部分精子含量很多，麦硫因的含量很高；第三部分为较多胶样物，精子很少，而柠檬酸的浓度较大；最后一部分是配后滴出的水样液，只有极少精子，麦硫因和柠檬酸都很少。

② 猪　第一部分占全部射精量的 5%～20%，为缺乏精子的水样液；继之是富含精子的部分，占 30%～50%；最后是以胶状凝块为主的部分，约占 40%～60%。对猪的分段采精就是取其第二部分。

③ 牛和绵羊　射精因量少而又快，一般不容易区别以上的阶段性。

（4）精子的理化性质　精液的理化性质主要包括精子的外观、气味、精液量、精子密度、渗透压、精液 pH、比重、黏度、导电性和光学特性等。

① 外观　动物的精液外观与动物种类、个体、饲料性质等因素相关，一般为不透明的乳白色或灰白色。精子密度越大，颜色越深；反之，精子密度越小，颜色越淡。

② 气味　精液一般为无味或略带腥味，牛、羊的精液往往略带汗脂味。

③ 精液量　由于动物种类不同，生殖器官特别是副性腺的发达程度不同，采精量差异很大。牛、羊等动物的采精量少，而猪、马等动物的采精量多。

④ 精子密度　精子密度是指每毫升精液中所含精子的数量。精液量大的动物（如猪）则精子密度小，而精液量小的动物（如羊）则精子密度大。

⑤ 渗透压　精液在一定条件下保持一定的渗透压。新鲜精液的渗透压与其体液相近。

⑥ 精液 pH　种间差异不大，刚采集的精液 pH 一般为 7.0 左右。牛精液的 pH 为 6.6～7.8，绵羊的为 5.9～7.3，猪的为 7.3～7.8。

⑦ 导电性　精液中含有各种盐类或离子，其含量大，精液的导电性也就强，所以可以通过测定导电性的高低，判断精液中所含电解质的多少及其性质。

⑧ 光学特性　精液中的精子及化学物质，对光线的吸收和通过性不同。精子密度大的精液透光性差；精子密度小的精液透光性就强。因而在生产实践中可以利用这一特性，采用分光光度计进行光电比色，测定精子的密度。

7. 精子的代谢和运动

（1）精子的代谢　精子在体外生存，必须进行物质代谢和能量代谢，以满足其生命活动所需养分。精子代谢过程较为复杂，主要有糖酵解和呼吸作用。

① 糖酵解　精子所贮存和精清中所含有的有机化合物是维持精子生命力的必要能源，其中以糖类为主，但精子本身这些能源很贫乏，而是通过糖酵解的过程由精清供给。由于精子所代谢的几乎都是果糖，所以也叫果糖酵解。不论是有氧或无氧的糖酵解，所有的精子都能使六碳糖或经过果糖酵解而成丙酮酸或乳酸，其终末产物在有氧时则氧化而分解成 CO_2 和水。

② 精子的呼吸作用　精子的呼吸作用和糖酵解是密切相关的现象。精子的呼吸作用主要在尾部进行，通过呼吸作用，对糖类彻底氧化，从而得到大量能量。呼吸作用旺盛，会使氧和营养物质消耗过快，造成精子早衰，对精子体外存活不利。为防止这一不良现象，在精液保存时常采取降低温度，隔绝空气和充入二氧化碳等办法，使精子减少能量消耗，以延长其体外存活时间。

a. 精子的耗氧量：按 1 亿精子在 37℃下，经 1h 所消耗的氧量进行计算，其值在家畜一般为 5～22μl。也可按 1 亿精子在 37℃下经 1h 产生乳酸的微克数来计算。

b. 精子的呼吸商：精子在呼吸过程中吸收 O_2，排出 CO_2，由精子产生的 CO_2 除以消耗的 O_2 的量，即为呼吸商。

（2）精子的运动　精子在代谢过程中，由于能量的不断释放，可使精子的尾部发生摆动，从而推动精子的运动。精子的运动和精子的代谢密切相关，是活精子的主要特征。

① 精子的运动形式

a. 直线前进运动：精子的直线前进运动指精子运动的大方向是直线的，但局部或某一点的方向不一定是直线的。只有呈直线前进运动的精子进入雌性动物生殖道内才能运行到输卵管的壶腹部与卵子结合，因此称为有效精子。

b. 转圈运动：精子的转圈运动指精子的运动轨迹为由一点出发向左或向右的圆圈，这种运动方式是一种异常的运动，这种运动的精子是无效精子。

c. 原地摆动：精子的原地摆动是指精子的头部发生摆动，但不发生位移，这种精子也是无效精子。精子在较低温度下、酸性环境中或者精子接近衰老死亡时，由于其代谢水平很低，才会出现原地摆动。

② 精子的运动特性　精子在液体状态下或在雌性动物的生殖道内运动时具有独特的运动特性。

a. 逆流性：精子的逆流性是指精子在流动的液体中向逆流方向运动。精子在雌性动物生殖道内，由于发情母畜的分泌物向外流动，因此精子是逆流向输卵管方向运行的。

b. 趋物性：精子的趋物性是指当精液中有异物时，精子有向异物边缘运动的趋向，表现为精子头部顶住异物进行摆动运动。因此，在精液稀释过程中应尽量减少异物的产生，以免降低精子的活力，造成精液品质的下降。

c. 趋化性：精子的趋化性是指精子有向某些化学物质运动的特性。雌性动物生殖道内存在的化学物质（如激素）、卵母细胞分泌的化学物质等均可吸引精子向其运动。

8. 外界因素对精子的影响

（1）温度　是精子接触的主要环境因素，也是影响精子代谢、运动和精子存活时间的重要因素。精子运动和代谢最适宜的温度是动物的体温，哺乳动物精子运动的最适温度为37~38℃，禽类是40℃，在此温度下由于精子对能量的不断消耗，使精子的体外存活时间减少，不利于精子的保存。

① 高温　在40~44℃的高温条件下，精子的代谢增强、运动加快、能量消耗增加，促使精子在短时间内衰老和死亡。精子能忍耐的最高温度一般为45℃，当超过这一温度，精子经过短促的热僵直后立即死亡。

② 低温　在低温条件下，精子的代谢和运动能力下降。精液温度降低到0~5℃时，精子的代谢和运动能力被暂时抑制，精子处于休眠状态，精子存活时间延长，当温度回升后精子又恢复正常的代谢和运动能力。

急剧地将各种家畜未经任何处理的新鲜精液降温到10℃以下时，精子会不可逆地丧失生存的能力，不能复苏，这种现象称为冷休克。为防止这一现象的出现，在精液处理的过程中，应采用缓慢降温的处理方式，同时在精液稀释液中添加卵黄或奶类等防冷物质。

③ 超低温　在加入保护剂的情况下，精液在−79℃以下的超低温环境下进行冷冻保存时，精子的代谢和运动基本停止，精子处于休眠状态，可以进行长期的保存。

（2）光照　直射阳光、红外线、紫外线和其他射线均会对精子的活力产生不利影响。直射阳光含有红外线和紫外线，其中红外线可刺激精子的摄氧能力，激发精子的代谢和运动能力，不利于精子存活，会降低精子受精能力。紫外线对精子的危害较大，经其照射后的精子出现运动和受精能力降低，同时还会影响受精卵的发育。大剂量 X 射线会对精子的细胞染色体造成严重损害，危害精子的受精和早期胚胎的发育。因此，在精液采集、保存和运输时，应避免阳光直射，尽量减少光的照射。盛装精液的玻璃容器最好选择棕色瓶，以避免光线的影响。

（3）酸碱度　新鲜精液的 pH 一般为 7.0 左右，精液在体外保存过程中，随着精子所处的环境温度、精子密度、精子代谢等因素的影响，引起精液 pH 不同程度的降低，造成精子代谢和运动能力的减弱。

在 pH 下降的弱酸性环境下（pH 为 6.0~7.0），精子代谢和运动受到抑制，能量消耗减少，存活时间延长。在 pH 升高的弱碱性环境下（pH 为 7.0~8.0），精子的呼吸和代谢增强，能量消耗加快，精子存活时间缩短。在强酸（pH<6.0）或强碱（pH>8.0）的环境下，精子发生酸、碱中毒，会迅速死亡。因此，在 pH 降低的弱酸性环境中有利于精子的保存，在生产中可以利用酸抑制的原理，延长精子的存活时间。

（4）渗透压　渗透压是指精子膜内外溶液浓度不同而出现的膜内外压力差。精子处于不同的渗透压环境下，会引起精子细胞内外水分的渗透现象。

在等渗环境下，精子细胞的水分不会发生渗出，精子细胞的形态、代谢和运动不会发生改变；在低渗环境下，精子细胞外的水分向细胞内渗入引起细胞内含水量增加，使精子体积膨胀，严重时精子细胞崩解死亡；在高渗环境下，精子细胞内的水分向细胞外渗出，使精子失水皱缩，原生质滴变干，精子内部的结构发生变化，造成精子的运动异常或死亡。

精子对不同的渗透压环境具有逐渐适应的能力，但适应的能力有一定的限度，低渗对精子的危害最大。

（5）离子浓度　精液中含有一定量的离子浓度，其对维持精液品质是必要的，它不仅起到刺激精子活力和代谢的作用，还可起到维持相对稳定的渗透压及 pH 的作用。一些弱酸性盐类（磷酸盐、柠檬酸盐等）具有良好的缓冲作用，对维持精子的代谢和运动具有重要的作用。高离子浓度容易破坏精子和精清的等渗环境，造成精子的损伤。精液中的离子浓度越高，精子的存活时间就越短。

对精子代谢和运动影响最大的离子有 Na^+、K^+、Ca^{2+}、和 Cl^- 引起精子代谢和运动的改变。某些重金属离子对精子有毒害作用，会引起精子死亡。

（6）稀释　哺乳动物新鲜精液中的精子运动较活跃，不利于精子存活时间的延长。精液经过适当地稀释后，可为精子提供适宜的生存环境，延长精子的存活时间和提高精子的利用率。但精液进行高倍稀释时，特别是快速高倍稀释时，精子表面的膜发生变化，使细胞的通透性增大，使精子内 K^+、Ca^{2+} 和 Mg^{2+} 等离子外渗及体液外的 Na^+ 向精子内渗入，造成精子活力和受精能力的降低。因此，稀释液的倍数高低要根据稀释前精液品质（密度、活力）、稀释液的性质和每个输精剂量的精子数目而定。同时，精液在进行高倍稀释时，应该分步进行，首先应对精液做低倍稀释，以减少高倍稀释对精子的损害。

（7）药物　常用的消毒药品（酒精、新洁尔灭、高锰酸钾等）对精子有毒害作用，即使其浓度极低也足以杀死精子，应避免其与精子接触。因此，在精液稀释、保存过程中，既要保持所用器械清洁无菌，又要避免消毒药品混入精液中。具有挥发性异味的药物对精子亦有危害。某些抗菌素在一定浓度内对精子无毒害作用，且能抑制精液中细菌。

精液稀释液中添加的抗生素（磺胺类、抗生素等）可以抑制精液中病原微生物的繁殖，从而延长精子的存活时间。添加抗冻保护剂（甘油、二甲基亚砜等）对精子有防冷冻保护作用，可避免精子的冷冻受损。

二、公畜、公禽的采精操作

（一）采精前的准备

1. 场地要求

采精要有良好的固定的场所与环境，以便公畜建立起巩固的条件反射，同时保证人畜安全和防止精液污染。采精场地要求固定、宽敞、平坦、安静、清洁，场内设有采精架以保定台畜或设立假台畜（图 5-7），供公畜爬跨进行采精。采精场所的地面既要平坦，但又不能过于光滑，最好能铺上橡皮垫以防打滑。采精虽然可在室外露天进行，但一般条件较好的人工授精站都有半敞开式采精棚或室内采精室（大家畜采精室的面积一般为10m×10m 左右）。采精场所应与人工授精操作室相连，以减少外界环境对精子的影响。

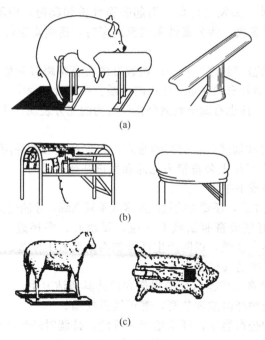

图 5-7 假台畜

(a) 猪用假台畜；(b) 马用假台畜；(c) 羊用假台畜

2. 台畜的准备

采精用的台畜有真台畜、假台畜之分。

真台畜（即活台畜，简称台畜）是指使用与公畜同种的母畜、阉畜或另一头种公畜作台畜。应选择健康无病（包括性病、其他传染病、体外寄生虫病等）、体格健壮、大小适中、性情温顺而无踢腿等恶癖的同种家畜。具备上述条件的发情母畜最为理想。

活台畜的保定：牛、羊应牵到采精架内予以保定。马可用人牵或拴于横木架上，并用保定绳或三角绊固定两后股，以防被踢。发情母猪一般无需保定，台畜放在采精台上，由助手固定其头部即可。采精时台畜的后躯，特别是尾根、外阴、肛门等部位应洗涤，擦干，保持清洁。

假台畜（即采精台）的基本结构均是模仿母畜体型高低大小，选用钢管或木料等做成一个具有一定支撑力的支架，然后在架背上铺以适当厚度的竹绒、棉絮或泡沫塑料等有适当弹性的填充物，其表面再包裹一层备皮或麻袋、人造革。有的则完全模仿制成如同类母畜的模样。有的还将假阴道固定安装在其内相应部位——假台畜的后下部，并可随意调节其角度。在西欧一些国家使用机械假台牛，采精员坐在椅子上，下设轨道，可以自动进退，将假阴道方位角度调整好后，即可顺利地采取公牛精液。

应用假台畜采精是一种方便、清洁、安全、有效的方法，各种公畜都可采用。由于公猪射精时间长，利用活母猪采精操作很不方便，况且公猪比较容易训练爬跨假台猪，所以采精时都用假台猪。如图5-7所示，假台猪一般有固定的长凳式和可调节高低的两端式。

3. 种公畜的调教

公畜适应爬跨假台畜必须经过一段时间的调教训练。调教方法很多，可根据具体情况选择采用。生产中主要使用以下几个方法：

① 在假台畜的后躯涂抹发情母畜阴道黏液或尿液，也可用其他公猪的尿液或精液来代替，或者使用其他公猪已经爬跨采精过的假台猪。

② 在假台畜旁安放一头发情母畜，引起公畜性欲和爬跨，但不让其真正交配，爬上去即拉下来，这样反复多次，待公畜性激动至高潮时，迅速牵走母畜，再诱导公畜爬跨假台畜采精。

③ 可令待调教的公畜"观摩"一头已调教好的公畜爬跨假台畜，然后诱其爬跨，但在此种情况下要特别注意做好畜的保定工作以防斗殴。在调教过程中，还可结合播放母畜发情求偶和交配时的录音带，这也有助于刺激公畜性行为的充分表现，从而促使其爬跨假台畜。

调教注意事项：

a. 要特别注意改善和加强公畜的饲养管理，以保持健壮的种用体况。

b. 同时最好是在每日早上公畜精力充沛和性欲旺盛时进行，尤其是在炎夏高温季节，不宜在气温特高的中午或下午进行。

c. 初次爬跨采精成功后，还要连续地经过多次重复训练，才能建立起巩固的条件反射。

d. 调教过程中，有些公畜胆怯或不适应，要耐心、多接近、勤诱导，绝不能强迫、抽打、恐吓或有其他不良刺激，以防产生性抑制而给调教工作造成更大障碍。有些公畜性烈，须特别注意安全，提防突然袭击。

e. 还要注意保护公畜生殖器官免遭损伤和保持其清洁卫生。

一般来说，有无配种经验的种公畜，都可调教成功。

公猪调教比其他种公畜容易，训练始于 7 月龄，持续时间约 4～6 周，最多一天一次，每周 3～4 次，一次持续 15～20min，一般性欲好的后备猪 1～2 次就可调教成功，性欲不太强的猪需要 7～8 次。调教成功后，要连续再采 2d。

4. 器材的清洗与消毒

采精用的所有人工授精器材均应力求清洁无菌，在使用之前要严格消毒，每次使用后必须洗刷干净。传统的洗涤剂是 2%～3% 的碳酸氢钠或 1%～1.5% 的碳酸钠溶液。在基层单位常采用肥皂或洗衣粉代替，但安全性不及前者。器材用洗涤剂洗刷后，务必立即用清水多次冲洗干净而不留残迹，然后经过严格消毒方可使用。消毒方法因各种器材质地不同而异。

5. 假阴道的准备

假阴道是模仿母畜阴道内环境条件而设计制成的一种人工阴道。虽然各种家畜用的假阴道在形状、大小等方面不尽相同，其类型也多种多样，但设计原理和基本构造是相同的，即由外筒（又称外壳）、内胎、集精杯（瓶、管）、气嘴和固定胶圈等基本部件所组成。此外，牛的尚有集精杯保护套或集精胶漏斗；猪的有集精腔漏斗，同时还有双联充气球。

假阴道安装前应先检查外筒、内胎是否有破损裂缝、沙眼、老化发黏等不正常情况，否则将会发生漏水、漏气而影响采精。

假阴道在使用前要洗涤，安装内胎，消毒，晾干，注水，涂润滑剂，调节温度和压力等。具体要求及安装方法见实训内容。

6. 操作人员的准备

采精员应技术熟练，动作敏捷，对每一头公畜的采精条件和特点了如指掌，操作时要注意人畜安全。操作前，要求脚穿长筒靴，着紧身工作服，避免与公畜及周围物体钩挂以影响操作，指甲剪短磨光，手臂要清洗消毒。

（二）采精技术

雄性动物的采精方法主要有假阴道法、手握法、电刺激采精法、按摩法等。假阴道法适用于各种家畜和部分小动物，手握法是当前公猪采精普遍应用的方法，按摩法主要用于禽类和犬类，电刺激法主要用于野生动物的采精。

1. 假阴道法

采用假阴道采精时，应根据畜种体格大小，采取立式或蹲式。

（1）公牛的采精　受精时采精员站在种畜的右后方，右手持假阴道，其开口端向下倾斜35°左右，当公畜两前肢跨上台畜后的瞬间，将假阴道迅速贴近台畜后躯，左手掌心托住包皮，将阴茎导入假阴道内，动作要求迅速、准确。公牛射精时将假阴道集精杯一端向下倾斜，以便精液流入集精杯内。当公畜跳下台畜时，假阴道随着阴茎后移，放掉假阴道内的空气，阴茎自行软缩脱出后再取下假阴道（图5-8）。

图5-8　公牛的受精

（2）公羊的采精　羊的采精方法与牛基本相同，羊从阴茎勃起到射精只有几秒时间，所以要求操作人员更要动作敏捷、准确。

将种公羊牵到台羊旁，采精员手持假阴道，蹲在台羊的右后侧，面向台羊，随时准备操作。当公羊爬上台羊时，采精员应迅速将假阴道外口向后下方倾斜，与公羊阴茎伸出方向成一直线，用左手扶住包皮口的后方，掌心向上托住包皮使阴茎向右偏，将阴茎导入假阴道内（图5-9）。公羊向前上一冲说明已经射精。公羊射精后，采精员持假阴道随公羊后移并使集精杯一端略向下，阴茎脱出后，放气，取下集精杯。

图5-9　公羊的采精

制作冷冻精液，也可采用1次采精得到2个射精量的方法。而采用鲜精进行人工授精的一般随用随采。

公牛和公羊对温度比压力敏感，因此对假阴道内温度要求较高。牛、羊阴茎导入假阴道前必须用掌心托住包皮，避免用手抓握阴茎。牛、羊交配时间短，仅有几秒钟。公畜向前一冲即行射精。采精过程中应注意避免阴茎突然弯折而损伤。对公马、公驴来说，假阴道内压力的要求比温度更为重要。而且阴茎不像牛羊敏感，可以直接用手握住阴茎导入假阴道内。由于阴茎在阴道内抽动片刻才能射精，因此采精时要牢固地将假阴道固定于台畜尻部。阴茎基部、尾根部呈现有节奏收缩和搏动即表示射精。

公兔采精是手握假阴道，置于台兔后肢的外侧，在公兔爬跨台兔交配之际，使假阴道口趋近阴茎挺出方向。当公兔阴茎一旦插入假阴道内，前后抽动数秒钟，然后向前一挺，后肢蜷缩向一侧倒下，发出叫声，表示已射精。

2. 手握法

手握法适用于猪的采精，是目前广泛使用的采集的一种方法。

操作时，采精员要戴上灭菌胶手套，蹲在假台畜左侧，待公猪爬跨台畜后，当阴茎从包皮内开始伸出时，立即紧握龟头，待其抽送片刻后，锁定公猪的龟头。待阴茎充分勃起时，顺势牵引向前，就能导致公猪射精。另一只手持带有一次过滤网的集精杯收集精子浓厚部分的精液，其他稀薄精液及颗粒状胶冻分泌物排出可随时弃掉（图 5-10）。猪在一次射精中，其精液常分几个部分排出，第一部分，含副性腺分泌物多精子较少、精液清亮白色。第二部分，精液浓、精子多、呈乳白色。第三部分、精液较稀、清亮、精子少。

图 5-10　猪手握采精

3. 电刺激采精法

电刺激采精法指通过电流刺激腰椎有关神经和壶腹部而引起公畜射精的方法。电刺激采精器包括电流发生器和电极探头两部分。发生器由控制频率的定时选择电路、多谐振荡器的频率选择电路、调节多档的直流变换电路和能够输出足够刺激电流的功率放大器等四个部分组成。探头则是适应大、中、小动物不同类型的由空心绝缘胶棒缠线而成的直型电极或环型电极组成（图 5-11）。

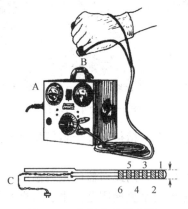

图 5-11　电刺激采精装置

A—电源；B—电极；C—棒状电极

采精时须将公畜以侧卧或站立姿势保定。对一些不易保定的野生动物可采用保定宁、静松灵和氯胺酮进行药物麻醉。先剪去包皮附近的长毛，用生理盐水冲洗擦干。采用灌肠清除直肠宿粪，然后将直肠电极探头慢慢插入肛门，抵达输精管壶腹部。插入深度，大动物为 20～25cm，羊约 10cm，兔约 5cm。采精时先接通电源，然后调节刺激器，选择好频率，逐步增高电压和刺激强度，直至伸出阴茎，排出精液。

4. 按摩法

此法适用于家禽。

（1）鸡的按摩法采精　一般由两人操作，保定人员用两手各保定公鸡的一条腿，并使其自然分开。

用拇指固定住鸡的翅膀，鸡尾朝向采精员，呈自然交配姿势。采精员左手拇指为一方，其余四指为另一方，从鸡翅根部沿体躯两侧滑动，推至尾羽，如此反复按摩数次，以此引起公鸡的性欲。采精员右手中指和无名指间夹集精杯，杯口向外或向内。经数次按摩后，立即以左手掌将尾羽拨向背部，同时，右手掌紧贴公鸡腹部柔软处，拇指与食指分开，在耻骨下缘抖动触摸数次，当泄殖腔外翻露出退化的交配器时，左手拇指和食指立即捏住泄殖腔的上缘，轻轻挤压公鸡即可射精，右手迅速以集精杯接取精液。

在采精时，先剪去公鸡泄殖腔周围羽毛和尾部下垂羽毛，用消毒液消毒泄殖腔周围，再用生理盐水擦去残留消毒液。注意避免精液被粪便污染，或被输尿管物质所沾污。采精的过程中切忌伤害公鸡和污染精液。具体操作时，不宜用力过猛，按摩太久。否则会引起排粪或损伤黏膜，甚至造成出血污染精液。

对在采精训练过程中，经反复训练仍不射或采精中经常排粪、排尿的公鸡，不宜用作人工采精，应予淘汰。

公鸡的按摩法采精一人也可操作。采精员坐在凳上，公鸡固定在两腿间，腾出两手运行上述操作。

（2）鸭和鹅的采精　采精人坐于凳子上，把公禽放于膝盖上，助于坐在采精员的右侧，以左手固定公禽的双腿。若用采精台采精时，助手应站在台的左外侧，两手分别握住公禽的左、右腿及翅膀。为便于操作，公禽的尾部应移出台外 15～20cm，轻按公禽使其成趴伏姿势，即可采精。采精员先用生理盐水对肛门周围清洗，再以右手掌托腹部，并轻轻按摩，右手掌心向下，拇指与四指分开，按在公禽的背部，从翼的基部向尾部用力按摩，至尾部时收拢拇指、食指和中指，紧贴泄殖腔外周摩擦而过。一般反复按摩 4～5 次，手即可感到泄殖腔内阴茎鼓起，此时右手自腹下上移，握住泄殖腔开口部按摩，待阴茎充分勃起的瞬间，左手拇指和食指自背部下移，轻轻压挤泄殖腔上 1/3 部，使阴茎上的输精沟闭合，精液即从阴茎顶端射出。右手持集精杯顺势接取精液，并以左手反复挤压直到精液完全排出。

（三）采精频率

合理的采精频率对维持公畜正常性功能、保持健康体质和最大限度地提高采精数量和质量都是十分重要的。采精频率的确定，要根据不同畜种、不同个体的睾丸定期内产生精子的数量、附睾的贮精量、每次射精量和饲养管理条件来决定。

（1）公牛　在生产上，成年种公牛通常每周采 2d，每天采 2 次，往往第二次采得的精液的数量和质量都较第 1 次好，可将其混合使用。也可以每周 3 次，隔日采精；青年公牛精子产量较成年公牛少 1/3～1/2，采精次数应酌减。

（2）公猪　公猪因射精量大，采精次数一定要适当控制。12月龄以下后备公猪为每周1次。12～18月龄的公猪每两周3次，成年公猪为每周2次或每2周5次，多数公猪习惯于给定的采精和配种频率。

（3）绵（山）羊　绵（山）羊配种季节短，射精量少而附睾贮精量大，在配种期间，一般成年种公羊每天可采精1～2次（间隔10～15min），采3～5天，休息一天。多次采精并连续数周也无多大问题，必要时每天采3～4次。

（4）公鸡　建议采用隔日采精制度。若配种任务大，也可以在1周之内连续采精3～5d，休息2d，但应注意公鸡的营养状况及体重变化。使用连续采精最好从公鸡30周龄以后。

各种动物在连续采精过程中，如发现公畜性欲下降，射精量明显减少，精子密度降低，镜检时精子尾部带有原生质滴的未成熟精子比例增加，这时应适当休息，调整采精次数和适当增加营养。成年公畜正常的采精频率见表5-4。

表5-4　成年公畜正常的采精频率

畜种	每周采精次数	平均每周射出精子总数/亿	平均每次射精量/ml	平均每次射出精子总数/亿	精子活率/%
乳牛	2～6	150～400	5～10	50～150	50～75
肉牛	2～6	100～350	4～8	50～100	40～75
水牛	2～6	80～300	3～6	36～89	60～80
马	2～6	150～400	30～100	50～150	40～75
猪	2～5	1000～1500	150～300	300～600	50～80
绵羊	7～25	200～400	0.8～1.2	16～36	60～80
山羊	7～20	250～350	0.5～1.5	15～60	60～80
兔	2～4		0.5～2.0	3.0～7.0	40～80

三、拓展资源

1. 许美解，李刚. 动物繁殖技术. 北京：化学工业出版社，2009.
2. 张忠诚. 家畜繁殖学. 北京：中国农业出版社，2006.
3. 桑润滋. 动物繁殖生物技术. 北京：中国农业出版社，2001.
4. 《畜禽繁育》网络课程：http://portal.lnnzy.cn/kczx/xuqinfanyu/index.html.

➤ 工作页

子任务5-1　采精资讯单见《学生实践技能训练工作手册》。
子任务5-1　采精记录单见《学生实践技能训练工作手册》。

❖ 子任务5-2　精液品质检查

➤ 资讯

精液品质检查的目的在于确定精液品质的优劣，以便决定是否可以输精和确定稀释倍数。同时，也可作为评定种公畜饲养水平和生殖器官功能状态的依据。

检查精液品质时，操作力求迅速，准确，取样有代表性。为防止低温对精子的打击，可将采得的精液置于35～40℃的温水中，并在20～30℃室温条件下操作。

一、精液外观检查

精液外观检查指不需仪器而凭人的感觉对公畜精液的一般性状，如颜色、气味、射精量等进行初步评定。

1. 射精量

所有公畜采精后应立即直接观察射精量。猪、马、驴的精液因含有胶状物，还应用消毒过的纱布或细孔尼龙纱网等过滤后再检查射精量。

射精量因家畜种类、品种、个体而异。同一个体又可因年龄、性准备状况、采精方法及技术水平、采精频率和营养状况等而有所变化。射精量超出正常范围太多或太少，都必须立即寻找原因。

2. 颜色

正常的精液一般为乳白色或灰白色，而且精子密度越高，乳白色程度越浓，其透明度也就越低。所以各种家畜的精液甚至同一个体不同批次的精液，色泽都在一定范围内有所变化。正常牛、羊精液均为乳白色，但有时呈乳黄色（多见于牛，是因为核黄素含量较高的缘故，如果核黄素过高，对精液品质无影响，过段时间后黄色即被氧化消失）；水牛精液为乳白色或灰白色；猪、马、兔为淡乳白色或浅灰白色。如果精液颜色异常，应该弃而不用，并应立即停止采精。

3. 气味

公畜的精液略带腥味。如有异常气味，可能是混有尿液、脓液、尘土、粪渣或其他异物，应废弃。颜色和气味检查可以结合进行，使鉴定结果更为准确。

二、实验室检查

实验室检查主要是在实验室内借助显微镜和其他仪器对精子的运动、密度、形态以及其他生理指标的检查和测定。

（一）精子活率

又称精子活力，是指精液中作直线运动的精子占整个精子数的百分比。活率是评定精液品质的一项重要指标之一。

1. 检查方法

（1）平板压　取一滴精液于载玻片上，盖上盖玻片，放在37～38℃显微镜恒温台或保温箱内，在400倍镜下进行观察。此法简单、操作方便，但精液易干燥，检查应迅速。

（2）悬滴法　取一滴精液于盖玻上，迅速翻转使精液呈悬滴，置于有凹玻片的凹窝内，即制成悬滴片。在400倍镜下进行观察。此法精液较厚，检查结果可能偏高。

2. 评定方法

通常在采精后、精液处理前、精液处理后、冷冻精液解冻后和输精前进行评定。主要是根据若干视野中所能观察到的直线前进运动精子占视野内总精子数的百分率，评定精子活力多采用"十级一分制"，例如100%直线前进运动者为1.0分，90%直线前进运动者为0.9分，以此类推。凡出现旋转、倒退或在原位摆动的精子均不属于直线前进运动的精子。评定精子活力的准确度与经验有关，具有主观性，检查时要多看几个视野，取平均值。采用0～1.0的10级评分标准。

各种家畜新鲜精液活率一般在0.7～0.8，黄牛一般比水牛高，驴比马高，猪浓精液与牛相似。

对于精子密度高的牛、羊、禽等动物，精子活率检查须用生理盐水或等渗液稀释后再检查。低温保存的精液必须升温后才能检查评定，低温保存的猪精液须经轻轻振荡充氧后才能恢复活力。

为保证有较高的受胎率，输精用的精子活率通常在 0.6（液态保存）和 0.3 以上（冷冻保存）。

（二）精子的云雾运动

当精液的密度和活力都很高时，将 1 滴不加盖玻片的精液置于低倍显微镜下，观察精液滴的边缘部分，可以观察到一种旋涡状运动，根据云雾运动的程度，也可大致估计出精液的密度和活力。

（三）精子密度检查

精子密度又称精子浓度，是指单位体积（1ml）精液中所含有的精子数目。测定精子密度常采用估测法、血细胞计数法和光电比色测定法。

1. 估测法

通常与检测精子活率同时进行。在低倍（10×10）显微镜下根据精子分布的稠密和稀疏程度，将精子密度粗略分为"密"、"中"、"稀"三级。由于各种家畜精液中精子密度相差较大，很难使用统一的等级标准，而且评定带有一定的主观性，误差较大。此法在基层人工授精站常用。

2. 血细胞计数法

血细胞计数法是对公畜精液定期检查的一种方法，这种方法可准确地测定每单位体积溶液中的精子数。具体操作步骤如下：

① 将血细胞计数板固定在显微镜的推进器内　用 100 倍放大找到计数室，再用 400 倍找到计数室的第一个中方格。

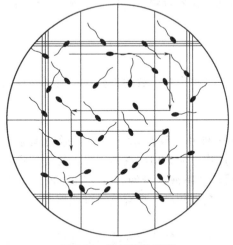

图 5-12　精子计数顺序

② 稀释精液　在将精液注入计数室前，必须用 3% 氯化钠溶液对精液进行稀释，以利杀死精子便于计数。牛、羊的精液用红细胞吸管（100 倍或 200 倍），马、猪的精液用白细胞吸管（10 倍或 20 倍）稀释，抽吸后充分混合均匀，弃去管尖端的精液 2～3 滴，把一小滴精液充入计数室。

③ 镜检　显微镜换用中倍镜，顺着对角线计算 5 个大方格网中的精子数，按公式进行计算。为避免重复和漏掉，对于头部压线的精子采用"上计下不计"、"左计右不计"的办法；为了减少误差，应连续检查两次，求其平均值。如两次差异较大，要作第三次（图 5-12）。

$$精子密度 = 5 个中方格总精子数 × 5 × 10 × 1000 × 稀释倍数$$

3. 光电比色测定法

光电比色测定法是目前较迅速、准确评定牛、羊精子密度的一种方法。除去精液胶体，也可测定猪和马的精液。其原理是根据精液透光性的强弱来测定精子的密度，如精子密度越大，透光性就越差。

事先将原精液稀释成不同倍数，用血细胞计数法计算精子密度，从而制成精液密度标准管，然后用光电比色计（精子密度仪，见图5-13）测定其透光度，根据透光度求每相差1‰透光度的级差精子数，编制成精子密度对照表备用。测定精液样品时，将精液稀释80～100倍，用光电比色计测定其透光值，查表即可得知精子密度。

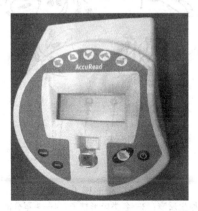

图5-13　精子密度仪

（四）精子形态检查

精子形态检查包括畸形率和顶体异常率两项。

1. 精子畸形率

凡形态和结构不正常的精子均为畸形精子。精子畸形率：牛、猪不超过18%，羊不超过14%，马不超过12%。

一般根据精子出现畸形的部位，可把精子分为头部、中段和尾部三类畸形。

（1）头部畸形　常见的有窄头、头基狭窄、梨形头、圆头、巨头、小头、头基部过宽和发育不全等。头部畸形的精子多数是在睾丸内精子发生过程中，细胞分裂和精子细胞变形受某些不良环境影响引起的，对精子的受精能力和运动方式都有显著的影响。

（2）中段畸形　包括中段肿胀、纤丝裸露和中段呈螺旋状扭曲等。试验证明，中段畸形多数是在睾丸或附睾发生的。中段畸形的直接影响是精子运动方式的改变和运动能力的丧失。

（3）尾部畸形　包括尾部各种形式的卷曲、头尾分离、带有近端和远端原生质滴的不成熟精子（图5-14）。大部分尾部畸形的精子是精子通过附睾、尿生殖道和体外处理过程中出现的。尾部畸形对精子的运动能力和运动方式影响最为明显。

常用的检查方法是：将精液制成抹片，用红、蓝墨水染色，水洗干燥后镜检。检查总精子数不少于200个，计算出畸形精子百分率。

2. 精子顶体异常率

精子顶体异常有膨胀、缺陷、部分脱落、全部脱落等数种（图5-15）。在正常情况下，牛精子顶体异常率平均为5.9%，猪为2.3%。如果牛精子顶体异常率超过14%、猪超过4.3%会直接影响受精。顶体异常的出现可能与精子生产过程和副性腺分泌物异常有关。此外，精液在体外保存时间过长、遭受低温打击特别是冷冻方法不当也可造成顶体异常。

常用检查方法是：将精液制成抹片，在固定液中固定片刻；水洗后用姬姆萨缓冲液染色1.5～2h，水洗、干燥后用树脂封装，置于1000倍以上显微镜或相差显微镜下观察200个以上精子，算出顶体异常率。

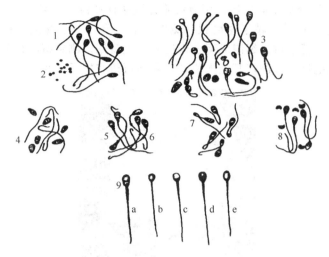

图 5-14　畸形精子类型图

1—正常精子；2—脱落的原生质滴；3—各类畸形精子；4—头尾分离；5，6—带原生质滴精子；
7—尾弯曲精子；8—脱落顶体；9—各种家畜正常精子；
a—猪精子；b—绵羊精子；c—水牛精子；d—黄牛精子；e—马精子

图 5-15　精子顶体的异常

1—正常顶体；2—顶体膨胀；
3—顶体部分脱落；4—顶体全部脱落

（五）其他检查

1. 精子存活时间和存活指数检查

精子存活时间和存活指数检查是鉴定稀释液和精液处理效果的一种方法。

精子存活时间是指精子在体外的总存活时间，检查时将稀释后的精液置于一定的温度下（0℃或37℃），每隔 8～12h 检查一次精子活力，直至无活动精子为止。所有间隔时间累加后减去最后两次间隔时间的一半即为精子的生存时间。精子存活指数是指相邻两次检查的平均活率与间隔时间的积相加总和。精子存活时间越长、指数越大，说明精子生活力越强、品质越好。

2. 美蓝褪色试验

美蓝是氧化还原剂，氧化时呈蓝色，还原时无色。精子在美蓝溶液中呼吸时氧化脱氢，美蓝被还原而褪色。因此，根据美蓝溶液褪色时间的快慢可估测出精子的密度和活力。

3. 精液果糖分解试验

测定果糖的利用率，可反映精子的密度和精子的代谢情况。通常用 1 亿精子在 37℃厌氧条件下每小时消耗果糖的质量（mg）表示。其方法是在厌氧情况下把一定量的精液（如 0.5ml）在 37℃的恒温箱中停放 3h，每隔 1h 取出 0.1ml 进行果糖量测定，将结果与放入恒温箱前比较，最后计算出果糖酵解指数。牛、羊精液一般果糖利用率为 1.4～2mg，猪、马由于精子密度小，指数很低。

4. 精子抵抗力测定

精子抵抗力是精子对 1%氯化钠溶液的抗性测定。钠的等渗溶液对精子脂蛋白膜有溶解作用，当精子的抗性越高时，这种溶液对精子的影响就越小，精子在稀释度更大的溶液中仍具有直线前进运动能力，它可以作为稀释倍数的参考依据。

三、拓展资源

1. 许美解，李刚. 动物繁殖技术. 北京：化学工业出版社，2009.
2. 张忠诚. 家畜繁殖学. 北京：中国农业出版社，2006.
3. 桑润滋. 动物繁殖生物技术. 北京：中国农业出版社，2001.
4. 耿明杰. 畜禽繁殖与改良. 北京：中国农业出版社，2006.
5. 《畜禽繁育》网络课程：http://portal. lnnzy. cn/kczx/xuqinfanyu/index. html.

➤ 工作页

子任务 5-2 精液品质检查资讯单见《学生实践技能训练工作手册》。
子任务 5-2 精液品质检查记录单见《学生实践技能训练工作手册》。

❖ 子任务 5-3 精液的处理

➤ 资讯

一、精液的稀释

所谓精液稀释，就是在采得的精液里，添加一定数量的、按特定配方配制的、适宜于精子存活并保持受精能力的溶液。在生产实践中，为了扩大精液容量，提高一次射精量可配母畜头数，必须将精液稀释；同时也只有经稀释处理后，精液才能进行有效地保存和运输。

（一）稀释液主要成分及其作用

稀释液的成分必须能提供精子存活所需的能源物质；增加精液量；维持适宜的 pH、渗透压和电解质的平衡；增强精子对低温的抵抗能力；防止细菌的滋生。归纳起来，按其作用可分为以下 4 类。

1. 营养剂

营养剂主要是提供营养，以补充精子在代谢过程中消耗的能源。由于精子代谢只是单纯的分解作用，而不能通过同化作用将外界物质转变为自身成分。因此，为了补充精子的能量消耗，只可能使用最简单的能量物质，一般多采用葡萄糖、果糖、乳糖等糖类。

2. 稀释剂

稀释剂主要用以扩大精液容量，要求所选用的药液必须与精液具有相同的渗透压。严格来讲，凡是向精液中添加的稀释液都具有扩大精液容量的作用，均属稀释剂的范畴，但各种物质添加各有其主要作用，一般用来单纯扩大精液量的物质有等渗的 0.9％氯化钠溶液、5％的葡萄糖溶液等。

3. 保护剂

保护剂主要保护精子免受各种不良外界环境因素的危害，可以分为多种成分。

（1）缓冲物质　用以保持精液相对恒定的 pH。常用作缓冲剂的物质有柠檬酸钠、酒石酸钾钠、磷酸二氢钾和磷酸氢二钠等。近年来在各种家畜精液稀释液中常采用三羟甲基氨基甲烷（Tris），这是一种碱性缓冲剂，对精子代谢酸中毒和酶活动反应具有良好的缓冲作用。

（2）非电解质和弱电解质　具有降低精清中电解质浓度的作用。一般常用的非电解质为各种糖类，弱电解质如甘氨酸等。此外，因猪、马精液的副性腺分泌物多，山羊精液中则含有一种可引起精子凝结的酶，所以对于这几种家畜的精液，在稀释前可先经离心以除去精清，然后再代之以适当的稀释液，对保存和受胎都有良好效果。

（3）防冷刺激物质　具有防止精子冷休克的作用。常用的精子防冷刺激物质是奶类和卵黄。

（4）抗冻物质　具有抗冷冻危害的作用。一般常用的抗冻物质有甘油、二甲基亚砜（DMSO）、三羟甲基氨基甲烷（Tris）等。

（5）抗菌物质　具有抗菌作用。常用的有青霉素、链霉素和氨苯磺胺等。青霉素和链霉素的混合使用具有广谱抑菌效果。氨苯磺胺不仅可以抑制微生物的繁殖，而且可以抑制精子的代谢功能，有利于延长体外精子的存活时间，然而它在冷冻过程中对精子反而有害，故只适用于液态精液的保存。此外近来国外又将数种新的广谱抗生素和磺胺类药物（如卡那霉素、林可霉素、氯霉素）试用于精液的稀释保存，取得较好的效果。

4. 其他添加剂

如酶类、激素类、维生素类和调节 pH 值物质。主要是改善精子外在环境的理化特性，调节母畜生殖道的生理功能，提高受精机会。

（二）稀释液的种类及配制要求

1. 稀释液的种类

目前已有的精液稀释液种类很多，根据稀释液的性质和用途，可分为四类：

（1）现用稀释液　适用于采精后立即授精，以单纯扩大精液容量、增加配种头数为目的。以简单的等渗糖类和奶类物质为主体。

（2）常温保存稀释液　适应于精液在常温下短期保存用，以糖类和弱酸盐为主体。此类稀释液一般 pH 偏低。

（3）低温保存稀释液　适应于精液低温保存用，具有含卵黄和奶类为主体的抗冷休克的特点。

（4）冷冻保存稀释液　适用于冷冻保存，含有甘油或二甲基亚砜等抗冻物质。

在生产中可根据家畜的种类、精液保存方法等实际情况来决定选用哪种精液稀释液。

2. 稀释液的配制要求

① 配制稀释液所使用的用具、容器必须洗涤干净，消毒，用前经稀释液冲洗。

② 稀释液必须保持新鲜。如条件许可，经过消毒、密封，可在冰箱中存放 1 周，但卵黄、奶类、活性物质及抗生素须在用前临时添加。

③ 所用的水必须清洁无毒性。蒸馏水或去离子水要求新鲜；使用沸水应在冷却后用滤纸过滤，经过试验对精子无不良影响才可使用。

④ 药品成分要纯净，称量需准确，充分溶解，经过滤后进行消毒。高温变性的药品不宜高温处理，应用细菌滤膜以防变性失效。

⑤ 使用的奶类应在水浴中灭菌（90～95℃）10min，除去奶皮。卵黄要取自新鲜鸡蛋，取前应对蛋壳消毒。

⑥ 抗生素、酶类、激素、维生素等添加剂必须在稀释液冷却至室温时，按用量准确加入。

⑦ 要认真检查已配制好的稀释液成品，经常进行精液的稀释、保存效果的测定，发现问题及时纠正。凡不符合配方要求，或者超过有效贮存期的变质稀释液都应废弃。

（三）精液稀释方法和稀释倍数

1. 稀释方法

① 稀释要在等温条件下进行，即以精液的温度来调节稀释液的温度。

② 稀释时，稀释液沿瓶壁缓缓倒入精液中，不要将精液倒入稀释液中。稀释后将精液容器轻轻转动，混合均匀，避免剧烈振荡。

③ 如果做高倍稀释，应分次进行，避免精子所处环境剧烈变化。

④ 稀释过程中要避免强烈光线照射和接触有毒的、有刺激气味的气体。

⑤ 精液稀释后要及时进行活率检查，以便及时了解稀释效果。如果稀释前后活力一样，即可进行分装与保存；如果活率下降，说明稀释液的配制或稀释操作有问题，不宜使用，并应查明原因。

2. 稀释倍数

适宜的稀释倍数可延长精子的存活时间，但稀释倍数超过一定的限度则会降低精子的活力，影响受精效果。稀释倍数取决于原精液的精子密度和活力、每次输精的精液量与所需精子数以及稀释液的种类。由于各种公畜精液的特性和母畜对输精的要求不同，精液的稀释倍数也不一致。见表 5-5。

表 5-5　各种公畜精液的稀释倍数和输精剂量

家畜种类	稀释比例	输精剂量/ml	有效精子数/亿个
猪	1∶(1～3)	30～50	10～20
牛	1∶(10～40)	1～1.5	0.1～0.15
马	1∶(1～3)	20～30	2.5～5
羊	1∶(1～3)	1～2	0.2～0.5

现以公牛、和公猪的精液稀释为例。

案例 1：现采得一公牛精液 8ml，经检查，精子密度为 12 亿个/ml，精子活率为 0.7，要得到每毫升含有效精子数为 3000 万的稀释液，请计算原精液的稀释倍数。

解：每毫升精液中有效精子数为 $12×0.7=8.4$ 亿个/ml

$$稀释倍数为 8.4÷3=28（倍）$$

案例 2：现采得一公猪的精液量为 200ml，活率 0.8，密度 2 亿个/ml，要求制成每个输精剂量 100ml 含 40 亿个/100ml 的常温保存精液，请计算原精液中需加多少稀释液？

总精子数 $=200ml×2$ 亿个/ml$=400$ 亿个

稀释份数 $=400$ 亿个$×0.8/40$ 亿个$=8$ 份

需加稀释液 $=8×100ml-200ml=600ml$

二、精液液态保存

精液液态的保存方法，按保存的温度可分为常温保存（15～25℃）和低温保存（0～5℃）两种。

（一）常温保存

常温保存是将精液保存在室温条件下，温度有变动，所以也称变温保存。常温保存精液设备简单，易于推广，但保存时间较短。

1. 原理

常温保存主要是利用稀释液的弱酸性环境抑制精子的活动，以减少能量消耗，使精子保持在可逆的静止状态而不丧失受精能力。一般采取在稀释液中充入二氧化碳（如伊里尼变温稀释液）或在稀释液中配有酸类物质（如己酸稀释液及一些植物汁液）和充以氮气，以延长精子存活时间。

2. 稀释液

（1）牛用稀释液　随着牛的冷冻精液应用的普及，常温保存牛精液已不常用。主要有伊里尼变温稀释液，可在 18～27℃下保存精液 6～7d；康乃尔大学稀释液，可在 8～15℃下保存精液 1～5d，一次输精受胎率达 65% 以上；己酸稀释液，可在 18～24℃下保存精液 2d，一次输精受胎率达 64%。

（2）猪用稀释液　猪精液常温保存效果较好。可按保存时间选择稀释液，一天内输精的，可用一种成分稀释液；如果保存 1～2d 的，可用两种成分稀释液；如果保存时间在 3d 的，可用综合稀释液。

（3）马、绵羊用稀释液　采用含有明胶的稀释液，在 10～14℃下呈凝固状态，保存效果较好。保存绵羊精液可达 48h 以上，保存马精液可达 120h 以上，活率为原精液的 70%。采用葡萄糖、甘油、卵黄稀释液和马奶稀释液，分别在 12～17℃、15～20℃下保存马精液可达 2～3d 以上。

（4）家禽用稀释液　适用于稀释后马上输精的稀释液有三种：①0.9% 氯化钠溶液；②5.7% 葡萄糖溶液；③脱脂牛奶。

3. 操作方法

猪的常温保存精液：

① 检查稀释后精液的活率：应不低于原精液的活率。

② 分装精液：瓶装、袋装和管装。分装时避免对精子的伤害，封口时尽量排出空气。

③ 标识：根据公猪耳号、品种和采精日期，必须清晰地标记精液。

④ 将稀释后精液置室温（21℃）2h，然后放入精液保存箱（16～18℃）。

4. 保存时注意事项

① 每 12h 将精液摇匀 1 次，要轻缓均匀；

② 注意冰箱内温度的变化，防止温度升高或降低；

③ 减少保存箱开关次数，以减少对精子的影响；

④ 使用前检查活率，活率<0.6 精液应弃之；

⑤ 用稀释液保存的精液，应尽快用完。

（二）低温保存

低温保存是指将精液稀释后存放于 0～5℃ 的环境中保存，通常置于冰箱内或装有冰块的广口保温瓶中冷藏。其保存效果比常温保存时间长，但猪的精液则不如常温保存效果好。

1. 原理

通过降低温度来抑制精子活动，降低代谢和运动的能量消耗达到延长精子保存时间的目的。输精时，温度回升至 35～38℃，精子又逐渐恢复正常代谢功能并保持受精能力。但精子对冷刺激敏感，特别是从体温急剧降至 10℃ 以下时，精子会发生不可逆的冷休克现象。因此，在稀释液中添加卵黄、奶类等抗冷物质，并采取缓慢降温的方法来提高精子的抗冷冻能力。

2. 稀释液

（1）牛精液低温保存稀释液　公牛精液耐稀释潜力很大，在保证每毫升稀释精液含有 500 万有效精子时，稀释倍数可达百倍以上，而对受胎率也没有大的影响。精液稀释后在

0～5℃下有效保存期可达 7d。

（2）猪精液低温保存稀释液　猪的浓份精液或离心后的精液，可在 5～10℃下保存 3d，而在 0～5℃下保存，其受精能力不如在 5～10℃下保存，故生产中很少采用低温保存。

（3）马、绵羊精液低温保存稀释液　马、绵羊由于精液本身的特性以及季节配种的影响，低温保存效果不如其他家畜，在生产中应用也不普遍。

3. 操作方法

精液稀释后，在室温下分装，通常按一个输精剂量分装至贮精瓶中。绵羊输精量少，分装盒用盖密封，用数层纱布包裹，置于 0～5℃低温环境中。在低温保存时，应采取缓慢降温，从 30℃降至 5℃或 0℃时，以 0.2℃/min 左右为宜，大约在 1～2h 内完成降温全过程。若在稀释中加入卵黄，其浓度一般不超过 20%。保存期间温度应维持恒定，防止升温。

低温保存的精液在输精前要升温。升温的速度对精子影响较小，可将贮精瓶直接放到 30℃环境中。

三、液态精液的运输

液态精液运输要备有专用运输箱，同时要注意下列事项：

① 运输前精液应标明公畜品种名称、采精日期、精液剂量、稀释液种类、稀释倍数、精子活率和密度等。

② 精液的包装应严密；要有防水、防震衬垫。

③ 运输途中维持温度的恒定。猪用车载保温箱见图 5-16。

④ 运输中最好用隔热性能好的泡沫、塑料箱装放，避免震动和碰撞。

图 5-16　猪用车载保温箱

四、精液的冷冻保存

精液冷冻保存是利用液态氮（−196℃）或干冰（−79℃）作冷源，将经过特殊处理后的精液冷冻，保存在超低温下以达到长期保存的目的。冷冻保存使输精不受时间、地域和种畜生命的限制，是人工授精技术的一项重大革新。

（一）精液冷冻保存的意义

① 可以充分利用优秀种公畜　液态精液受保存时间的限制，其利用率最大只能达到 60%，而冷冻精液是一种长期性的精液保存方法。细管型冷冻精液的利用率可以达到 100%。因此，冷冻精液的使用极大地提高了优良公畜的利用效率。

② 加快品种的改良速度　由于冷冻精液充分利用了生产性能高的优秀种公畜，从而加速了品种育成和改良的步伐。同时，冷冻精液的保存有利于建立巨大的具有优良性状的

基因库，更好地保存品种资源，为开展世界范围的优良基因交流提供廉价的运输方式。

③ 便于母畜的输精　母畜发情才能输精，由于母畜自身生理状况及其他因素的影响，不同品种发情时间个体差异较大，因此要有精液随时可用。而冷冻精液可达到这一目的。

（二）精液冷冻保存原理

精子在超低温环境中（−196～−79℃）代谢几乎停止，生命以相对静止状态保持下来，一旦升温后又能复苏而不失去受精能力。复苏的关键在于精子在冷冻过程中受冷冻保护剂的作用，防止了细胞内水的冰晶化所造成的破坏作用。因为冰晶的形成是造成精子死亡的主要物理因素。

精液在超低温下由液态成为固态。而固态按照水分子的排列方式又分为结晶态（冰晶态）和玻璃态。在不同温度条件下，两态之间的变化完全与冰晶化温度区域内（−60～0℃）降温和升温速度有关。降温速度越慢，水分子就越有可能按有序的方式排列，形成冰晶态。其中尤以−25～−15℃缓慢升温或降温对精子的危害最大。而玻璃态则是在−250～−25℃超低温区域内形成，若从冰晶化区域内开始就以较快或更快速度降温，就能迅速越过冰晶阶段而进入玻璃化阶段，使水分子无法按有序几何图形排列，而只能形成玻璃态和均匀细小的结晶态。但玻璃化是可逆的、不稳定的，当缓慢升温再经过冰晶化温度区时，玻璃化先变为结晶化再变为液态。因此，精液冷冻过程中无论是升温还是降温都必须采取快速越过冰晶区，使冰晶来不及形成而直接进入玻璃化状态或液态。这就是目前大多研究者认同的玻璃化学说。精子在玻璃化冻结状态下，不会出现原生质脱水，膜结构也不受到破坏，解冻后仍可恢复活力。

目前，在冷冻精液制作和使用中，无论升温或降温，都是采取快速越过对精子危害的冰晶化温区。尽管如此，在冷冻中仍约有30％～50％的活精子死亡。为了增强精子的抗冻能力，可以在稀释液中添加抗冻物质，如甘油、二甲基亚砜，对防止冰晶化有重要作用。但甘油和二甲基亚砜对精子有毒害作用，浓度过高又会影响精子的活力和受精能力。不同畜种的精子对甘油浓度反应不同，牛精液冷冻稀释液中，5％～7％的甘油浓度对精子活力及受胎率影响不大；而猪和绵羊的精子，当甘油浓度增大时，冷冻后的精液活力虽高，但受胎率极低，因此通常限制在1％～3％。

（三）精液冷冻保存稀释液

1. 牛冷冻保存稀释液

主要有乳糖-卵黄-甘油液；蔗糖-卵黄-甘油液；葡萄糖-卵黄-甘油液和葡萄糖-柠檬酸钠-卵黄-甘油液等四种。成分配比见表5-6。

2. 猪冷冻保存稀释液

一般以葡萄糖、蔗糖、脱脂乳、甘油为主要成分。甘油浓度以1％～3％为宜。

3. 马、绵羊冷冻稀释液

一般以糖类（葡萄糖、乳糖、蔗糖、果糖、棉子糖）、乳类、卵黄、甘油为主要成分。

（四）冷冻精液的制备、保存和解冻

1. 精液稀释方法

根据冻精的种类、分装剂型、稀释液的配方和稀释倍数的不同，稀释方法也不尽相同。一般采用一次或两次稀释法。

（1）一次稀释法　常用于制作颗粒冷冻精液，是将含有甘油抗冻剂的稀释液按一定比例一次加入精液内。适宜于低倍稀释。

表 5-6　公牛精液常用冷冻稀释液

成分＼稀释液种类	乳糖、卵黄、甘油液	蔗糖、卵黄、甘油液	葡萄糖、卵黄、甘油液	葡萄糖、柠檬酸钠、卵黄、甘油液		解冻液
				1 液	2 液	
基础液						
蔗糖/g	—	12	—	—	—	—
乳糖/g	11	—	—	—	—	—
葡萄糖/g	—	—	7.5	3.0	—	—
二水柠檬酸钠/g	—	—	—	1.4	—	2.9
蒸馏水/ml	100	100	100	100	—	100
稀释液						
基础液(体积分数)/%	75	75	75	80	86①	—
卵黄(体积分数)/%	20	20	20	20	—	—
甘油(体积分数)/%	5	5	5	—	14	—
青霉素/(U/ml)	1000	1000	1000	1000	—	—
双氢链霉素/(μg/ml)	1000	1000	1000	1000	—	—
适用剂型	颗粒	颗粒	颗粒	细管	颗粒	—

① 取 1 液 86ml,加入甘油 14ml,即为 2 液。

（2）两次稀释法　先将采出的精液在等温条件下立即用不含甘油的Ⅰ稀释液做第一次稀释,稀释后的精液经 30～40min 缓慢降温至 4～5℃后,再加入等温含甘油的Ⅱ稀释液,加入的量通常为第一次稀释后的精液量。Ⅱ稀释液的加入可以是一次性加入,也可以分三四次慢慢滴入,每次间隔为 10min。为避免甘油与精子接触时间太长而造成的有害作用,常采用两次稀释法。

2. 降温平衡

精液经含有甘油的稀释液稀释后,为了使精子有一段适应低温的过程,同时使甘油充分渗透进精子体内,达到抗冻保护作用,需进行一定时间的降温平衡。一般牛、马、鸡精液稀释后用多层纱布或毛巾将容器包裹,可直接放入 5℃冰箱内平衡 2～4h。公猪精液一般经 1h 由 30℃降至 15℃,维持 4h,再经 1h 降至 5℃,然后在 5℃环境中平衡 2h。

3. 精液的分装和冻结

（1）冷冻精液的分装　主要用于冷冻精液分装的剂型有颗粒型、细管型和袋装型三种。

① 颗粒型　将平衡后的精液在经液氮冷却的聚乙氟板上或金属板上滴冻成 0.1～0.2ml 颗粒。这种方法的优点是操作简便、容积小、成本低、便于大量贮存。但也有剂量不标准、颗粒裸露易受污染、不便标记、大多需解冻液解冻等缺点。故有条件的单位多不用这种方法。

② 细管型　先将平衡后的精液通过吸引装置分装到塑料细管中,再用聚乙烯醇粉、钢珠或超声波静电压封口,置液氮蒸气冷却,然后浸入液氮中保存。细管的长度约 13cm,容量有 0.25ml 和 0.5ml 两种。细管型冷冻精液适于快速冷冻,管径小,每次制冻数量多,精液受温均匀,冷冻效果好;同时精液不再接触空气,即可直接输入母畜子宫内,因而不易污染,剂量标准化,便于标记,容积小,易贮存,适于机械化生产。使用时解冻方便,但成本较颗粒型高。

③ 袋装型　猪、马的精液由于输精量大,可用塑料袋分装,但冷冻效果不理想。

（2）冻结　根据剂型和冷源的不同,可将冻结分为两种。

① 干冰埋植法

a. 颗粒冻精　将干冰置于木盒上,铺平压实后,用模板在干冰上压孔,然后将经降温平衡至 5℃ 的精液定量滴入干冰压孔内。再用干冰封埋 2～4min 后，收集冻精放入液氮或干冰内贮存。

b. 细管冻精　将分装的细管精液铺于压实的干冰面上，迅速覆盖干冰。2～4min 后，将细管移入液氮或干冰内贮存。

② 液氮熏蒸法

a. 颗粒冻精　在装有液氮的广口瓶或铝制饭盒上，置一铜纱网（或铝饭盒盖），距离氮面 1～3cm 处预冷数分钟，使其温度维持在 -100～-80℃。也可用聚四氟乙烯板代替铜纱网，先将它在液氮中浸泡数分钟后，悬于液氮面上，然后将经平衡的精液用吸管吸取，定量、均匀、整齐地滴于其上，停留 2～4min。待精液颜色变橙黄色时，将颗粒精液收集于贮精袋内，移入液氮贮存。滴冻时动作要迅速，尽可能防止精液温度回升。

b. 细管冻精　将细管放在距离液氮面一定距离的铜纱网上，停留 5min 左右，等精液冻结后，移入液氮中贮存。细管冷冻的自动化操作，是使用控制液氮喷量的自动记温速冻器调节。在 -60～5℃ 之间，每分钟下降 4℃；从 -60℃ 起快速降温到 -196℃。

4. 冷冻精液的贮存

冷冻精液是以液氮或干冰作冷源，贮存丁液氮罐或干冻保温瓶内。

液氮具有很强的挥发性，当温度升至 18℃ 时，其体积可膨胀 680 倍。此外，液氮又是不活泼的液体，渗透性差，无杀菌能力。

贮存器包括液氮贮运器和冻精贮存器，前者为贮存和运输液氮用，后者为专门保存冻精用。为保证贮存器内的冷冻精液品质，不致使精子活率下降，在贮存及取用过程中必须注意：

① 贮存冻精的液氮罐应放置在干燥、凉爽、通风和安全的专用室内。

② 由专人负责保管。每隔 5～7d 检查一次液氮容量，当液氮减少 2/3 时，需及时补充。要经常检查液氮罐的状况，如发现罐体外壳有小水珠或盖塞挂霜，或发觉液氮消耗过快时，说明由于液氮罐部件破损使其保温性不佳，就应及时更换与修理。如用干冰保温瓶贮存，应每日或隔日补添干冰，贮精瓶掩埋于干冰内，不得外露。最少要深埋于干冰 5cm 以下。

③ 从液氮罐取出冷冻精液时，提筒不得提出液氮罐口外，停留部位应距颈管上口 8cm 以下，用长柄镊子夹取细管（或精液袋）精液在液氮罐颈管部的停留时间不得超过 10s，如在 10s 内没有找到所需冻精，应将提桶放回液氮内待冷却后再次提出选取冻精。

④ 将冻精转移另一容器时，动作要迅速，贮精瓶在空气中暴露的时间不得超过 3s。

⑤ 作长期贮存的冻精，每半年左右应抽样检测精子活率。如发现有异常情况则应随机抽检，以确保库贮冻精质量符合国家标准要求。

5. 冷冻精液的解冻

冻精的解冻有用 35～40℃ 温水解冻、（0～5℃）冰水解冻和（50～70℃）高温解冻三种。但以 35～40℃ 温水解冻最方便，效果也较好。

由于剂型不同，解冻方法也有差别。细管型冷冻精液可直接将其投入 35～40℃ 温水中，待精液融化一半时立即取出备用。颗粒型冷冻精液解冻前事先要配制解冻液。牛用解冻液常用 2.9% 的柠檬酸钠，解冻时取一灭菌试管，加入 1ml 解冻液，放入 35～40℃ 温水中预热后，投入精液颗粒，摇动至溶化待用。但也有用干解冻的，其方法是将灭菌试管置于 35～40℃ 的水中恒温后，再投入精液颗粒，摇动至溶化。

解冻后的精液要及时进行镜检，输精时活率不得低于 0.3。如精液需短时间保存，可以用冰水解冻，解冻后保持恒温。解冻后的精液应在 15min 内输精，要防止对精子的第二次冷打击。

五、拓展资源

1. 许美解，李刚. 动物繁殖技术. 北京：化学工业出版社，2009.
2. 张忠诚. 家畜繁殖学. 北京：中国农业出版社，2006.
3. 桑润滋. 动物繁殖生物技术. 北京：中国农业出版社，2001.
4. 耿明杰. 畜禽繁殖与改良. 北京：中国农业出版社，2006.
5. 《畜禽繁育》网络课程：http://portal. lnnzy. cn/kczx/xuqinfanyu/index. html.

➤ 工作页

子任务 5-3　精液的处理资讯单见《学生实践技能训练工作手册》。
子任务 5-3　精液的处理记录单见《学生实践技能训练工作手册》。

❖ 子任务 5-4　输精

➤ 资讯

一、母畜的生殖器官及功能

母畜的生殖器官（图 5-17）包括三部分：①性腺，即卵巢。②生殖道，包括输卵管、子宫、阴道。③外生殖器官，包括尿生殖前庭、阴唇、阴蒂。

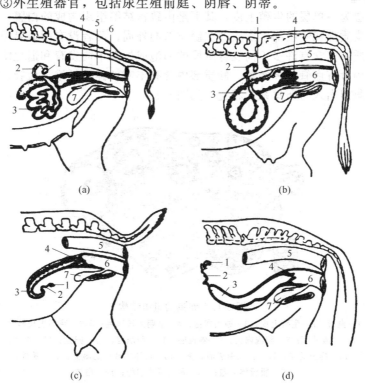

(a)　　　　　　　　　　　　　　　　(b)

(c)　　　　　　　　　　　　　　　　(d)

图 5-17　母畜生殖器官

（a）母猪的生殖器官；（b）母牛的生殖器官；（c）母羊的生殖器官；（d）母马的生殖器官

1—卵巢；2—输卵管；3—子宫角；4—子宫颈；5—直肠；6—阴道；7—膀胱

（一）卵巢

1. 形态位置

卵巢呈卵圆形或圆形，借卵巢系膜悬挂于肾后方的腰下部或骨盆腔入口附近。卵巢分两缘、两端和两面。卵巢背侧与卵巢系膜相连，称卵巢系膜缘，系膜缘有神经、血管、淋巴管出入卵巢，该处称卵巢门；卵巢腹侧为游离缘。卵巢前端与输卵管伞相接，称输卵管端；后端借卵巢固有韧带与子宫角相连，称子宫端。输卵管系膜和卵巢固有韧带之间形成卵巢囊，卵巢位于其中。

牛的卵巢为稍扁的椭圆形（羊的略圆小），约 4cm×2cm×1cm，位于骨盆前口两侧附近。初产及经产胎数少的母牛，卵巢多位于耻骨前缘之后。经产母牛因胎次增多，卵巢随子宫角前移垂入腹腔至耻骨前缘的前下方。性成熟后，有成熟的卵泡和黄体突出于卵巢表面。

猪的卵巢呈卵圆形，左侧卵巢较右侧的稍大。性成熟前较小，表面光滑，位于荐骨岬两侧稍后方。接近性成熟时，体积增大，表面有许多卵泡突出呈桑葚状，大小约 2cm×1.5cm，位置稍移向前下方，位于髋结节前缘横切面上部。性成熟后及经产母猪的卵巢更大，长约 5cm，表面有卵泡、黄体等突出呈结节状，卵巢向前向下移至髋关节与膝关节连线的中点上。

马的卵巢呈豆形，附着缘宽大，游离缘有一凹陷称排卵窝，为马属动物特有，成熟卵泡由此排出。马左侧卵巢位于第 4～5 腰椎横突腹侧一掌处，右侧的卵巢位于第 3～4 腰椎横突腹侧，体表投影位置在肷窝附近。

2. 组织构造

卵巢的表层为一单层的生殖上皮，其下是由致密结缔组织构成的白膜。白膜下为卵巢实质，它分为皮质部和髓质部，皮质部在髓质部的外周，两者没有明显界限，其基质都是结缔组织。皮质部内含有许多不同发育阶段的卵泡或处在不同发育和退化阶段的黄体，皮质的结缔组织内含有血管、神经等。髓质部内含有丰富的弹性纤维、血管、神经、淋巴管等，它们经卵巢门出入与卵巢系膜相连。见图 5-18。

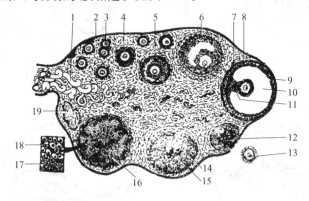

图 5-18　卵巢的组织结构

1—血管；2—生殖上皮；3—原始卵泡；4—早期生长卵泡；5,6—晚期生长卵泡；
7—卵泡外膜；8—卵泡内膜；9—颗粒层；10—卵泡腔；11—卵丘；12—血体；
13—排出的卵；14—正在形成的黄体；15—黄体中残留的凝血；16—黄体；
17—膜黄体细胞；18—颗粒黄体细胞；19—白体

3. 卵巢的生理功能

① 卵泡发育和排卵。卵巢皮质部分布着许多原始卵泡，经过初级卵泡、次级卵泡、

生长卵泡、成熟卵泡几个发育阶段，最终有部分卵泡发育成熟，破裂排出卵细胞，原卵泡腔处便形成黄体。多数卵泡在发育到不同阶段时退化、闭锁。

② 分泌雌激素和孕酮。在卵泡发育过程中，包围在卵泡细胞外的两层卵巢皮质基质细胞形成卵泡膜。卵泡膜分为内膜和外膜，其中内膜的颗粒细胞可分泌雌激素，雌激素是导致母畜发情的直接因素。而排卵后形成的黄体，可分泌孕酮，它是维持怀孕所必需的激素之一。

4. 卵泡发育过程

由原始卵泡发育成为生长卵泡和成熟卵泡的生理过程，称卵泡发育。卵泡是由中央的一个卵母细胞及其周围的卵泡细胞组成。根据卵泡的发育特点，将卵泡分为原始卵泡、生长卵泡和成熟卵泡。

（1）原始卵泡　位于皮质浅层，体积小、数量多，为处于静止状态的卵泡。原始卵泡呈球形，由一个大而圆的初级卵母细胞及外周单层扁平的卵泡细胞组成，在卵泡细胞外有基膜。

（2）生长卵泡　静止的原始卵泡开始生长发育，根据发育阶段不同，又可分为初级卵泡、次级卵泡。

初级卵泡由原始卵泡发育而成，卵泡细胞为单层立方或柱状细胞。卵母细胞增大，卵泡细胞由单层变为多层，这是卵泡开始生长的标志。在卵母细胞周围和颗粒细胞之间出现一层嗜酸性、折光强的膜状结构，称透明带。透明带是颗粒细胞与初级卵母细胞共同分泌形成的。

次级卵泡由初级卵母细胞及周围多层的卵泡细胞组成。此期的卵泡细胞有 6～12 层，称为颗粒细胞，位于基膜上的一层颗粒细胞呈柱状，其余为多边形。颗粒细胞间出现若干充满液体的小腔隙，并逐渐融合变大。卵泡周围的结缔组织分化为界线明显的卵泡膜。中央出现一个大的新月形腔，称卵泡腔，腔中充满卵泡液。颗粒细胞参与分泌卵泡液。由于卵泡腔的扩大及卵泡液的增多，使卵母细胞及其外周的颗粒细胞位于卵泡腔的一侧，并与周围的卵泡细胞一起凸入卵泡腔，形成丘状隆起，称为卵丘。卵丘中紧贴透明带外表面的一层颗粒细胞，随卵泡发育而变为高柱状，呈放射状排列，称为放射冠。

（3）成熟卵泡　次级卵泡发育到即将排卵的阶段，卵泡液及其压力激增，即为成熟卵泡。此时卵泡体积显著增大，卵泡壁变薄，并向卵巢的表面突出。由于卵泡腔扩大及卵泡颗粒细胞分裂增生逐渐停止，导致颗粒层变薄。成熟卵泡的透明带达到最厚。

（二）输卵管

1. 形态位置

输卵管是一对多弯曲的细管（20～28cm），它位于每侧卵巢和子宫角之间，是卵子进入子宫必经的通道，由子宫阔韧带外缘形成的输卵管系膜所固定。

输卵管分为漏斗部、壶腹部和峡部三部分。

（1）输卵管漏斗部　为输卵管的前端，为一膨大的漏斗状结构。其游离缘有许多不规则的皱褶，称为输卵管伞；漏斗中央的深处有一口通腹腔，为输卵管腹腔口。输卵管的后端开口于子宫角的前端，为输卵管子宫口。

（2）输卵管壶腹部　输卵管的前 1/3 段较粗，称为输卵管壶腹部，是精子和卵子受精的场所。

（3）输卵管峡部　输卵管的后 2/3 段较细，称为输卵管峡部。壶腹部和峡部连接处称为壶峡连接部，是精子到达受精部位的第二道屏障。峡部的末端以细小的输卵管子宫口与子宫角相连，称为宫管结合处，是精子到达受精部位的第三道屏障。

牛、羊的输卵管较长，弯曲少，壶腹部不明显，与子宫角之间无明显分界。

猪的输卵管壶腹部较粗而弯曲，后部较细而直，与子宫角之间无明显分界。

马的输卵管较长，壶腹部明显且特别弯曲。

2. 组织构造

输卵管的管壁从外向内由浆膜、肌层和黏膜构成。浆膜包裹在输卵管外面并形成输卵管系膜。肌层可分为内层的环形肌和外层的纵行肌，混有斜行纤维以利于协调收缩。黏膜层有许多纵褶，上皮为单层柱状纤毛，有助于运输卵子。

3. 生理功能

（1）运输精子、卵子和早期胚胎　从卵巢排出的卵子被输卵管伞接纳，借助平滑肌的蠕动和纤毛的摆动将其运送到漏斗和壶腹。同时将精子由峡部反向运走到壶腹部，以便受精结合。受精后，在输卵管内进行近一周的发育，早期胚胎由壶腹部下行进入子宫角。

（2）提供精子获能、卵子受精及卵裂的场所　精子在通过子宫和输卵管的时，获得使卵子受精的能力。精子和卵子只能在输卵管的壶腹部受精结合，形成受精卵。受精卵在向峡部和子宫角运行的同时进行卵裂。

（3）为早期胚胎提供营养输卵管的分泌物主要是黏蛋白和黏多糖，是精子、卵子及早期胚胎的培养液。

（三）子宫

子宫是胚胎发育和胎儿分娩的肌质器官。哺乳动物的子宫可以归纳为以下几种类型。

① 双子宫　左、右两个子宫分别开口于阴道，某些啮齿类、翼手目和象属于此类型。

② 对分子宫　左、右两个子宫末端靠近，共同开口于阴道，反刍动物属于此类型。

③ 双角子宫　两个子宫前端是分开的，称为子宫角；而后端合成子宫体。家畜（马、猪）属于此类型，但单胎动物子宫角短，多胎动物子宫角长。

④ 单子宫　两个子宫完全合并在一起，只有输卵管是成对的，灵长类属于此类。

1. 形态位置

它前接输卵管，后接阴道，背侧为直肠，腹侧为膀胱。各种家畜的子宫都分为子宫角、子宫体及子宫颈三部分（图 5-19）。

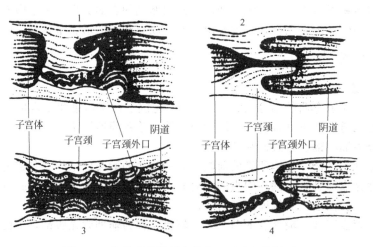

图 5-19　各种家畜的子宫特点（正中矢状切面）

1—母牛的子宫颈；2—母马的子宫颈；3—母猪的子宫颈；4—母羊的子宫颈

（1）子宫角　一对，位于腹腔内，呈弯曲的圆筒状，前端分为左右两部分，每侧子宫角向前下方弯曲、逐渐变细，与输卵管相连。后端汇合为宫体。

（2）子宫体　多位于骨盆腔内，部分在腹腔内，呈短而直的圆筒状向后延续为子宫颈。子宫角与子宫体内的空腔称为子宫腔。

（3）子宫颈　位于骨盆腔内，为一直管状，突入阴道形成子宫颈阴过部。阴道前方的部分称阴道前部，突入阴道内的部分称阴道部。子宫颈壁厚，腔狭窄，称子宫颈管。子宫颈管分别以子宫内口和外口与子宫体和阴道相通。

2. 组织构造

子宫从内向外由子宫内膜（又称黏膜）、子宫肌层和子宫外膜（又称浆膜）三层组成。在发情周期中，子宫经历一系列明显的变化。

（1）子宫内膜　粉红色，膜内有子宫腺。子宫内膜由上皮和固有层构成。上皮随动物种类和发情周期而不同，反刍动物和猪为单层柱状或假复层柱状上皮，马、犬、猫等动物为单层柱状上皮。固有层的浅层有较多的细胞成分及子宫腺导管，深层中细胞成分较少，但布满了分支管状的子宫腺及其导管（子宫阜处除外）。腺上皮由有纤毛或无纤毛的单层柱状上皮组成。子宫腺分泌物为富含糖原等营养物质的浓稠黏液，称子宫乳，可供给着床前附植阶段早期胚胎所需营养。

子宫阜是反刍动物固有层形成的圆形隆起，其内有丰富的成纤维细胞和大量的血管。子宫阜参与胎盘的形成，属胎盘的母体部分。

（2）子宫肌层　由发达的内环行肌和薄的外纵行肌构成。在两层间或内层深部存在有大量的血管、淋巴管和神经，这些血管主要是供应子宫内膜营养，在反刍动物子宫阜区特别发达。子宫颈的环行肌特别发达，形成子宫颈括约肌，平时紧闭，分娩时开张。

（3）子宫外膜　为浆膜，由腹膜延续而成，被覆于子宫的表面，由疏松结缔组织和间皮构成，有时可见少数平滑肌细胞存在。浆膜在子宫角背侧和子宫体两侧形成浆膜褶，称子宫阔韧带，将子宫悬于腰下部。子宫阔韧带内有卵巢和子宫的血管通过，动脉由前至后依次是子宫卵巢动脉、子宫中动脉和子宫后动脉。妊娠时可根据动脉的粗细和脉搏性质的变化进行妊娠诊断。

3. 各种家畜子宫的特点

（1）牛子宫的特点　牛子宫子宫角长20～30cm，角的基部粗2～3cm，末端形成伪体，中间有明显的纵隔。子宫体较短，长2～5cm。青年母牛和产胎次数较少的母牛子宫角呈卷曲的绵羊角状，位于骨盆腔内。经产胎次多的母牛子宫不能完全恢复，常垂入腹腔。两侧子宫角基部之间的连接处有一纵沟，称为角间沟。子宫角分叉处有角间背侧和腹侧韧带相连。子宫黏膜上有100～200个卵圆形隆起，称子宫阜；子宫阜上没有子宫腺，深部含有丰富的血管，妊娠时子宫阜发育为母体胎盘。子宫颈长8～10cm，粗3～4cm，位于骨盆腔内，壁厚而硬，管腔封闭很紧。发情和分娩时稍开张。子宫颈阴道部粗大，突入阴道2～3cm，黏膜呈放射状皱襞，经产母牛的皱襞有时肥大呈菜花状。子宫颈肌环形层发达，形成3～5个横行新月形皱襞，彼此嵌合，使子宫颈管成螺旋状。子宫颈黏膜上皮为单层柱状上皮细胞，其分娩活动与母牛的生理活动相关。

（2）羊子宫的特点　羊子宫的形态与牛相似，体积较小。绵羊的子宫阜为80～100个，山羊的子宫阜为160～180个，子宫阜的中央有一凹陷。子宫颈阴道部仅为上下二片或三片突起，上片较大，子宫颈外口的位置多偏向右侧，形成一不规则的弯曲管道。

（3）马子宫的特点　马子宫整体呈Y形，子宫角为扁圆桶状，长40～30cm，宽5～4cm，前端钝，中部略向下弯曲呈弓形；子宫体发达，长15～8cm，宽6～8cm。子宫黏膜形成许多纵行皱袋，无子宫阜。子宫颈突出于阴道23cm部，呈圆柱状，子宫颈阴道部明显，但是收缩不紧密，可容一指，发情时开张更大。

（4）猪子宫的特点　猪子宫子宫角长而弯曲，似小肠。经产母猪的子宫角长达 1.2～1.5cm，管壁较厚。子宫体短，子宫黏膜上多皱襞，无子宫阜。子宫颈长 10～18cm，内壁有左右 2 个彼此交错的半圆形突起，称子宫颈枕，中部较大，靠近两端较小。子宫颈管呈螺旋状。子宫颈后端逐渐过渡为阴道，无子宫颈阴道部，与阴道无明显的界限。

4. 生理功能

（1）贮存、筛选和运送精子，有助于精子获能　母畜发情配种后，子宫颈口开张，有利于精子逆流进入，并可阻止死精子和畸形精子进入。大量的精子贮存在子宫颈隐窝，进入的精子在子宫内膜分泌物作用下使精子获能，并借助于子宫肌的收缩作用运送到输卵管。

（2）孕体的附植、妊娠和分娩　子宫内膜还可供孕体附植，附植后子宫内膜（牛、羊为子宫阜）形成母体胎盘，与胎儿胎盘结合，为胎儿的生长发育创造良好的条件。妊娠时子宫颈黏液高度黏稠形成栓塞，封闭子宫颈口，起屏障作用，既可保护胎儿，又可防止子宫感染。分娩前栓塞液化，子宫颈扩张，以便胎儿排出。

（3）调节卵巢黄体功能，导致发情　配种未孕母畜在发情周期的一定时间，子宫分泌前列腺素 $PGF_{2\alpha}$，使卵巢的周期黄体消融退化，在促卵泡素的作用下引起卵泡发育，导致再次发情。妊娠后，子宫内膜不再分泌前列腺素，周期黄体转化为妊娠黄体，维持妊娠。

（四）阴道

阴道为中空的肌质器官，位于骨盆腔内，背侧为直肠，腹侧为膀胱和尿道。阴道前端与子宫颈阴道部形成一环行或半环形的隐窝，称阴道穹隆；后端以尿道外口与阴道前庭为界。在尿道外口前方有一横行或环形的黏膜褶，称阴瓣，以驹和仔猪的最为发达。

阴道壁由黏膜、肌层和浆膜组成。内层黏膜呈粉红色，形成许多纵行皱褶，没有腺体。肌层由平滑肌和弹性纤维构成。外层前部为浆膜，后部为结缔组织构成的外膜。

阴道是母畜的交配器官，又是胎儿产出的通道，也称产道。

（五）外生殖器官

（1）尿生殖前庭　为从阴瓣到阴门裂的短管，前高后低，稍为倾斜，既是生殖道，又是尿道。猪的前庭自阴门下连合至尿道外口约 5～8cm，牛约 10cm，羊 2.5～3.0cm，马8～12cm。

（2）阴唇　构成阴门的两侧壁，两阴唇间的开口为阴门裂。阴唇的外面是皮肤，内为黏膜，两者之间有阴门括约肌及大量结缔组织。

（3）阴蒂　相当于阴茎，由勃起组织构成，凸起于阴门下角内的阴蒂窝中。

二、母禽生殖器官及其生理功能特点

母禽的生殖器官由卵巢和输卵管构成（图 5-20）。母禽只有左侧生殖器官发育完全，右侧生殖器官在孵化的 7～9d 就停止发育并逐渐退化，到孵出时仅留残迹。

（一）卵巢

1. 卵巢的形态、位置

卵巢位于左肾的前下方，以短的系膜悬挂在左肾前叶的腹侧。卵巢的体积和外形随年龄的增长和功能状态而有较大变化。幼禽的卵巢较小，呈扁平的椭圆形，灰白色或白色，表面略呈颗粒状。卵巢被覆生殖上皮，皮质区内有髓质区为疏松结缔组织和血随着雌禽年龄的增长和性活动期的出现，卵泡逐渐成熟，并贮积大量卵黄，突出卵巢表面。母禽临近

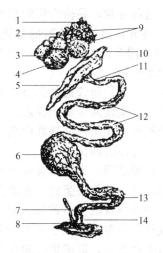

图 5-20　母鸡的生殖器官

1—卵巢柄；2—小的卵母细胞；3—成熟卵母细胞；4—破裂痕；5—输卵管开口；
6—峡部；7—退化的输卵管；8—泄殖腔；9—排空的卵泡；10—漏斗部；
11—漏斗部的颈；12—蛋白分泌部；13—子宫；14—阴道

性成熟时，卵巢活动剧烈，卵细胞由于营养物质积累的增加，形成大小不同的卵泡，排卵前 7～9d，仅以细的卵泡蒂与卵巢相连，状似一串葡萄。产蛋期卵巢有肉眼可见的卵泡 1000～2500 个，用显微镜观察，大约有 12000 个卵泡。其中仅有少数达到成熟排卵，卵巢经常保持 45 个较大的成熟卵泡。每一个卵泡含有一个卵子或生殖细胞，最初生殖细胞在中央，随着卵黄的累积，生殖细胞即渐渐升到卵黄的表面，恰好在卵黄膜的下面。

未受精的蛋，生殖细胞在蛋形成过程中一般不再分裂，剖视蛋黄表面有一点，称为胚珠。受精后的蛋，生殖细胞在输卵管内形成蛋的过程中，经过分裂形成中央透明、周围暗的盘状原肠胚，称为胚盘。卵泡与卵巢相连处称卵泡柄，卵泡上有许多血管，自卵巢上通过柄运来营养物质供卵子生长发育。卵泡上与柄相对，中央有两条肉眼看不见血管的淡色缝痕即卵泡斑，卵子成熟后破裂并由排出。

禽的卵泡没有卵泡腔和卵泡液，排出后不形成黄体，卵泡膜在 2 周内退化消失。成熟母鸡产蛋时的卵巢重 40～69g，休产期卵巢回缩，卵巢仅 4～6g，到下一个产蛋期又开始生长。在非繁殖季、孵化季节及换羽期，卵泡停止排卵和成熟，卵巢萎缩。卵巢、卵泡生长发育受脑垂体前叶分泌的促卵泡素的影响。

2. 卵巢的生理功能

卵巢是形成卵子的器官，能分泌雌激素，促进输卵管的生长、耻骨及肛门开张，以利于产蛋。而且还能够累积卵黄营养物质，以供给胚胎体外发育时的营养需要。因此，禽类的卵细胞要比其他家畜的卵细胞大得多。

（二）输卵管

1. 输卵管的形态位置

输卵管为一条弯曲的富有弹性的长管，管壁有许多血管。前端开口于卵巢方，后端开口于泄殖腔。家禽左侧输卵管发达，是一条长而弯曲的管道，以输管背侧韧带悬挂在腹腔背侧偏左。幼禽时期输卵管是一条细而直的小管，到产蛋期管壁增厚、长而弯曲，输卵管长达 60～70cm，为躯体长的 1 倍。在孵卵期缩至 30cm，在换羽期只有 18cm。根据输卵管的构造和功能的不同，可将输卵分为漏斗部、膨大部、峡部、子宫部和阴道部五部分。

（1）漏斗部　也称喇叭部，呈漏斗状，是输卵管的起始部，位于卵巢的后方，由输卵管的前端扩展而成，周围薄而不整齐，边缘有游离的黏膜褶，称输卵管伞，产蛋期间长3～9cm，中央有输卵管的腹腔口，漏斗部有摄取卵子作用，是受精的场所。如母禽经过交配，精子即在此部与卵子结合而受精。

（2）膨大部　也称蛋白分泌部，是输卵管最长部分，30～50cm。长而弯曲，管腔大，管壁厚，黏膜形成螺旋形的纵褶，前端接漏斗部，界限部明显，后端以明显的窄环与峡部区分。膨大部密生管状腺和单细胞腺，在繁殖期呈乳白色，有分泌蛋白的作用。管状腺分泌稀蛋白，单细胞腺分泌浓蛋白，并形成卵黄系带。

（3）峡部　位于膨大部与子宫部之间，为输卵管较短和较窄段，长约10cm。管壁薄，内部纵褶不明显。黏膜内有腺体，能分泌角质蛋白，形成蛋白内外壳膜。

（4）子宫部　也称壳腺部，是输卵管峡部后的膨大部分，长10～12cm，灰色或灰红色，呈袋状。管壁较厚，肌层发达，分布有螺旋状的平滑肌纤维。黏膜形成纵横的深褶，黏膜内有壳腺，能分泌钙质、角质和色素，形成蛋壳和壳上膜（也称胶护膜）。

（5）阴道部　是输卵管的末端，形状呈S形，长10～12cm，开口于泄殖道的左侧，是雌禽的交配器官。阴道部的肌膜发达，黏膜呈白色，形成细而低的皱褶。在与子宫相连的一段含有管状的子宫腺，称为精小窝，能贮存精子。鸡的精子在母鸡生殖道内可存活很长时间，7d后精子的受精率可保持在90%，生产中通常5d左右输精一次，仍能保持较高的受精率。蛋产出时，阴道自泄殖腔翻出，因此蛋不经过泄殖腔。交配时，阴道也同样翻出接受公禽射出的精液。

2. 输卵管的生理功能

输卵管的主要生理功能是精子、卵子受精和早期胚胎发育。母鸡输卵管各部分的长度、卵的停留时间和生理作用见表5-7。

表5-7　母鸡输卵管各部分的长度、卵的停留时间和生理作用

输卵管各部分	长度/cm	卵的停留时间	生理作用
漏斗部	9	15min	承接卵子，受精作用
膨大部	33	3h	分泌蛋白
峡部	10	80min	形成蛋白内外壳膜，注入水分
子宫部	10～12	18～20h	注入水分和盐类，形成蛋壳，壳上膜，着色
阴道部	10	几分钟	产鸡蛋

（三）母禽生殖器官的生理功能特点

1. 母禽的生殖生理特点

禽类属于卵生，没有发情周期，胚胎不在母体内发育，而是在体外孵化。在一个产蛋周期中能连续产卵，卵泡排卵后不形成黄体；卵内含有大量的卵黄，卵的外面包有坚硬的壳。

2. 蛋的形成和产蛋

蛋的形成是卵巢和输卵管各部共同作用的结果。蛋黄是由肝脏合成，经血液循环运输到卵巢，在卵泡中逐渐蓄积形成，其主要成分是卵黄蛋白和磷脂。卵子从卵巢排出后，被输卵管漏斗吸纳。输卵管伞收缩以及漏斗壁的活动，迫使在旋转中的卵进入输卵管的腹腔口，顺次经过漏斗部、膨大部、峡部、子宫部和阴道部。

在漏斗部，卵子停留15～25min，并在此受精；在膨大部，卵子在旋转中向后移动，

约经 3h，在蛋黄的表面形成系带、内浓蛋白层、内稀蛋白层、外浓蛋白层和外稀蛋白层；在峡部，形成柔韧的卵壳膜；在子宫部，软蛋在子宫肌层的作用下旋转，约经 20h，使卵壳膜表面均匀地沉积钙质、角质和特有的色素，经硬化形成蛋壳，蛋壳的外表面又覆着一薄层致密的胶护膜，有防止蛋水分蒸发、润滑阴道、阻止微生物侵入等作用；形成的蛋经阴道部将蛋产出。

蛋完全形成后，在输卵管的强烈收缩作用下很快出。鸡从排卵到蛋的产出，需要 24h 以上，产出一个蛋后，需经过 30～60min 才排出下一个卵子。因此鸡每天产蛋的时间要比前一天晚一些。家禽产蛋大多数是连续性的，连续多天产蛋后，停产 1～2d，然后又连续多天产蛋，如此循环，称为产蛋周期。

3. 就巢性

俗称抱窝，是指母禽特有的性行为，表现为愿意坐窝、孵卵和育雏。就巢间雌禽食欲不振，体温升高，羽毛蓬松，作"咯咯"声，很少离卵活动寻觅食物。就巢期间母禽会停止产蛋。就巢性受激素的调控，是由于促乳素引起的，注射雌激素可使其停止就巢。

4. 蛋的结构

蛋由蛋壳、蛋白和蛋黄三部分组成。

（1）蛋壳　是最外面的硬壳，主要成分是碳酸钙。在蛋壳的内侧是蛋壳膜，分为内外两层，外层称为蛋外壳膜，厚而粗糙；内层称为蛋内壳膜，薄而致密。在蛋的钝端形成气室。蛋壳上密布小的气孔，在胚胎发育过程中可进行水分和气体的代谢。

（2）蛋白　位于蛋壳内蛋黄外，在靠近蛋黄周围的是浓蛋白，接近蛋壳为稀蛋白。蛋黄两端形成白色螺旋形的带，有固定蛋黄的作用。

（3）蛋黄　呈黄色的球状，也就是家禽的卵细胞。位于蛋的中央，由薄而透明的蛋黄膜包裹。在蛋黄上面有一白色圆点，受精蛋称为胚盘，结构致密；未受精蛋称为胚珠，结构松散。

三、输精

输精是通过人工授精技术获得较高受胎率的最后一个关键技术环节。输精前应做好各方面的准备工作，掌握好输精技术，以确保及时、准确地把精液输送到母畜生殖道的适当部位。

（一）输精前的准备

1. 器械的准备

输精器械和与精液接触的器皿，在输精前均应严格消毒，临用前再用稀释液冲洗 2～3 次。一次性输精管只能一畜一支，需要重复使用时一定要做好消毒处理。

2. 精液的准备

常温保存的精液输精前要进行精液品质检查，精子活率应不低于 0.6；低温保存的精液需升温到 35℃，镜检活率在 0.5 以上；冷冻精液解冻后活率应不低于 0.3。

3. 输精员的准备

输精人员应穿好工作服，戴上长臂手套并用 75％酒精消毒，然后蘸少量水或石蜡油或肥皂水。

4. 母畜的准备

接受输精的母畜将其保定在输精栏内或六柱保定架内，母猪一般不需保定，只在圈内就地站立输精。输精前应将母畜外阴部用肥皂水清洗后，用清水洗净，擦干。

（二）输精要求

1. 输精量和输入有效精子数

输精量和输入有效精子数应根据畜种和精液保存的方法来确定。一般对体型大、经产、产后配种和子宫松弛的母畜输精量大些，而对体型小、初次配种和当年空怀的母畜可减少输精量。液态保存的精液其输精量比冷冻精液多一些。

2. 输精的时间、次数和输精间隔时间

一般来说，各种动物都适宜在排卵前4～6h进行输精。在生产中，常用发情鉴定来判定输精的时间。奶牛在发情后10～20h输精；水牛则在发情后第二天输精；母马自发情后2～3d，隔日输精一次，直至排卵为止。马可根据直肠检查方法触摸卵巢上卵泡发育程度酌情输精。猪可在接受"压背"试验，或从发情开始后第二天输精。母羊可根据试情程度来决定输精时间；若每天试情一次，于发情当天和隔12h各输精一次；若每天试情两次，则可在发现发情开始后半天输精一次，间隔半天再输精一次。兔、骆驼等诱发排卵动物，应在诱发排卵处理后2～6h输精。

牛、羊、猪等家畜在生产上常用外部观察法鉴定发情，但不易确定排卵时间，往往采用一个情期内两次输精，两次输精间隔8～10h（猪间隔12～18h）。马、驴输精的间隔时间，如采用直肠触摸判断排卵时间准确，输精1次即可；如采用试情法和观察法就需要增加输精次数，但不超过3次。

3. 输精部位

输精部位与受胎率有关。牛采用子宫颈深部输精比子宫颈浅部输精受胎率高；猪、马、驴以子宫内输精为好；羊、兔采用子宫颈浅部输精即可。不同畜种输精要求见表5-8。

表5-8　各种家畜输精要求

畜种	精液状态	输精量/ml	输入前进运动精子数/亿个	适宜输精时间	输精次数	输精的间隔时间/h	输精部位
牛	液态	1～2	0.3～0.5	发情开始后9～24h或排卵前6～24h	1～2	8～10	子宫颈深部或子宫内
	冷冻	0.2～1.0	0.1～0.2				
马驴	液态	15～30	2.5～5.0	接近排卵时，卵泡发育第四、五期或发情第二天开始隔日1次到发情结束	1～3	24～48	子宫内
	冷冻	15～40	1.5～3.0				
猪	液态	30～40	20～50	发情后19～30h或接受压背试验盛期过后8～12h	1～2	12～18	子宫内
	冷冻	20～30	10～20				
绵羊山羊	液态	0.05～0.1	0.5	发情开始后10～36h	1～2	8～10	子宫颈内
	冷冻	0.1～0.2	0.3～0.5				
兔	液态	0.2～0.5	0.15～0.2	诱发排卵后2～6h	1～2	8～10	子宫颈内
	冷冻	0.2～0.5	0.15～0.3				
鸡		0.05～0.1	0.65～0.9		1～2	5～7d	输卵管内

（三）各种家畜及家禽的常用输精方法

1. 母牛

直肠把握子宫颈深部输精法，是目前普遍采用的输精方法。

输精员一手五指合拢呈圆锥形，左右旋转，从肛门缓慢插入，排净宿粪，寻找并把握住子宫颈口处，将子宫颈半握在手中并注意握住子宫颈后端，同时直肠内手臂稍向下

压，阴门即可张开；另一手持输精器，从阴门先倾斜 45°向上插入阴道约 5～10cm，再向前水平插入抵子宫颈外口，再稍向下方缓慢推进，使输精管送至子宫颈深部 2/3～3/4 处，然后注入精液。输精完毕，稍按压母牛腰部，防止精液外流。在输精过程中如遇到阻力，不可将输精器硬推，可稍后退并转动输精器再缓慢前进。如遇有母牛努责时，一是助手用手掐母牛腰部；二是输精员可握着子宫颈向前推，以使阴道肌肉松弛，利于输精器插入。青年母牛子宫颈细小，离阴门较近；老龄母牛子宫颈粗大，子宫往往沉入腹腔，输精员应手握宫颈口处，以配合输精器插入。见图 5-21。

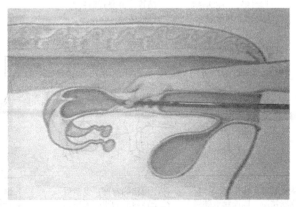

图 5-21　牛直肠把握子宫颈输精示意图

在使用直肠把握输精法时，必须要掌握的技术要领：适深、慢插、轻注、缓出，防止精液倒流或回吸。

此法的优点是：对母牛无不良刺激，可同时检查卵巢状态，防止给孕牛误配而引起流产；而且精液输入部位深，不易倒流，受胎率高。

2. 母猪

母猪的阴道部和子宫界限不明显，用直接插入法。输精时要确保母猪表现为稳定的站立发情，确保发情母猪前面有成年公猪在场。

用清水清洗后用干毛巾或一次性的纸巾擦干外阴部，由干净的箱中取出输精管，用少量对精子无毒的润滑剂润滑输精管末端约 2.5cm 处，斜向上插入输精管，用一定力按逆时针旋转插入海绵头。当每旋转 1/4 圈，输精管向后弹回，说明已插至正确位置；当输精管向外轻轻拉而有被锁定感觉，说明已插至正确位置。连接精液盛放容器（袋、管、瓶：输精前从 17℃精液保存箱取出，可直接输精而不用升温）至输精管，抬高精液盛放容器至垂直状态，轻轻挤压，确保精液能够流出盛放容器，让精液自行流入母猪生殖道（至少5min，2～3 个宫缩波吸纳）。在输精过程中确保母猪被刺激摩擦腹线、胁部、背部、两侧等，提高精子运输速度。

当容器内精液排空后，放低容器约 15s，观察是否有精液回流到容器。如果精液有回流容器，抬高容器再次将回流的精液输入。在容器最后排空之前，需 2～3 次放低和抬高容器；在容器排空之后，折弯输精管，使之在母猪生殖道内停留 5min。见图 5-22 和图 5-23。

3. 母马（驴）

常用胶管导入法输精。左手握住吸有精液的注射器与胶管的接合部，右手握导管，管的尖端捏于手掌间内，慢慢伸入母马阴道内，当手指触到子宫颈口后，以食指和中指扩大颈口，将输精胶管前端导入子宫颈内，提起注射器，缓慢注入精液；精液输入后，缓慢抽出输精管，用手指轻轻按捏子宫颈口，以刺激子宫颈口收缩，防止精液倒流。

任务5

人工授精

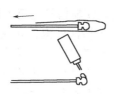

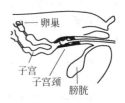

用清水擦洗母猪的外阴，并用干纸巾擦干母猪阴户

从塑料袋中取出一次性输精管，在输精管头上涂上润滑剂

以斜向上45°插入输精管，并呈逆时针方向转动

继续向里插入输精管，直到输精管顶端被锁定在子宫颈里

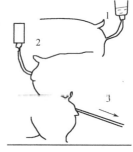

从保温运送箱中取出输精瓶，慢慢转动混匀精液，用剪刀剪掉盖子的顶端

把输精瓶插入输精管，尽量抬高输精瓶，以使精液顺得通过输精管流入

按压母猪的背部，发情母猪子宫自然的收缩能将精液吸到体内

1. 继续握住输精管；
2. 输精过程完成后，让输精管在体内再停留30s～1min；
3. 轻轻地拉出输精管

图 5-22　输精过程

一次性输精管的海绵头被锁在子宫颈里

母猪自然的内部收缩功能可在3～10min的时间里把精液吸收到体内

当输精瓶中精液输完时，让输精管在体内再停留30s～1min

然后轻轻慢慢地向下拉出输精管

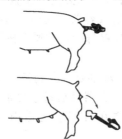

当输精管头部还紧紧锁在子宫颈里时，不要用力往外拉

输精后把输精管后部折过来以免精液倒流；当母猪放松时，输精管会自动掉下来

如果输精管拉出来了但海绵头留在了母猪体内，不要着急

海绵头会在自然交配中排出体外

图 5-23　输精注意事项

4. 绵羊和山羊

绵羊和山羊均采用开膣器输精法，其操作与牛相似。由于羊的体型小，为操作方便，需在输精架后挖一凹坑。也可采用转盘式或输精台输精，可提高效率。对于体型小的母羊，由助手抓住羊后肢，用两腿夹住母羊头颈，输精员借助开膣器将精液输入子宫颈内。

5. 鸡的人工输精

输精时两人操作，助手用左手握母鸡的双翅，提起，令母鸡头朝上，肛门朝下，右手掌置于母鸡耻骨下，在腹部柔软处施以一定压力，泄殖腔内的输卵管开口便翻出，输精员便可将输精器向输精管口正中轻轻插入输精。

笼养母鸡的人工授精，不必从笼中取出母鸡，只需助手的左手握住母鸡双腿，稍稍提起，将母鸡胸部靠在笼门口处，右手在腹部施以压力，输卵管开口外露，输精员便可注入精液。

（1）输精部位和深度　输精器插入 1～2cm 为阴道始端输精（浅输精），4～5cm 为中阴道输精，6～8cm 为深阴道精。在生产中应采用浅阴道输精，更符合自然状态，而且输精速度快，受精率高。轻型蛋鸡以 1～2cm 为宜，中型蛋鸡和肉用型鸡以 2～3cm 为宜。但在母鸡产蛋率下降、精液品质较差的情况下，可用中阴道输精。

（2）输精量与输精次数　根据实践，建议蛋用型母鸡盛产期，每次输入原精液 0.025ml，每 5～7d 输一次；产蛋中、末期，以 0.05ml 原精液，每 4～5d 输一次。肉用型母鸡每次输入 0.03ml 原精液，每 4～5d 一次；中、末期以 0.05～0.06ml，每周输 2 次，或 4d 输一次。

（3）输精时间　在一天之内，于光照开始 4～5h 母鸡产蛋与排卵最为集中，此时输精受精率一般低于下午输精，而且容易引起母鸡内产卵而造成腹腔炎。建议输精时间选择在一天内大部分母鸡产蛋后 3h，或母鸡产蛋前 4h 输精。具体时间安排应按当时光照制度而定。通常在 16～17 时输精。

（4）输精时注意问题

① 给母鸡腹部施以压力时，一定要着力于腹部左侧，因输卵管开口在泄殖腔左侧上方，右侧为直肠开口，如着力相反，便引起母鸡排粪。

② 无论使用何种输精器，均须对准输卵管开口中央，轻轻插入，切忌将输精器斜插入输卵管，否则，不但不能输进精液，而且容易损伤输卵管壁。

③ 助手与输精员密切配合，当输精器插入的一瞬间，助手应立刻解除对母鸡腹部的压力，以便输精员有效地将精液全部输入。

④ 注意不要输入空气或气泡。

⑤ 防止相互感染，应使用一次性的输精器，切实做到一只母鸡换一套输精器。如使用滴管类的输精器，必须每输 1 只母鸡用消毒棉花擦拭输精器。

四、拓展资源

1. 许美解，李刚. 动物繁殖技术. 北京：化学工业出版社，2009.
2. 张忠诚. 家畜繁殖学. 北京：中国农业出版社，2006.
3. 桑润滋. 动物繁殖生物技术. 北京：中国农业出版社，2001.
4. 耿明杰. 畜禽繁殖与改良. 北京：中国农业出版社，2006.
5. 《畜禽繁育》网络课程：http://portal.lnnzy.cn/kczx/xuqinfanyu/index.html.
6. 朱兴贵等. 畜禽繁育技术. 北京：中国轻工业出版社，2012.
7. 徐相亭等. 动物繁殖技术. 第 2 版. 北京：中国农业大学出版社，2011.

➤ 工作页

子任务 5-4　输精资讯单见《学生实践技能训练工作手册》。
子任务 5-4　输精记录单见《学生实践技能训练工作手册》。

任务6

妊娠与分娩

❖ 学习目标

■ 能准确判断母畜妊娠。
■ 能正确判断造成难产的原因并及时采用有效的方法实施助产。
■ 掌握新生仔畜的护理常识。

❖ 任务说明

■ 任务概述

受精结束后就是妊娠的开始。妊娠期从受精开始直到胎儿生出为止，在这期间生殖器官及全身都会发生变化。通过学习才能准确判断母畜是否妊娠。

胎儿生长发育成熟，母体将胎儿及附属物从子宫内排出体外，这个生理过程称为分娩。引发分娩的因素是多方面的，是激素、神经和机械等多种因素的协同、配合，母体和胎儿共同参与完成的。其中一方面出现问题就会造成母畜难产，这就需要采取有效的方法实施助产。

■ 任务完成的前提及要求

妊娠母畜图片、技术视频、妊娠母畜、妊娠诊断仪、手术器械、催产药品等。

■ 技术流程

❖ 任务开展的依据

子任务	工作依据及资讯	适用对象	工作页
6-1 妊娠诊断	妊娠母畜图片、诊断器材及妊娠诊断方法	中职生和高职生	6-1
6-2 分娩与助产	分娩家畜、助产器械及催产药品、消毒药	中职生和高职生	6-2

❖ 子任务6-1 妊娠诊断

➢ 资讯

一、受精及妊娠生理

受精是指精子和卵子结合，产生合子的过程。在这一过程中，精子和卵子经历一系列严格有序的形态、生理和生物化学变化，使单倍体的雌、雄生殖细胞共同构成双倍体的合子。合子是新个体发育的始发点。受精的实质是把父本精子的遗传物质引入母本的卵子内，使双方的遗传性状在新的生命中得以表现，促进物种的进化和家畜品质的提高。

1. 配子的运行

配子的运行是指精子由射精部位（或输精部位）、卵子由排出的部位到达受精部位——输卵管壶腹部的过程。与卵子相比，精子运行的路径更长、更复杂些。

（1）家畜的射精部位　在自然交配时，公畜射入发情母畜生殖道的精液所处的位置有明显的种间差异。一般可分为阴道型射精和子宫型射精两种类型。阴道型射精时公畜只能将精液射入发情母畜的阴道内，牛、羊属于这种类型。子宫型射精时，公畜可直接将精液射入发情母畜的子宫颈和子宫体内，猪和马等动物为这种类型。

（2）精子的运行　以牛、羊为例，射精后精子在母畜生殖道的运行主要通过子宫颈、子宫和输卵管三个主要的部分，最后到达受精部位。由于以上各部的解剖结构和生理功能特点，精子在通过这几个部位的速度和运行方式都会产生相应的变化（表6-1）。

表 6-1　各种动物精子运行情况

种别	射精部位	射精到输卵管出现精子的时间/min	到达受精部位的精子数/个
猪	宫颈、子宫	15～30	1000
牛	阴道	2～13	很少
绵羊	阴道	6	600～700
兔	阴道	数分钟	250～500
犬	子宫	数分钟	50～100
猫	阴道、子宫颈		40～120
人	阴道	5～30	很少
小鼠	子宫	15	<100
大鼠	子宫	15～30	50～100
仓鼠	子宫	2～60	很少
豚鼠	子宫	15	25～50

① 精子通过子宫颈是第一次筛选，既保证了运动和受精能力强的精子进入子宫，也防止过多的精子同时拥入子宫。因此，子宫颈也称为精子运行中的第一道栅栏。绵羊一次射精将近30亿个精子，但能通过子宫颈进入子宫者不足100万个。

② 精子在子宫内的运行：穿过子宫颈的精子在阴道和子宫肌收缩活动的作用下进入子宫。大部分精子在子宫内进入子宫内膜腺，形成精子在子宫内的贮库。精子从这个贮库中不断释放，并在子宫肌和输卵管系膜的收缩、子宫液的流动以及精子自身运动综合作用下通过子宫，进入输卵管。精子的进入促使子宫内膜腺白细胞反应加强，一些死精子和活动能力差的精子将被吞噬，使精子又一次得到筛选。精子自子宫角尖端进入输卵管时，宫管连接部成为精子向受精部位运行的第二道栅栏，由于输卵管平滑肌的收缩和管腔的狭窄，使大量精子滞留于该部，并能不断地向输卵管释放。

③ 精子在输卵管中的运行：进入输卵管的精子，靠输卵管的收缩、黏膜皱襞及输卵管系膜的复合收缩以及管壁上皮纤毛摆动引起的液流流动，使精子继续前行。在壶峡连接部精子则会因峡部括约肌的有力收缩被暂时阻挡，形成精子到达受精部位的第三道栅栏，限制更多的精子进入输卵管壶腹部，在一定程度上防止卵子发生多精受精。各种动物能够到达输卵管壶腹部的精子一般不超过1000个。最后，在受精部位与每个卵子完成正常受精的只有一个精子。

④ 精子在母畜生殖道运行的速度：精子自射精（输精）部位到达受精部位的时间远

比精子自身运动的时间要短。牛、羊在交配后 16min 左右即可在输卵管壶腹部发现精子，猪为 15～30min，马为 24min。精子运行的速度与母畜的生理状态、黏液的性状以及母畜的胎次都有密切关系。

⑤ 精子在母畜生殖道内存活时间和维持受精能力的时间：精子在母畜生殖道内存活时间大致为 1～2d。牛为 15～56h，猪为 50h，羊为 48h，马的时间最长可达 6d。维持受精能力的时间要比存活时间短些，牛为 28h，猪为 24h，绵羊为 30～36h，马为 5～6d，犬为 2d。精子在母畜生殖道内存活和保持受精能力时间的长短，不仅与精子本身的生存能力，也与母畜生殖的生理状况有关。这在确定配种时间、配种间隔时都具有重要的参考意义。

（3）卵子的运行　卵子只有在壶腹部才有受精能力，未遇到精子或未被受精的卵子会沿输卵管继续下行，随之老化吸收。因某些特殊情况落入腹腔的卵子多数退化，极少数造成子宫外孕现象。

① 卵子的接纳　母畜接近排卵时，输卵管伞充分开放、充血，并靠输卵管系膜肌肉的活动使输卵管伞紧贴于卵巢的表面，加之卵巢固有韧带收缩而引起的围绕自身纵轴的旋转运动，使伞的表面更接近卵巢囊的开口部。

排出的卵子常被黏稠的放射冠细胞包围附着于排卵点上。输卵管伞黏膜上摆动的纤毛将排出的卵子接纳入输卵管伞的喇叭口。猪、马和犬等家畜的伞部发达，卵子易被接受，但牛、羊的输卵管伞部不能完全包围卵巢，有时造成排出的卵子落入腹腔，再靠纤毛摆动形成的液流将卵子吸入输卵管的情况。

② 向壶腹部的运行　被输卵管伞接纳的卵子，借助输卵管管壁纤毛摆动和肌肉活动以及该部管腔较宽大的特点，很快进入壶腹的下端，在这里和已运行到此处的精子相遇完成受精过程。排出的卵子被卵泡细胞形成的放射冠所包围，在运行的过程中，某些畜种的放射冠会逐渐脱落或退化，使卵子（卵母细胞）裸露。牛和绵羊的放射冠一般在排卵后几个小时退化，而猪、马和兔则晚些。

③ 卵子的滞留　主要指受精卵的滞留。多数家畜的受精卵在壶峡连接部停留的时间较长，可达 2d 左右。这可能是由于该部的括约肌收缩、局部水肿使管腔闭合、输卵管的逆蠕动等综合影响控制了卵子的下行，以防止受精卵过早进入子宫的一种生理保护机制。

④ 通过宫管连接部　随着输卵管逆蠕动的减弱和正向蠕动的加强，以及肌肉的放松，受精卵运行至宫管连接部并在此短暂滞留，当该部的括约肌放松时，受精卵随输卵管分泌液迅速流入子宫。

⑤ 卵子运行的机理　卵子（或受精卵）在输卵管的运行是在管壁平滑肌和纤毛的协同作用下实现的。输卵管壁的平滑肌受交感神经的肾上腺素能神经支配。壶腹部的神经纤维分布较少，峡部较多。输卵管上有 α 和 β 两种受体，可分别引起环形肌的收缩和松弛。雌激素可提高 α 受体的活性，促进神经末梢释放去甲肾上腺素，使壶峡连接部环形肌强烈收缩而发生闭锁。孕酮则可通过提高 β 受体的活性抑制去肾上腺素的释放，导致壶峡连接部的环形肌松弛，利于卵子向子宫的运行。在卵子运行中，若雌激素的分泌量增多或经外源雌激素的处理，都可能延长卵子在壶峡连接部的时间；而孕激素的作用则相反。

输卵管纤毛的运动和管腔液体的流动对卵子的运行也起着重要的作用。在发情期当壶峡连接部封闭时，由于输卵管的逆蠕动纤毛摆动和液体的流向朝向腹腔，使卵子难于下行；而在发情后期，纤毛颤动的方向和液体流动的方向相反。在这两种力的作用下，使卵子滚动下行。

⑥ 卵子保持受精力的时间　排出的卵子保持受精力的时间比精子要短，其受精能力的消失有一个过程，种间和个体差异大（表6-2），影响因素多，精确的测定是比较困难的。

表6-2　卵子在输卵管内保持受精能力的时间

种类	牛/h	猪/h	绵羊/h	马/h	兔/h	犬/d	豚鼠/h	大鼠/h	小鼠/h	猴/h	人/h
时间	18～20	8～12	12～16	4～20	6～8	4.5	20	12	6～5	23	6～24

由表6-2可以看出卵子在输卵管保持受精能力的时间多数都是在1d（24h）之内，只有犬达4.5d。

2. 受精

哺乳动物的受精过程主要包括以下几个主要步骤：精子穿越放射冠（卵丘细胞）；精子接触并穿越透明带；精子与卵子质膜的融合；雌雄原核的形成；配子配合和合子的形成等。

（1）精子穿越放射冠　放射冠是包围在卵子透明带外面的卵丘细胞群，它们以胶样基质相粘连，基质主要由透明质酸多聚体组成。经顶体反应的精子所释放的透明质酸酶可使基质溶解，使精子得以穿越放射冠接触透明带。

（2）精子穿越透明带　穿过放射冠的精子即与透明带接触并附着其上，随后与透明带上的精子受体相结合。精子受体实际为具有明显的种间特异性的糖蛋白，又称透明带蛋白（zp），目前已发现三种透明带蛋白，分别为zp_1、zp_2和zp_3。经顶体反应的精子，通过释放顶体酶将透明带溶出一条通道而穿越透明带并和卵黄膜接触。

哺乳动物精子的顶体含有多种酶，如透明质酸酶、脂酶、磷酸酶、磷脂酶A_2等，这些酶在数量和质量上虽然存在着种间差异，但是它们的相互协调和配合对精子的穿透具有重要的作用。在这一过程中，精子自身的运动也是不容忽视的。

当精子触及卵黄膜的瞬间，会激活卵子，使之从一种休眠的状态下苏醒。同时，卵黄膜发生收缩，由卵黄释放某种物质，传播到卵的表面以及卵黄周隙，引起透明带阻止后来的精子再进入透明带。这一变化称为透明带反应。迅速而有效的透明带反应是防止多个精子进入透明带进而引起多精子入卵的屏障之一。兔的卵子无透明带反应，可在透明带内发现许多精子，这种多余的精子称为补充精子。在家畜中，除猪外，其他家畜的透明带内极少见到补充精子，这反映了透明带反应的种间差异。

（3）精子进入卵黄膜　穿过透明带的精子才与卵子的质膜即卵黄膜接触。由于卵黄膜表面具有大量的微绒毛，当精子与卵黄膜接触时，即被微绒毛抱合，精子实际是躺在卵子的表面，通过微绒毛的收缩将精子拉入卵内。随后精子质膜和卵黄膜相互融合，使精子的头部完全进入卵细胞内。这时，在精子进入卵黄膜的部位形成一个明显的突起，称受精锥。

当精子进入卵黄膜时，卵黄膜立即发生一种变化，具体表现为卵黄紧缩、卵黄膜增厚，并排出部分液体进入卵黄周隙，这种变化称为卵黄膜反应。这种反应具有阻止多精子入卵的作用，又称为卵黄膜封闭作用或多精子入卵阻滞，可看作在受精过程中防止多精受精的第二道屏障。对某些动物如兔来说是十分重要的。

鸟类的多精受精是比较普遍的，而哺乳动物只占1%～2%。猪对引起多精受精是比较敏感的，特别是因延迟配种或输精会导致15%的多精入卵；绵羊在发情36～48h后再输精，会造成较高的多精受精或多核卵裂球出现。

（4）原核形成　精子进入卵细胞后，核开始破裂。精子核发生膨胀、解除凝聚状态，

171

形成球状的核，核内出现多个核仁。同时，形成核膜，核仁增大并相互融合，最后形成一个比原精细胞核大的雄原核。

精子进入卵子细胞质后，卵子第二次减数分裂完成，排出第二极体。核染色体分散并向中央移动。在移行的过程中，逐渐形成核膜，原核由最初的不规则最后变为球形，并出现核仁。除猪外，其他家畜的雌原核都略小于雄原核。

（5）配子配合　两原核形成后，卵子中的微管、微丝也被激活，重新排列，使雌、雄原核相向往中心移动，彼此靠近。原核相接触部位相互交错。松散的染色质高度卷曲成致密染色体。随后两核膜破裂，核膜、核仁消失，染色体混合、合并，形成二倍体的核。随后，染色体对等排列在赤道部，出现纺锤体，达到第一次卵裂的中期。受精至此结束，受精卵的性别也因参与受精的精子性染色体而决定。

3. 胚胎的早期发育

受精卵也称合子。合子形成后即进行有丝分裂，因此，早期胚胎的发育在输卵管内就开始了。受精卵的发育及其进入子宫的时间有明显的种间差异（表6-3）。

表6-3　各种动物受精卵发育及进入子宫的时间

动物种类	受精卵发育/h					进入子宫	
	2 细胞	4 细胞	8 细胞	16 细胞	桑葚胚	时间/d	发生阶段
小鼠	24～38	38～50	50～60	60～70	68～80	3	桑葚胚
大鼠	37～61	57～85	64～87	84～92	96～120	4	桑葚胚
豚鼠	30～35	30～75	80	100～115	3.5	8	细胞期
兔	24～26	26～32	32～40	40～48	50～68	3	囊胚期
猫	40～50	76～90		90～96	<150	4～8	囊胚期
犬	96		144	196	204～216	8.5～9	桑葚胚
山羊	24～48	48～60	72	72～96	96～120	4	10～16 细胞期
绵羊	36～38	42	48	67～72	96	3～4	16 细胞期
猪	21～51	51～66	66～72	90～110	110～114	2～2.5	4～6 细胞期
马	24	30～36	50～60	72	98～106	6	囊胚期
牛	27～42	44～65	46～90	96～120	120～144	4～5	8～16 细胞期

注：马、牛、犬为排卵后时间，其他动物为交配后时间。

早期胚胎的发育有一段时间是在透明带内进行的，细胞（卵裂球）数量不断增加，但总体积并不增加，且有减小的趋势。这一分裂阶段维持时间较长，叫做卵裂。

卵裂的特点是：①为有丝分裂，DNA复制迅速；②卵裂球的数量增加，原生质的总量并不增加，甚至还有减少的趋势，牛减少20%、绵羊40%；③发育所需的营养物质主要来自母体的输卵管和子宫；④胚胎发育在透明带内进行。

根据形态特征可将早期胚胎的发育分为桑葚胚、囊胚、原肠胚三个阶段。

（1）桑葚胚　合子在透明带内进行有丝分裂，卵裂球呈几何级数增加。但是，通常卵裂球并非均等分裂，往往较大的一个先分裂，较小的后分裂，造成某瞬间会出现卵裂球为奇数的情况。

当胚胎的卵裂球达到16～32个细胞，细胞间紧密连接形成致密的细胞团，形似桑葚，称为桑葚胚。

兔子的2～8个细胞胚胎的每个卵裂球具有发育成一个完整胚胎的全能性；绵羊的这一全能性也可保持到8个细胞甚至更多的阶段。

（2）囊胚　桑葚胚继续发育，细胞开始分化，出现细胞定位现象。胚胎的一端，细胞个体较大，密集成团称为内细胞团；另一端，细胞个体较小，只沿透明带的内壁排列扩展，这一层细胞称为滋养层；在滋养层和内细胞团之间出现囊胚腔。这一发育阶段叫囊胚。

囊胚阶段的内细胞团进一步发育为胚胎本身，滋养层则发育为胎膜和胎盘。囊胚进一步扩大，逐渐从透明带中伸展出来，变为扩张囊胚，这一过程叫做"孵化"。囊胚一旦脱离透明带，即迅速扩展增大；由于细胞的进一步分工而失去全能性。

（3）原肠胚　囊胚进一步发育，出现两种变化：①内细胞团顶部的滋养层退化，内细胞团裸露，成为胚盘；②在胚盘的下方衍生出内胚层，它沿着滋养层的内壁延伸、扩展，衬附在滋养层的内壁上，这时的胚胎称为原肠胚。

在内胚层的发生中，除绵羊是由内细胞团分离出来外，其他家畜均由滋养层发育而来。原肠胚进一步发育，在滋养层（也即外胚层）和内胚层之间出现中胚层；进一步分化为体壁中胚层和脏壁中胚层，两个中胚层之间的腔隙，构成以后的体腔。

三个胚层的建立和形成，为胎膜和胚体各类器官的分化奠定了基础。

4. 妊娠的识别

卵子受精以后，妊娠早期，胚胎即可产生某种化学因子（激素）作为妊娠信号传给母体，母体随即做出相应的生理反应，可以识别和确认胚胎的存在，为胚胎和母体之间生理和组织的联系做准备，这一过程称妊娠识别。

妊娠识别的实质是胚胎产生某种抗溶黄体物质，作用于母体的子宫或（和）黄体，阻止或抵消 $PGF_{2\alpha}$ 的溶黄体作用，使黄体变为妊娠黄体，维持母畜妊娠。

不同动物或家畜妊娠信号的物质形式具有明显的差异。灵长类的人和猕猴，囊胚合胞体滋养层中产生的 hCG；牛、羊胚胎产生的滋养层糖蛋白；猪囊胚滋养外胚层合成的雌酮和雌二醇，以及在子宫内合成硫酸雌酮，这些物质都具有抗溶黄体的作用，促进妊娠的建立和维持。

妊娠识别后，母畜即进入妊娠的生理状态，但各种家畜妊娠识别的时间不同。猪为配种后 10～12d、牛为 16～17d、绵羊为 12～13d、马为 14～16d。

5. 胚泡的附植

囊胚阶段的胚胎又称胚泡。胚泡在子宫内发育的初期阶段是处在一种游离的状态，并不和子宫内膜发生联系，叫胚泡游离。由于胚泡内液体的不断增加，体积的变大，在子宫内的活动才逐步受到限制，与子宫壁相贴附，随后才和子宫内膜发生组织及生理的联系，位置固定下来，这一过程称为附植，也称附着、植入或着床。

胚泡在游离阶段，单胎动物的胚泡可能因子宫壁的收缩由一侧子宫角到另一侧子宫角；多胎动物的胚泡也可向对侧子宫角迁移，称为胚泡的内迁。牛的胚泡一般无内迁现象。

6. 双胎和多胎

单胎家畜所产生的双胎多来自两个不同的受精卵，又称双合子孪生。双胎率受品种、年龄和环境的影响。

双胎还可以来自同一个合子，即由一个受精卵产生两个完全一致的后代。同卵双胎的比例极小，只在少数种类如人和牛等动物中出现。牛只占双胎总数的10%。同卵双胎一般是附植后内细胞团分化为两个原条而产生的。同卵双胎还可以通过显微手术的方法将一个胚胎的两个卵裂球分离或分割囊胚的方法获得。自然情况下，奶牛的双胎率为3.5%，肉牛低于1%。若每侧子宫角各有一个胚泡，其生活力不会受影响，在这种情况下，排卵率则成为双胎的主要限制因素。牛怀双胎时，由于相邻孕体的尿膜绒毛膜融合血管形成吻合支，导致共同的血液循环，使 91% 的异性双胎母犊不育。相同的情况在绵羊、山羊和猪则少见。

高产的绵羊如芬兰羊和布鲁拉美利奴羊每胎可产 2 羔以上，我国的湖羊、寒羊等绵羊品种，以及济宁青山羊都是多羔品种。这都是因为它们有较高的排卵率或者存在高产基因，这个基因与 FSH 的分泌水平有着密切的关系。

马排双卵的现象并不少见，但异卵双胎实际只占 1%～3%。这是由于双胎妊娠的过程中常会出现一个或两个胚胎在发育早期死亡，继续发育则易发生流产、木乃伊或初生死亡。双胎在子宫内的死亡通常是由于胎盘不足或子宫的能力不能适应双胎的需要。实际上双胎的胎盘总面积与单胎时差不多。

7. 胎膜和胎囊

胎膜是胎儿的附属膜，是卵黄囊、羊膜、绒毛膜、尿膜和脐带的总称。胎囊是指由胎膜形成的包围胎儿的囊腔，一般指卵黄囊、羊膜囊和尿囊。

8. 胎水

胎水包括来自羊膜囊的羊水和尿囊的尿水。胎水是胎儿肾脏的排泄物，羊膜及羊膜上皮的分泌物、胎儿唾液腺分泌物以及颊黏膜、肺和气管的分泌物，来源广泛，成分也比较复杂。胎水为弱碱性，含蛋白质、脂肪、尿素、肌酸酐、激素、维生素、盐及糖类等。

胎水的作用主要表现在：妊娠期间液体环境可缓冲外部压力和机械刺激，有利于胎儿的附植；在胎儿发育的过程中，避免胎儿压迫脐带造成血液供应障碍，防止胎儿与周围组织的粘连；分娩时，可润滑产道、扩张子宫颈，有利于胎儿的排出；低渗的尿囊液可维持胎儿血浆的渗透压，保证母体的正常循环。

9. 多胎时胎膜的相互关系

多胎动物的每个胎儿一般都各具一套完整的胎膜。例如猪的一个子宫角常有几个胎儿，各有独立的胎膜存在，由于子宫的容积有限，尿膜绒毛膜常相连并列。单胎动物怀双胎时，来自两个不同合子发育的双胎各自有一套独立的胎膜。单合子孪生的胎儿情况则相对复杂一些。若由单一的内细胞团分化为两个原条产生的双胎，其绒毛膜共有一套，有时羊膜也是共同的；单合子孪生若由单个囊胚的内细胞团在附植前加倍成两套，则各自的绒毛膜和羊膜独立。

10. 胎盘

胎盘是指由胎膜的尿膜绒毛膜（猪还包括羊膜绒毛膜）和妊娠子宫黏膜共同构成的复合体，前者称胎儿胎盘，后者称母体胎盘。胎儿胎盘和母体胎盘都有各自的血管系统，并通过胎盘进行物质交换。

根据不同动物母体子宫黏膜和胎儿尿膜绒毛膜的结构和融合的程度，以及尿膜绒毛膜表面绒毛的分布状态，可将胎盘分为四种类型（图 6-1）。不同类型胎盘的组织结构有一定的差异，主要表现在母体胎盘部分的结构变化，对分娩也有较大的影响。

（1）弥散型胎盘 胎儿胎盘的绒毛基本上均匀分布在绒毛膜表面，疏密略有不同。猪、马和骆驼属此类型。每一绒毛都有动脉和静脉毛细血管分布。与胎儿胎盘相对应的母体子宫黏膜上皮向深部凹陷成腺窝。绒毛与腺窝的上皮相接触，在结构上又称上皮绒毛胎盘。

这类胎盘有六层组织构成胎盘屏障，使胎儿和母体血液隔离，即母体子宫上皮、子宫内膜结缔组织和血管内皮，胎儿的绒毛上皮、结缔组织和血管内皮。此类胎盘构造简单，胎儿和母体胎盘结合不甚牢固，易发生流产；分娩时出血较少，胎衣易于脱落。

（2）子叶型胎盘 胎儿尿膜绒毛膜的绒毛集中成许多绒毛丛（胎儿子叶），相应嵌入母体子宫黏膜上皮的腺窝（母体子叶）中。子叶之间一般表面光滑，无绒毛存在。牛、羊

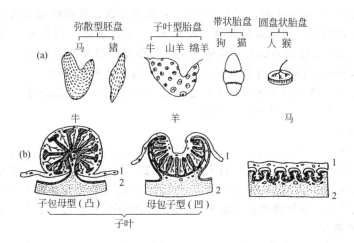

弥散型胚盘　　　　　子叶型胎盘　　带状胎盘　圆盘状胎盘
　马　　猪　　　牛　山羊　绵羊　狗　猫　　人　猴

牛　　　　　　　羊　　　　　　　　马

子包母型（凸）　　　母包子型（凹）

子叶

图 6-1　胎盘的类型和结构

（a）胎盘外观示意图；（b）牛、羊和马的胎盘结构示意图
1—尿膜绒毛膜（胎儿胎盘）；2—子宫内膜（母体胎盘）
（引自张忠诚．家畜繁殖学，2007）

属于此型，但具体结构有一定差异。

这种类型的胎盘母仔联系紧密，分娩时仔畜不易发生窒息。羊为中间凹陷的母体子叶，分娩时胎衣容易排出；牛的母体子叶为凸出的饼状，产后胎衣排出较慢且易出现胎衣不下。牛、羊的绒毛和子宫结缔组织结合，因此，在分娩过程中，当胎儿胎盘脱落时常会带下少量子宫黏膜结缔组织，并有出血现象，又称为半蜕膜胎盘。

（3）带状胎盘　胎盘是长型囊状，绒毛集中于绒毛膜的中央，呈环带状，称带状胎盘，又称环状胎盘。犬、猫等食肉动物为这种胎盘。

组织结构的特点是：在胎儿胎盘和母体胎盘附着部位的子宫黏膜上皮被破坏，使绒毛直接与子宫血管内皮相接触，也称绒毛内皮胎盘。分娩过程中，会造成母体胎盘组织脱落，血管破裂出血，又称半蜕膜胎盘。

（4）圆盘状胎盘　胎盘在发育过程中，胎儿胎盘的绒毛逐渐集中于一个圆形的区域，呈圆盘状而得名。人及灵长类动物属这一类型。绒毛浸入子宫黏膜，穿过血管内皮，直接浸入血液之中，又称血液绒毛胎盘。分娩时会造成子宫黏膜脱落、出血，也称蜕膜胎盘。

二、妊娠母畜的主要生理变化

妊娠之后，由于胎儿、胎盘及黄体的形成以及所产生的激素都对母体产生极大的影响，所以，母体产生了很多形态上及生理上的变化，这些变化对妊娠诊断有很大的参考价值。

（一）生殖器官的变化

1．卵巢的变化

母畜配种后没有怀孕时，卵巢上的黄体退化；受精妊娠后，黄体转化为妊娠黄体继续存在，分泌孕酮，维持妊娠，从而中断发情周期。在妊娠早期，这种中断是不完全的：卵巢上偶有卵泡发育甚至接近排卵前的体积，然而这些卵泡不排卵，变为闭锁卵泡。

妊娠母牛卵巢的黄体以最大的体积持续存在于整个怀孕期，其颜色金褐色，并不突出于卵巢表面。

在母马，妊娠 40～150d 时，又有 10～15 个卵泡发育，这些卵泡多数并不排卵，闭锁后黄体化而形成副黄体，通常每侧卵巢可发现 3～5 个副黄体，但马的主副黄体均于妊娠 7 个月时完全退化，在妊娠的最后两周卵巢又开始活动，以备产后发情。

妊娠母猪卵巢的黄体数目往往较胎儿为多，孕后也有再发情的。

妊娠后随着胎儿体积的增大妊娠子宫逐渐沉入腹腔，卵巢也随之下沉。马怀孕 3 个月时，卵巢除了下沉外，两卵巢都靠近中线。

2. 子宫的变化

随着怀孕的进展，子宫逐渐增大，使胎儿得以伸展，适应于胎儿生长。子宫通过增生、生长和扩展这三个时期的变化来适应胎儿的生长需要，同时子宫肌层保持着相对静止和平衡的状态，以防胎儿过早排出。妊娠前半期，子宫体积的增长，主要是由于子宫肌纤维增生肥大所致；妊娠后半期，是极速增长的胎儿和胎水增多使子宫壁扩展，子宫壁变薄。

3. 子宫颈的变化

怀孕时子宫颈内膜腺管数目增加，并产生黏滞的黏液，形成子宫栓。同时，子宫颈的括约肌收缩很紧，因此子宫颈口就完全封闭起来。牛的子宫颈分泌物很多，子宫栓较多，每月更新一次，排出后常附着于阴门下角。马和驴的子宫栓较少，子宫栓在分娩前液化排出，阴道检查时如将它抠下极易发生流产。妊娠后，子宫颈的位置往往稍偏向一侧，质地较硬。牛的子宫颈往往变扁，马的细圆。

4. 子宫动脉的变化

由于胎儿发育需要，随着胎儿不断增大，血液的供给量也必须增加。妊娠时子宫血管变粗，分支增多。随着子宫动脉管的变粗，动脉内膜的皱襞增加变厚，且与肌肉层的联系疏松，所以血液流过时所造成的脉搏就从原来清楚的跳动变为间隔不明显的流水样颤动，称为妊娠脉搏（孕脉）。这是妊娠的特征之一，在妊娠后一定时间出现，孕脉强弱及出现时间随妊娠时间而不同。孕角子宫中的动脉变化比空角出现得早且显著。

5. 阴门及阴道的变化

妊娠初期，阴门紧闭，阴道干涩。随着妊娠期的进展，阴唇的水肿程度增加，牛的这种变化比马的明显。妊娠后期，阴道黏膜的颜色变为苍白，黏膜上覆盖有从子宫颈分泌出来的浓稠黏液，而阴道黏膜并不滑润，插入开张器时较为困难。在妊娠末期，阴唇、阴道变得水肿而柔软。

6. 子宫阔韧带的变化

子宫阔韧带中的平滑肌纤维和结缔组织增生，所以增厚。由于子宫的下垂，子宫阔韧带伸长，并且绷紧。

（二）母畜体的全身变化

1. 体质变化

妊娠初期，母畜新陈代谢旺盛，食欲增进，消化能力提高，表现为毛色光润、体重增加。妊娠末期，胎儿生长迅速，母畜消耗妊娠前期贮存的营养物质来满足其需要，表现为分娩前体况消瘦；此外，由于胎儿骨骼发育的需要，母体内钙磷含量偏低，如果饲料中矿物质缺乏，可见母畜后肢跛行，牙齿因缺钙而磨损较快，严重者会造成产前或产后瘫痪。

2. 性情变化

妊娠母体的性情一般变得温顺、安静、嗜睡，行动小心谨慎，易出汗。

3. 呼吸、排泄次数增加

由于胎儿增大，占据腹内一定空间，使腹内压力增大，导致孕畜由腹式呼吸改为胸式呼吸，而且呼吸次数增加。腹内容积随着胎儿生长而缩小，导致排粪、排尿次数增多。

4. 心、肾负担增大

呼吸次数增加，心血输出量提高，导致心脏负担加重，孕畜的血液容量和凝固性增加，血沉速度加快，胆固醇、钾的含量增加，血中碱贮备降低，酮体较多，有时会导致"妊娠性酮血症"。由于子宫压迫腹下及后肢静脉，血液流动受阻，静脉压增加，孕畜体内水分分布发生变化，在乳牛、马怀孕的后期出现乳房、下腹和后肢水肿。

5. 腹围变化

妊娠末期，腹围增大，行动缓慢，容易疲倦，出汗。马由于右侧有盲肠，胎儿突出于左腹壁；牛、羊左侧有瘤胃，胎儿突出于右腹壁；猪在腹底，表现为腹部下垂。

6. 乳腺变化

妊娠后，乳腺发育显著，到后期都会胀乳，一般分娩前2周就可挤出少量乳汁。

三、妊娠期

母畜的妊娠期因品种、年龄、胎儿数、胎儿性别以及环境因素而有变化。一般早熟品种、年轻母畜、单胎家畜怀双胎、怀雌性胎儿、胎儿个体较大时，怀孕期均稍短。多胎动物，仔畜多时比少时短。遗传对妊娠期亦有影响，以牛为例，如荷兰荷斯坦奶牛的平均妊娠期为279d，瑞士褐牛为290d。

1. 动物的妊娠期

常见动物的妊娠期如表6-4所示。

表6-4　常见动物的妊娠期

畜　别	平均/d	范围/d	畜　别	平均/d	范围/d
牛	282	276～290	猪	114	102～140
水牛	310	300～315	双峰驼	400	370～420
绵羊	150	146～157	家兔	30	27～33
山羊	152	146～161	梅花鹿	235	230～240
马	340	300～412	马鹿	250	240～265
驴	360	340～380	犬	62	59～65
狐	62	55～70	猫	58	55～60

2. 几种常见家畜的预产期推算方法

牛：配种月份减3，配种日数加6。

马：配种月份减1，配种日数加1。

羊：配种月份加5，配种日数减2。

猪：配种月份加4，配种日数减6；也可按着"3、3、3"法，即3月加3周加3天来推算。

四、妊娠诊断

妊娠诊断的方法很多，采用一定的方法进行检查母畜是否妊娠的过程称为妊娠诊断。

（一）早期妊娠诊断的意义

家畜的早期妊娠诊断是提高家畜繁殖效率和提高畜牧业生产效益的重要技术措施。家畜配种后，能尽早地进行妊娠诊断，对于减少空怀、增加畜产品和有效实施动物生产都是相当重要的。妊娠过程中，母体生殖器官、全身新陈代谢和内分泌都发生变化，且在妊娠的各个阶段具有不同特点。妊娠诊断的目的就是借助母体妊娠后所表现出的各种变化来判断是否妊娠以及妊娠进展情况。确定已妊娠的母畜,要加强饲养管理,维持母畜健康,保证胎儿正常发育,防止胚胎早期死亡或流产。确定没有妊娠的母畜,应密切注意下次发情,抓好再配种工作,并及时找出其未孕原因,以便做必要的改进或及时治疗。因此,简便而有效的妊娠诊断方法,尤其是早期妊娠诊断,一向被畜牧兽医工作者所重视。

(二) 妊娠诊断的基本方法

目前妊娠诊断的方法,主要包括外部检查法、腹部触诊法、阴道检查法、直肠检查法、免疫分析测定法、超声波探测法等。

1. 外部检查法

外部检查法是通过观察母畜的外部表现进行妊娠诊断的方法,此法适用于各种雌性动物。母畜妊娠后表现为:周期发情停止,食欲增进,营养状况改善,毛色润泽光亮,性情变得温顺,行为谨慎安稳。妊娠初期,外阴部干燥收缩、紧闭,有皱纹,至后期呈水肿状。妊娠到一定时期(马、牛、驴 5 个月,羊 3～4 个月,猪 2 个月)腹围增大,腹壁向一侧突出(牛、羊右侧,马左侧,猪下腹部),乳房胀大,牛、马、驴腹下部和后肢水肿。牛 8 个月以后,马、驴 6 个月后可以看到胎动,即胎儿活动所造成的母畜腹壁的颤动。缺点:不能做出早期的妊娠诊断,对少数生理异常的雌性动物易出现误诊,只作为妊娠诊断的辅助方法。

2. 腹部触诊法

腹部触诊法是用手触摸母畜的腹部,感觉腹内有无胎儿或胎动来进行妊娠诊断。此法多用于猪和羊,而且只适用于妊娠中后期。

猪的触诊:先用手抓痒法使猪侧卧,然后用一只手在最后两乳头的上腹壁下压,并前后滑动,如能触摸到若干个大小相似的硬块,即为妊娠。

羊的触诊:检查者面向羊的尾部,用双腿夹持母羊颈部进行保定,然后将两手从左右两侧兜住羊的下腹部并前后滑动触摸,如能摸到胎儿硬块或黄豆大小的胎盘子叶,即为妊娠。

牛 7 个月后,马、驴 8 个月后,猪 2.5 个月后,隔着腹壁可以触诊到胎儿,在胎儿胸壁紧贴母畜腹壁时,可以听到胎音。

另外,也可采取直肠—腹壁触诊法。母羊在触诊前应停食一夜,触诊时,母羊仰卧保定,用肥皂水灌肠,排出直肠宿粪,然后将涂有润滑剂的触诊棒(直径 1.5cm,长 50cm,前端弹头形,光滑的木棒或塑料棒)插入肛门,贴近脊柱,向直肠内插入 30cm 左右,然后一手把棒的外端轻轻下压,使直肠内一端稍微挑起,以托起胎泡。同时,另一手在腹壁触摸,如能触及块状实体为妊娠,如果摸到触诊棒应再使棒回到脊柱处,反复挑动触摸,如仍摸到触诊棒,即为未孕。此法检查配种后 60d 的孕羊,准确率可达 95%;检查 85d 以后的孕羊,准确率可达 100%。诊断时注意防止直肠损伤,配种已经 115d 以后的母羊要慎用。

3. 阴道检查法

阴道检查法是用开张器打开母畜的阴道,观察阴道黏膜的色泽、干湿状况、黏液性状(黏稠度、透明度及黏液量)以及子宫颈形状位置来进行妊娠诊断的方法。由于胚胎的存在,母畜阴道的黏膜、分泌物、子宫颈发生相应变化。

(1)阴道黏膜 各种家畜妊娠 3 周后,阴道黏膜由未孕时的淡粉红色变为苍白色,没有光泽,表面干燥,同时阴道收缩变紧,插入开张器时感到有阻力。羊用开张器刚打开阴道时,黏膜为白色,几秒钟后即变为粉红色者为妊娠征状;未孕者黏膜为粉红或苍白,由白变红的速度较慢。

（2）阴道黏液　牛妊娠后阴道黏液的变化较为明显。妊娠 1.5～2 个月，子宫颈口附近即有黏稠黏液，但量很少；3～4 个月后量增多变为浓稠、灰白或灰黄，形如浆糊；6 个月后稀薄而透明，时有流出体外，或者由于其水分被吸收可成块状黏附于阴门。孕羊的阴道黏液量少且透明，开始稀薄，20d 后变稠，能拉成线。如量多、稀薄、色灰白而呈脓样者多为未孕。

（3）子宫颈　妊娠后子宫颈紧缩关闭，其阴道黏膜苍白，有浆糊状的黏液块堵塞于子宫颈口称为子宫栓。牛妊娠时子宫颈体积的变化不甚显著，唯子宫栓常行更换，黏液排出黏附于阴门下角，黏着粪土而呈块状，为妊娠征状之一。马怀孕 3 周后，子宫颈即行收缩紧闭，有少许子宫栓；3～4 个月后逐渐增多，子宫颈阴道部末端亦变得细而尖。

此方法由于个体差异大，难免造成误诊，如母畜患有持久黄体或有干尸化胎儿时，极易与妊娠征象混淆。当子宫颈及阴道有炎症时，孕畜往往表现不出妊娠征状而判为空怀。

缺点是：不能确定妊娠日期（尤其早期诊断），只可作为辅助方法。此方法主要适用于牛、马等大动物。

4. 直肠检查法

直肠检查法是通过直肠，隔着直肠壁触摸卵巢、子宫、子宫动脉的变化而进行的妊娠诊断方法，适用于大动物。其优点是操作简便、结果准确，是大家畜最可靠的妊娠诊断方法，应用广泛。但在触诊胎泡或胎儿时，动作要轻缓，以免造成流产。

直肠检查判定母畜是否妊娠的主要依据，是妊娠后生殖器官的一些变化。这些变化要随怀孕时间的不同而有所侧重，如在妊娠初期，要以子宫角的形状质地的变化为主；当胎泡形成以后，即以胎泡的发育为主；当胎泡下沉不易摸到时，可根据卵巢位置及子宫动脉的妊娠脉搏为主。

（1）妊娠母牛的直肠检查方法　摸到子宫颈，再将中指向前滑动，寻找角间沟，然后将手向前、向下、再向后，把两个子宫角都握在手中，分别触摸。经产牛子宫角有时不呈绵羊角状而垂入腹腔，不易全部摸到，这时可握住子宫颈，将子宫角向后拉，然后手沿着肠管向前迅速滑动，握住子宫角，这样逐渐向前移，就能摸清整个子宫角。摸过子宫角后，在其尖端外侧或其下侧寻到卵巢。一般用一只手进行触摸即可。

寻找子宫动脉的方法：将手掌贴着骨盆顶向前滑动，可以清楚地摸到腹主动脉的最后一个分支即可摸到髂内动脉的分岔。左右髂内动脉的根部各分出一支子宫动脉，子宫动脉和脐动脉共同起于髂内动脉起点处。

诊断时应触摸子宫颈、子宫体、子宫角，然后再检查子宫中动脉及卵巢。一般从子宫角、子宫中动脉的变化已确诊妊娠时，就不再摸卵巢。如果不慎破坏了妊娠黄体，会引起流产。

（2）未孕现象　子宫颈、子宫体、子宫角及卵巢均位于骨盆腔内，经产多次的牛，子宫角可垂入骨盆入口前缘的腹腔内。两角大小相等，形状亦相似，弯曲如绵羊角状，经产牛偶尔有右角略大于左角，弛缓、肥厚。能够清楚地摸到子宫角间沟，经过触摸子宫角即收缩，变得有弹性，几乎没有硬的感觉，能将子宫握在手中，子宫收缩成球形，前部并有角间沟将其分为两半。卵巢位于两侧子宫角尖端的外侧下方、耻骨前缘附近，大小及形状视有无黄体或较大卵泡而有变化。

（3）妊娠现象

① 妊娠 18～25d　子宫角变化不明显，若一侧卵巢上有成熟的黄体存在，则疑似妊娠。

② 妊娠 30d　两侧子宫角不对称，孕角比空角略粗大、松软，有波动感，收缩反应不敏感，空角弹性较明显。

③ 妊娠 45～60d　子宫角和卵巢垂入腹腔，孕角比空角约大 2 倍，孕角有波动感。用指肚从角尖向角基滑动中，可感到有胎囊从指间掠过，胎儿如鸭蛋或鹅蛋大小，角间沟稍变平坦。

④ 妊娠 90d　孕角大如婴儿头，波动明显，空角比平时增大 1 倍，子叶如蚕豆大小。孕角侧子宫动脉粗大，根部出现妊娠脉搏，角间沟消失。

⑤ 妊娠 120d　子宫沉入腹底，只能触摸到子宫后部及子宫壁上的子叶，子叶直径2～3cm。子宫颈沉移至耻骨前缘稍下方，不易摸到胎儿。子宫中动脉逐渐变粗如手指，并出现明显的妊娠脉搏。

（4）直肠检查注意事项　做早期妊娠检查时，要抓住典型症状。不仅检查子宫角的形状、大小、质地的变化，也要结合卵巢的变化做出综合的判断。

母牛配种后 20d 如已妊娠，偶尔也有假发情的个体，直肠检查妊娠症状不明显，无卵泡发育，外阴部虽有肿胀表现，但无黏液排出，对这种牛应慎重，无成熟卵泡者不应配种；怀双胞胎母牛的子宫角，在 2 个月时，两角是对称的，不能依其对称而判为未孕。正确区分妊娠子宫和子宫疾病，妊娠 90～120d 的子宫容易与子宫积液、积脓等相混淆。积液或积脓使一侧子宫角及子宫体膨大，重量增加，子宫有不同程度的下沉，卵巢位置也随之下降，但子宫并无妊娠症状，牛无子叶出现。积液可由一角流至另一角。积脓的水分被子宫壁吸收一部分，会使脓汁变稠，在直肠内触之有面团状感觉。

5. 免疫分析测定法

配种后如果妊娠，在下一个情期及其前后，血液孕酮含量较未孕母畜显著增加。利用孕酮的变化作早期妊娠诊断，多采用放射免疫分析法、酶联免疫分析法或蛋白竞争性结合分析法测定血浆（或乳汁、乳脂）中的孕酮含量，以判定母畜是否妊娠。但由于放射免疫分析法技术要求较高，在基层单位难于推广。酶联免疫分析法可以代替放射免疫分析法用来测定孕酮，诊断牛的妊娠，比较简单实用。

（1）放射免疫分析法　近年来，我国科技工作者利用放射免疫法测定母畜妊娠，做了许多试验。兹介绍国内试验资料如下。在配种后20～25d，以放射免疫法测定。奶牛每毫升乳汁孕酮含量大于 7ng 为妊娠；小于或等于 5.5ng 为未孕；介于 5.5～7ng 为可疑。每毫升乳脂中孕酮的含量如大于 200ng 为妊娠；小于 100ng 为未孕；100～200ng 为可疑。水牛每毫升血浆孕酮含量大于 1ng 为妊娠；小于 0.7ng 为未孕。07～1.0ng 为可疑。牦牛每毫升乳脂中孕酮含量大于 100ng，不孕准确率为 100%，妊娠准确率为 86.7%。猪每毫升血浆孕酮含量大于 5ng 为妊娠；小于 5ng 为未孕。绵羊每毫升血浆孕酮含量大于1.5ng，不孕准确率为 100%，妊娠准确率为 93%。奶山羊每毫升乳汁孕酮含量大于或等于 8.3ng，其不孕准确率为 96.5%，妊娠准确率为 90%；每毫升血浆孕酮含量大于或等于 3ng，其不孕准确率为 100%，妊娠准确率为 98.6%。以上试验的采样日期为配种后 20～25d，由于各试验室条件不同，放免试验的药盒不能标准化（抗血清不统一），因此判定标准误差较大，所以在目前条件下，各试验室允许有各自的判定标准。

（2）酶联免疫分析法　采血操作麻烦，通常多用乳样进行测定。但是对未泌乳的初配母牛，则只能测定血液的孕酮含量。诊断最佳时间为母牛配种后 24d，这样可以防止间情期未孕牛产生假阳性。所用乳样可于午后挤乳时采集，因午后乳汁中含脂率高。采乳样10ml 于玻璃或塑料小瓶中，加 15% 的重铬酸钾 2 滴作为防腐剂，冷冻保存，防止腐败变质。血液采样是在颈静脉采血 10ml 于离心管中，立即离心分离血清，用 0.1% 硫柳汞防腐，测定前要冷冻保存。此法检出妊娠正确率为 65%～85%，未妊娠正确率可达 94%～100%。

6. 超声波探测法

（1）幅度调整型探测（A型超声诊断） 将超声波载入母牛体内，将胎囊中液体的反射波转变为电脉冲，进而再将电脉冲转变成以声响和灯光显示的报警信号，提示被检牛已妊娠。具体方法是将探测仪探头缓慢插入阴道，达到阴道穹隆下半部的阴道壁上，由左向右移动探头进行探查，必要时将探头左右移动，发出连续的阳性信号且指示灯持续发光，即为已妊娠，否则未妊娠。妊娠母牛最早在配种后18～21d即可做出诊断。

（2）超声多普勒测定法 利用超声波多普勒效应的原理，探测母牛妊娠后子宫血流的变化、胎儿的心跳、脐带的血流和胎儿的活动，并以声响信号显示出来的一种方法。具体方法是用开张器将阴道打开，送入探头，也可直接将探头慢慢插入阴道，使探头位置大致在阴道穹隆2cm以下的两侧区域。仔细辨听母牛子宫脉管血流音，妊娠35d左右出现"阿呼"音，40d以后有"蝉鸣"音。未妊娠牛或探头接触不良时，仅听到"呼呼"音，声音频率与母牛的脉搏相同。胎儿死亡时，也只能听到"呼呼"音。胎儿脐血音为节奏很快的血流音，其频率为120～180次/min，从妊娠50d起比较明显。应用SCD-Ⅱ型超声多普勒探测仪探诊30～70d的母牛，妊娠诊断准确率可达90%以上。

7. 其他方法

（1）子宫颈-阴道黏液相对密度测试法 母牛怀孕1～9个月阴道分泌物的相对密度为1.016～1.013，空怀者则不到1.008。据此可用相对密度为1.008的硫酸铜溶液来测定子宫颈-阴道黏液的相对密度，将黏液投入硫酸铜溶液中，如黏液是块状沉淀（即相对密度大于1.008）可判为妊娠，如漂浮于表面可判为空怀。

（2）子宫颈-阴道黏液抹片检查法 检查母牛时，取子宫颈阴道部黏液一小块（绿豆粒大）置于载玻片中央，再轻轻盖上另一玻片，轻轻旋转二三转，取走上面玻片，使下片自然干燥，加上几滴10%硝酸银，一分钟后用水冲洗，再加姬姆萨染色液3～5滴。加水1ml进行染色30min，用水冲洗后令其干燥，然后在显微镜下检查。如果视野中出现短而细的毛发状纹路并呈紫红色或淡红色为妊娠的表现；如果出现较粗纹路为发情周期的黄体期或妊娠6个月以后的征状；如系羊齿植物状纹路，为发情的黏液性状；如出现上皮细胞团为炎症的表现。此法对妊娠23～62d的母牛准确率可达90%以上。

检查母马时，同上法取黏液涂片干燥之，放入甲醇内固定5～10min，干后作姬姆萨染色20～30min，冲洗待干后在显微镜下检查。妊娠者可以看到有大量柱状上皮细胞，黏液球是淡蓝色，扁平上皮细胞及嗜中性白细胞极少或无。空怀者则有大量变性的白细胞，黏液为均匀的一层，不呈球状，并有大量扁平上皮细胞，柱状上皮细胞极少或无。

（3）尿液的碘酒测定法 取配种后23d以上的母牛早晨排出的尿液10ml，置于小试管中，用滴管加入1～2ml 7%的碘酒，反应5min。仔细观察，若混合液呈棕褐色或青紫色，则可判定该牛已妊娠；若混合液颜色无多大变化，可判定为未孕。该方法的妊娠诊断准确率可达93%以上。

（4）乳汁的硫酸铜测定法 取配种后20～30d母牛中午的常乳和末把乳的混合乳样约1ml置于平皿中，加入3%的硫酸铜溶液1～2滴，混合均匀仔细观察反应，若混合液出现云雾状，则可判定该牛已妊娠；若混合液无变化，则判定该牛未妊娠。该方法的妊娠诊断准确率可达90%以上。

（5）激素激发试验 就是在下一次发情前，用雌激素或雌激素雄激素的混合物注射给被试家畜，观察是否发情。孕畜由于妊娠黄体，它可以对抗适量的外源性雌激素，使之不表现发情，注射后3～5d内有反应者，则未怀孕。在猪，准确率可达97.7%～100%，对母猪的健康和繁殖能力并无不良影响。

猪可以采用以下两种激素：

① 庚酸睾酮 5mg 或缬草素雌二醇 2mg，人工授精后 15～23d，肌肉注射一次，2～3d 后试情。

② 1％丙酸睾酮 0.5ml，0.5％丙酸己烯雌酚 0.2ml，下一次发情前，混合后一次肌注，2～3d 后试情。

母牛在配种后第 18～20d 前后，肌注合成雌激素 2～3mg，5d 内不发情者为怀孕。马于配种后 16d，注射雌激素同上，2d 后不发情者为怀孕。

五、拓展资源

1. 许美解，李刚. 动物繁殖技术. 北京：化学工业出版社，2009.

2. 张忠诚. 家畜繁殖学. 北京：中国农业出版社，2006.

3. 桑润滋. 动物繁殖生物技术. 北京：中国农业出版社，2001.

4. 《畜禽繁育》网络课程：http://portal.lnnzy.cn/kczx/xuqinfanyu/index.html.

➤ 工作页

子任务 6-1　妊娠诊断资讯单见《学生实践技能训练工作手册》。

子任务 6-1　妊娠诊断记录单见《学生实践技能训练工作手册》。

❖ 子任务 6-2　分娩与助产

➤ 资讯

一、分娩机理

分娩指妊娠期满，胎儿发育成熟，母体将胎儿及其附属物从子宫内排出体外的生理过程。

（一）母体因素

1. 机械作用

胎儿迅速生长使子宫高度扩张，导致子宫肌对雌激素及催产素的敏感性增强，胎盘血液循环受阻，胎儿所需氧气及营养得不到满足，产生窒息性刺激，引起胎儿强烈反射性活动，而导致分娩。一般双胎比单胎怀孕期较短，胎儿发育不良妊娠期延长。说明胎儿体积或子宫的扩张达到适当程度时，对于子宫收缩和启动分娩有一定的作用。

2. 母体激素变化

母畜在临近分娩时，体内孕激素分泌下降或消失，雌激素、前列腺素、催产素分泌增加，同时卵巢及胎盘分泌的松弛素能使产道松弛，在母体内这些激素的共同作用下发生了分娩。这是导致分娩的内分泌因素。

（1）孕酮　胎盘及黄体产生的孕酮，对维持怀孕起着极其重要的作用。孕酮通过降低子宫对催产素、乙酰胆碱等催产物质的敏感性，抗衡雌激素，来抑制子宫收缩。这种抑制作用一旦被消除，就成为启动分娩的重要诱因。母体（除母马）血液中孕酮浓度的下降恰巧发生在分娩之前，这是由于胎儿糖皮质类固醇刺激子宫合成前列腺素，抑制孕酮的产生所致。

（2）雌激素　怀孕期间，雌激素刺激子宫肌的生长及肌动球蛋白的合成，提高子宫肌的收缩能力；怀孕末期，胎盘产生的雌激素逐渐增强，使子宫、阴道、外阴及骨盆韧带（包括荐骨韧带、荐髂韧带等）变得松软；至分娩开始时（羊）或者恰在分娩开始之前（牛）达到最高峰；分娩时雌激素能增强子宫肌的自发性收缩，因为它克服了孕酮的抑制作用，使子宫肌对催产素的敏感性增强，刺激前列腺素的合成及释放。

（3）前列腺素　$PGF_{2\alpha}$通过子宫动脉-卵巢静脉的逆流传递系统，到达卵巢，溶解黄体。分娩前 24h，在胎儿肾上腺皮质激素的刺激下，母体（尤其是羊）胎盘分泌 $PGF_{2\alpha}$ 急剧增多。它对分娩至少有三种作用：其一，刺激子宫肌的收缩；其二，溶解黄体，终止妊娠；其三，刺激垂体后叶释放催产素。

（4）催产素　催产素能使子宫发生强烈阵缩。在分娩的开始阶段，血液中催产素的含量变化很小，但胎儿排出时达到高峰，随后又降低。体内生理状况不同，催产素的释放及其对子宫作用存在差异，如妊娠子宫，在未分娩时，对大剂量的催产素均不发生作用；只有当分娩时，孕酮水平下降，雌激素分泌量升高，才可激发垂体后叶释放并对子宫敏感性增强，启动分娩。

3. 神经系统作用

神经系统对分娩并不是完全必需的，但对于分娩过程具有调节作用，如胎儿的前置部分对子宫颈及阴道产生刺激，通过神经传导使垂体后叶释放催产素。此外，很多家畜的分娩多半发生在晚间，这时外界的光线及干扰减少，中枢神经易于接受来自子宫及软产道的冲动信号。这说明外界因素可以通过神经系统对分娩发生作用。特别是马驴，分娩多半见于天黑安静的时候，而以晚上 10 时～0 时最多。但乳用山羊白天分娩的较多。

（二）胎儿因素

胎儿在发育成熟后，脑垂体分泌促肾上腺皮质激素，从而促使胎儿肾上腺分泌肾上腺皮质激素。胎儿肾上腺皮质激素触发了有关分娩的一系列反应，最终引起分娩活动。

胎儿的下丘脑-垂体-肾上腺，特别在牛羊，对于发动分娩起着决定性的作用，其依据如下。

① 切除胎儿的下丘脑、垂体或肾上腺，可以阻止分娩，怀孕期延长。

② 给切除垂体或肾上腺的胎儿滴注促肾上腺皮质激素（ACTH）或地塞米松则诱发分娩，而且给怀孕末期的正常胎儿滴注 ACTH 或地塞米松诱发早产，可发生在孕酮下降和雌激素升高之前。

③ 人类的无脑儿、死产儿，摄入藜芦而发生的独眼羔羊，以及采食了猪毛菜的卡拉库尔羊，怀孕期延长，其共同缺陷为：胎儿缺乏肾上腺皮质激素。

胎儿肾上腺皮质激素和启动分娩具有密切的关系，绵羊产羔前 15～20d，血浆中皮质激素的浓度逐渐增加，分娩开始之前增加至高峰，由未孕时的 1ng/ml 增至 100～200ng/ml。肾上腺增大，对 ACTH 的反应增强。

④ 注射类皮质激素后，孕酮浓度降低而雌激素和前列腺素升高。

综上所述，当胎儿发育成熟时，它的脑垂体分泌大量促肾上腺皮质激素，使胎儿肾上腺皮质激素的分泌增多，后者又引起胎儿胎盘分泌大量的雌激素，同时也刺激子宫内膜分泌大量的 $PGF_{2\alpha}$。$PGF_{2\alpha}$ 溶解妊娠黄体，抑制胎盘产生孕酮，使子宫的稳定性降低；雌激素增强了子宫肌对催产素刺激的敏感性。最终高浓度 E_2、$PGF_{2\alpha}$、催产素以及低浓度的孕激素，同时卵巢分泌松弛素增加，使子宫颈软化，导致子宫肌节律收缩加强，发动分娩。

然而，有的动物在摘出胎儿后留下胎衣，胎衣仍然是在怀孕期满左右产出。这说明胎儿对启动分娩的作用仍有待进一步研究。

（三）免疫学机理

从免疫学的观点看，胎儿可对母体产生免疫反应。在妊娠后期，胎儿发育成熟时，胎盘发生老化、变性，导致胎儿与母体之间的联系以及胎盘屏障遭到破坏，使胎儿就像"异物"一样被排出体外。这是一种同质体的排异现象，又称排异反应。

二、分娩预兆

母畜分娩前，在生理和形态上发生一系列变化。对这些变化进行全面观察，可以预测分娩时间，做好助产准备。

（一）牛的分娩预兆

母牛妊娠末期腹部下垂，乳房胀大明显，乳头蜡状光泽，分娩前 2d 乳头充满初乳。奶牛在产前（经产牛约 10d）可自乳头中挤出少量清亮胶样液体或初乳，乳房极度膨胀、皮肤发红。有的奶牛有漏奶现象，乳汁呈滴或成流淌出来，漏奶开始后数小时至一天即分娩。

牛的荐坐韧带后缘原为软骨样，触诊感硬，外形清楚。至怀孕末期，因为骨盆血管内血量增多，静脉淤血，所以毛细管壁扩张，血液中的液体部分渗出管壁，浸润周围的组织。骨盆韧带从分娩前 1～2 周即开始软化，至产前 12～36h 荐坐韧带后缘变为非常松软，外形消失，尾根两旁只能摸到一堆松软组织，且荐骨两旁组织塌陷。但初产牛的这些变化不明显。

牛阴唇是从分娩前约一周开始，逐渐柔软、肿胀，增大 2～3 倍，皮肤上的皱襞展平。子宫颈在分娩前约 1～2d 开始肿大、松软，从阴门中流出呈透明、拉长的线状黏液。临产前 2～3h，孕牛精神不安、哞叫，回顾腹部，时起时卧。

乳牛的体温从产前一个月也发生变化。至产前 7～8d，可缓慢增高到 39～39.5℃；产前 12h 左右（有时为 3d），则下降 0.4～1.2℃；分娩过程中或产后又恢复到分娩前的体温。

（二）马、驴的分娩预兆

在马，乳头在产前数天变得粗大。有的马在乳头管开口处有胶乳滴，或胶乳干涸而呈蜡样；有的马漏奶，漏奶开始后往往在当天或次日夜晚分娩；但有的经产老马在产前 3d 即漏奶或出现乳滴。

驴在产前 3～5d，乳头基部开始膨大；至产前约 2d，整个乳头均粗大，呈圆锥状。起先从乳头中挤出的是黏稠、清亮的液体，以后再挤即为初乳。约半数的驴有漏奶现象。

阴道壁松软，变短，这在马、驴特别明显。阴道黏膜潮红。黏液由原来的浓厚、黏稠变为稀薄、滑润。子宫颈松弛后约半天左右开始分娩。马的阴唇变化较晚，分娩前十多个小时才有显著变化。舍饲马分娩多在夜间最安静的时候。临产前数小时表现不安，起卧不定，时常举尾，回顾或踢腹部。母马肘后和腹侧有出汗现象。

（三）猪的分娩预兆

腹部大而下垂，卧时可见胎动。产前 3～5d，阴唇肿胀松弛，尾根两侧塌陷，中部两对乳头可挤出少量清亮液体。产前 1d 可挤出初乳，有的发生漏乳。产前 6h 内，后部乳头也能挤出一二滴初乳。

猪在产前 6～12h，有衔草作窝现象，这在我国地方品种的猪中特别明显。

（四）羊的分娩预兆

临近分娩，骨盆韧带和子宫颈松弛，有明显的荐部下陷，阴门肿大，乳房肿胀。分娩前 12h 子宫内压升高，压力波随之加强。有时从阴门中流出呈透明、拉长的线状黏液。子宫颈在分娩前 1h 迅速扩张。分娩前数小时，精神不安，用蹄刨地，频频转动或起卧，喜欢接近其他羔羊。

除上述现象外，母畜临产前食欲不振，排泄量少而次数增多。

根据各种动物分娩征兆，预测分娩时间时要注意畜体本身的膘情状况，依据观察的所有表现进行综合判断。此外，根据配种日期推算预产期，也是预测分娩的一种准确办法。

三、决定分娩过程的因素

分娩是胎儿从子宫中通过产道排出来。分娩正常与否，主要取决于产力、产道及胎儿等三个方面。

（一）产 力

产力是指胎儿从子宫中排出的力量。它是由子宫肌及腹肌的有节律的收缩共同构成的。子宫肌的收缩称为阵缩，是分娩过程中的主要动力。它的收缩是由子宫底部开始向子宫颈方向进行，呈波浪式，每两次收缩之间出现一定的间歇，收缩和间歇交替进行。这是由于乙酰胆碱及催产素的作用时强时弱而造成的。

这对胎儿的安全非常有利。子宫壁收缩时，血管受到压迫，胎盘上的血液循环及氧的供给发生障碍；间歇时，子宫肌松弛，血管所受压迫解除，血液循环及氧的供给得以恢复。如果子宫持续收缩而没有间歇，胎儿在排出过程中就会因为缺氧而死亡。

腹壁肌和膈肌的收缩产生的力量称为努责，是胎儿产出的辅助动力。努责是伴随阵缩随意性进行的，阵缩与努责同间歇定期反复地出现，并随产程进展收缩加强，间歇时间缩短。

（二）产 道

1. 产道的构成

产道是分娩时胎儿由子宫内排出所经过的道路，它分为软产道和硬产道。

（1）软产道 包括子宫颈、阴道、阴道前庭和阴门。在分娩时，子宫颈逐渐松弛，直至完全开张。阴道、阴道前庭和阴门也能充分松软扩张。

（2）硬产道 指骨盆，主要由荐骨与前三个尾椎、髂骨及荐坐韧带构成骨盆腔。母畜和公畜骨盆相比，母畜骨盆的特点是入口大而圆，倾斜度大，耻骨前缘薄；坐骨上棘低，荐坐韧带宽；骨盆腔的横径大；骨盆底前部凹，后部平坦宽敞；坐骨弓宽，因而出口大。所有这些变化都是母畜对于分娩的适应。骨盆分为以下四个部分。

① 入口 是骨盆的腹腔面，斜向前下方。它是由上方的荐骨基部、两侧的髂骨及下方自耻骨前缘所围成。骨盆入口的形状大小和倾斜度对分娩时胎儿通过的难易有很大关系，口较大而倾斜，形状圆而宽阔，胎儿则容易通过。

② 骨盆腔 是骨盆入口至出口之间的空间。骨盆顶由荐骨和前三个尾椎构成，侧壁由髂骨、坐骨的髋臼支和荐坐韧带构成，底部由耻骨和坐骨构成。

③ 出口 是由上方的第 1 尾椎、第 2 尾椎、第 3 尾椎和两侧荐坐韧带后缘以及下方的坐骨弓围成。

④ 骨盆轴   是通过骨盆腔中心的一条假想线，它代表胎儿通过骨盆腔时所走的路线，盆轴越短越直，胎儿通过越容易。

2. 各种母畜的骨盆特点

（1）牛   骨盆入口呈竖椭圆形，倾斜度小，骨盆底下凹，荐骨突出于骨盆腔内，骨盆侧壁的坐骨上棘很高而且斜向骨盆腔。因此，横径小、荐坐韧带窄、坐骨粗隆很大，妨碍胎儿通过。牛的骨盆轴是先向上再水平然后又向上，形成一条曲折的弧线。因此，胎儿通过较难。

（2）马   入口圆而斜、底平坦、轴短而直；坐骨上棘小、荐骨韧带宽阔、骨盆横径大；出口坐骨粗隆较低。家畜分娩时，马的胎儿排出最快。这除了和胎儿的头及躯干相对较细有关以外，其骨盆也有利于胎儿的排出。

（3）猪   坐骨粗隆发达，且后部较宽、入口大、髂骨斜、骨盆轴向后下倾斜，近于直线，胎儿易通过。

（4）羊   与牛相似，但入口倾斜度比牛大，荐骨不向骨盆腔突出，坐骨粗隆较小、骨盆底平坦，骨盆轴与马相似，呈直线或缓曲线，胎儿易通过。

3. 分娩姿势对骨盆腔的影响

分娩时母畜多采取侧卧姿势，这样使胎儿更接近并容易进入骨盆腔；腹壁不负担内脏器官及胎儿的重量，使腹壁的收缩更有力，增大对胎儿的压力。

分娩顺利与否和骨盆腔的扩张关系很大，而骨盆腔的扩张除受骨盆韧带特别是荐坐韧带的松弛程度影响外，还与母畜立卧姿势有关。因为荐骨、尾椎及骨盆部的韧带是臀中肌、股二头肌（马牛）及半腱肌、半膜肌（马）的附着点。母畜站立时，这些肌肉紧张，将荐骨后部及尾椎向下拉紧，使骨盆腔及出口的扩张受到限制。而母畜侧卧便于两腿向后挺直，这些肌肉则松弛，荐骨和尾椎向上活动，骨盆腔及其出口就能开张。

（三）胎儿与母体的相互关系

分娩过程正常与否，和胎儿与骨盆之间以及胎儿本身各部位之间的相互关系密切。

1. 胎向

胎向是指胎儿的纵轴和母体纵轴的关系。胎向分以下三种。

（1）纵向   胎儿的纵轴和母体纵轴互相平行。

（2）竖向   胎儿的纵轴和母体纵轴上下垂直，胎儿的背部或腹部向着产道，称为背竖向或腹竖向。

（3）横向   胎儿的纵轴和母体纵轴呈水平垂直，胎儿横卧于子宫内。

纵向是正常胎位，竖向和横向是反常的。严格的竖向和横向通常是没有的，都不是很端正的。

2. 胎位

胎位是指胎儿的背部与母体背部的关系，有以下三种。

（1）下位   胎儿仰卧在子宫内，背部朝下，靠近母体的腹部及耻骨。

（2）上位   胎儿俯卧在子宫内，背部朝上，靠近母体的背部及荐部。

（3）侧位   胎儿侧卧在子宫内，背部位于一侧，靠近母体左或右侧腹壁及髂骨。

上位是正常的，下位和侧位是反常的。侧位如果倾斜不大，称为轻度侧位，仍可视为正常。胎位因家畜种类不同而异，并与子宫的解剖特点有关。马的子宫角大弯向下，胎位一般为下位。牛、羊的子宫角大弯向上，胎位以侧位为主，有的为上位。猪的胎位也以侧位为主。

3. 胎势

胎势是指胎儿在母体内的姿势，即各部分是伸直的或屈曲的。

前置（先露）是指胎儿的某些部分和产道的关系，哪一部分向着产道，就叫哪一部分前置。如正生时前躯前置，倒生时后躯前置。常用"前置"说明胎儿的反常情况，如前腿的腕部是屈曲的，腕部向着产道，叫腕部前置。

4. 分娩时胎位和胎势的改变

分娩时胎向不发生变化，但胎位和胎势则必须发生改变，使胎儿纵轴成为细长，以适应骨盆腔的情况，有利于分娩。这种改变主要靠阵缩压迫胎盘血管，胎儿处于缺氧状态，发生反射性挣扎所致。结果胎儿由侧位或下位转为上位，胎势由屈曲变为伸展。

一般家畜分娩时，胎儿多是纵向，头部前置，马约占 98%～99%、牛约 95%、羊 70%、猪 54%。牛羊双胎时，多为一个正生，一个倒生；猪常常是正倒交替产出。

正常姿势在正生时两前肢、头颈伸直，头颈放在两前肢上面，后肢踢腹；倒生时，两后肢伸直。这种以楔状进入产道的姿势，容易通过骨盆腔。

5. 分娩时母畜采取的最佳姿势

股四头肌、臀中肌、半腱肌、半膜肌附着在骨盆荐坐韧带之外，对分娩有较大的影响。家畜站立时，这些肌肉压迫臀部，有碍荐坐韧带的松弛，对开放产道也不利，因而家畜在分娩的最紧要关头（即排出胎儿膨大部时），往往自动蹲下或侧卧，减少对荐坐韧带的压力同时增加对产道的排出推力，因而侧卧对产畜来说是有利的。

但在难产时，如发生胎儿姿势异常时，为使胎儿能被推回腹腔矫正，一般使家畜呈站立姿势。如果家畜由于疲劳而不能站立时，常用垫草抬高后躯。

四、分娩过程

分娩是借助子宫和腹肌的收缩把胎儿及其附属物（胎衣）排出来，可分为三个阶段：开口期（从分娩开始到子宫颈口开张）；胎儿产出期（从子宫颈口开张到胎儿产出）；胎衣排出期（从胎儿产出到胎衣排出）。

（一）开口期

从子宫开始间歇性收缩到子宫颈口完全开张、与阴道之间的界限完全消失为止。这一期的特点是：母畜只有阵缩而不出现努责。初产孕畜表现起卧不安、举尾徘徊、食欲减退。经产孕畜一般表现安静。

由于子宫颈的扩张和子宫肌的收缩，迫使胎水和胎膜推向松弛的子宫颈，促使子宫颈开张。开始子宫肌收缩每 15min 一次，每次持续 20s。但随时间的进展，收缩频率、强度和持续时间增加，一直到最后每隔几分钟收缩一次。此时，母畜表现为神态不安，食欲减退，回视腹部，徘徊运动，时起时卧，鸣叫，频频举尾，常做排尿姿势，有时可见胎水排出。

子宫颈口开张的原因：一是松弛素和雌激素的作用使子宫颈变软；二是由于子宫颈是子宫肌的附着点，子宫肌收缩及子宫内压升高迫使子宫颈开张。开张后，使胎儿和尿膜绒毛膜进入骨盆入口，尿膜绒毛膜在该处破裂，胎水流出阴门，假如紧接着不露出羊膜囊，就会发生难产。

（二）胎儿产出期

胎儿产出期指从子宫颈完全开张到排出胎儿为止。由阵缩和努责共同作用，而努责是排出胎儿的主要力量，它比阵缩出现得晚、停止得早。每次阵缩时间为 2～5min，而间歇期为 1～3s。

此期产畜极度不安、痛苦难忍，起先时常起卧、前蹄刨地、后肢踢腹、回顾腹部、嗳气、弓背努责；继而产畜侧卧、四肢伸直，强烈努责。呼吸脉搏加快，牛脉搏达 80～130 次/min、马 80 次/min、猪 100～160 次/min。

牛、羊多数是由羊膜绒毛膜形成囊状突出至阴门内和阴门外，膜内有羊水和胎儿，羊膜绒毛膜破裂后排出羊水和胎儿。马尿膜绒毛膜先露，在产出过程中压力增大使它在阴门内或阴门外破裂，使黄褐色的稀薄尿水流出来，称第一胎水。继尿流出后，尿膜羊膜囊开始通过产道并有一部分突出阴门外，透过尿膜可见到胎儿及羊水。尿膜羊膜囊多在胎儿的前置部分露出后破裂，流出羊水为第二胎水。

胎水排出后，胎儿的头部及两前肢随即露出，但胎儿通过产道较费劲、时间也较长。每一次强烈阵缩与努责都驱使胎儿娩出得到进展，在间歇又稍有退回，如此反复几次，则胎头露出，至此母畜休息片刻，而后又重新出现强烈的阵缩与努责，最后终于将胎儿排出体外，仅胎衣仍留在子宫内。

由于牛的骨盆结构特殊，牛的产出期时间较长，一般为 0.5～4h。羊多在上午 9～12 时和下午 3～6 时产羔，绵羊的产出期约 1.5h，双胎间隔 15min；山羊的产出期约 3h，双胎间隔 5～15min。马的产出期为 10～30min。

猪分娩时均侧卧。子宫除纵向收缩外，还分节收缩。收缩先由距子宫颈最近的胎儿开始，子宫的其余部分不收缩，然后一般两子宫角轮流收缩，逐步到达子宫颈尖端，依次将胎儿全部排出。猪的胎膜不露在阴门外，胎水极少，当努责 1～4 次即可产出一仔，间隔时间 5～20min，产出所用时间依胎儿多少而有不同，仔猪产出期一般为 2～6h。

牛、羊的胎盘属子叶性，胎儿产出时胎盘与母体子叶继续结合供氧，不会发生窒息。但猪、马、驴属于弥散性胎盘，胎儿胎盘和母体胎盘的联系不紧密，子宫的强烈收缩容易使两者分开。胎儿与母体的联系在开口期开始不久就被破坏，切断了氧的供应，所以在产出期应尽快排出胎儿，以免胎儿发生窒息。

（三）胎衣排出期

胎衣是胎儿的附属膜的总称。此期指从胎儿排出后到胎衣完全排出为止。其特点是：胎儿排出后，产畜即安静下来，经过几分钟，子宫主动收缩有时还配合轻度努责而使胎衣排出。

排出胎衣的机理：子宫强烈收缩，从绒毛膜和子叶中排出大部分血液使母体子宫黏膜腺窝压力降低；胎儿排出后，母体胎盘的血液循环减弱，子宫黏膜腺窝的紧张性减低；胎儿胎盘的血液循环停止，绒毛膜上的绒毛体积缩小、间隙增大，使绒毛很容易从腺窝中脱落。

由于母体胎盘血管没受到破坏，所以各种家畜的胎衣脱落都不会引起出血。

牛胎衣排出期为 2～8h，最多 12h。羊胎衣在分娩后 2～4h 内排出。猪产后 10～60min 排出两堆胎衣，每堆胎衣彼此套叠，不易分开。

各种母畜分娩各阶段所需时间如表 6-5 所示。

表 6-5　各种母畜分娩各阶段所需时间

畜　别	开口期	胎儿产出期	胎衣排出期
牛	6(1～12)h	0.5～4h	2～8h
水牛	1(0.5～2)h	20min	3～5h
马	12(1～24)h	10～20min	20～60min
猪	3～4(2～6)h	2～6h	10～60min
羊	4～5(3～7)h	0.5～2h	2～4h
骆驼	11(7～16)h	25～30min	70min
鹿	1(0.5～2)h	1(0.5～2)h	50～60min
犬	3～6h	3～6h	3～6h
兔	20～30min	20～30min	20～30min

五、正常分娩的助产

（一）助产前的准备

提前对产房进行卫生消毒。根据母畜的配种记录和分娩征兆，分娩前一周将孕畜转入产房。铺垫柔软干草，对其外阴部进行消毒，尾巴拉向一侧。准备必要的药品及用具：肥皂、毛巾、刷子、绷带、消毒液（新洁尔灭、来苏儿、酒精和碘酒）、产科绳、镊子、剪子、脸盆、诊疗器械及手术助产器械。母畜多在夜间分娩，应做好夜间值班，遵守卫生操作规程。

（二）正常分娩的助产

一般情况下，正常分娩无须人为干预。助产人员的主要任务在于监视分娩情况和护理仔畜。助产人员要清洗即产母畜的外阴部及其周围，并用消毒药水消毒。马、牛须用绷带缠好尾根，拉向一侧系于颈部。在产出期开始时，助产人员应穿好工作服及胶围裙、胶靴，消毒手臂，准备做必要的检查工作。若是胎膜未破、姿势正常、母力尚可，则应稍加等待；若是胎膜已破、姿势异常、母力不佳，均应尽快助产。

助产时应注意检查母畜全身情况，尤其是眼结膜和可视黏膜、体温、呼吸、脉搏等。

为了防止难产，当胎儿前置部分进入产道时，可将手臂消毒后伸入产道，进行检查，确定胎儿的方向、位置及姿势是否正常。如果胎儿正常，正生时三件（唇、二蹄）俱全，可自然排出。此外还可检查母畜骨盆有无变形，阴门、阴道及子宫颈的松软程度，以判断有无产道反常而发生难产的可能。

当胎儿唇部或头部露出阴门外时，如果上面盖有羊膜，可帮助撕破，并把胎儿鼻腔内的黏液擦净，以利呼吸。但不要过早撕破，以免胎水过早流失。

阵缩和努责是仔畜顺利分娩的必要条件，应注意观察。胎头通过阴门困难时，尤其当母畜反复努责时，可沿骨盆轴方向将仔畜慢慢拉出，但要防止会阴撕裂。

猪在分娩时，有时两胎儿的产出时间会拖长。这时如无强烈努责，虽产出较慢，但对胎儿的生命没有影响；如曾强烈努责，但下一个胎儿并不立即产出，则有可能窒息死亡。

这时可将手臂及外阴消毒后，把胎儿掏出来；也可注射催产药物，促使胎儿早排出来。

（三）对新生仔畜的处理

（1）断脐　胎儿产出后，将其鼻孔、口腔内羊水擦净，并观察其呼吸是否正常，然后进行断脐。

（2）处理脐带　牛、羊胎儿产出时，脐带一般均被扯断，因脐血管回缩，脐带断端仅为一羊膜鞘。马的则不断，为了使胎盘上更多的血液流入幼驹体内，可在脐带上涂5%碘酒后，用左、右手轮流从母马阴门向幼驹腹部将脐带，至脐动脉搏动停止以后再将若干次，到脐血管显得空虚时，距腹部8～10cm处将脐带剪断，这对增进幼驹健康有好处。

胎儿产出后，脐血管由于前列腺素的作用而迅速封闭。所以，处理脐带的目的并不在于防止出血，而是希望断端及早干燥，避免细菌侵入。结扎和包扎会妨碍断端中液体的渗出及蒸发，而且包扎物浸上污水后反而容易感染断端，不宜采用。可以在脐带上充分涂以碘酒；最好在碘酒内浸泡，每天一次，即能很快干燥。碘酒除有杀菌作用外，对断端也有鞣化作用。

（3）擦干身体　将幼畜身上的羊水擦干，天冷时尤须注意。牛羊可由母畜自然舔干，这样母畜可以吃入羊水，增强子宫的收缩，加速胎衣的脱落。对头胎羊须注意：不要擦羔羊的头颈和背部，否则母羊可能不认羔羊。

（4）扶助仔畜站立，帮助其吃初乳　新生仔畜产出不久即试图站起，但是最初一般站不起来，宜加以扶助。在仔畜接近母畜乳房以前，最好先挤出 2～3 把初乳，然后擦净乳头，让它吮乳。

（5）检查胎衣是否完整和正常　以便确定是否有部分胎衣不下和子宫内是否有病理变化。胎衣排出后，应立即取走，以免母畜吞食后引起消化紊乱。特别要防止母猪吞食胎衣，否则会养成母食仔猪的恶癖。

（6）供给母畜足够的温水或温麸皮水　产后数小时，要观察母畜有无强烈努责，强烈努责可引起子宫脱出，要注意看护防治。

六、难产及其助产

（一）难产的分类

在母畜分娩过程中，如果母畜产程过长或胎儿排不出体外，称为难产。根据引起难产的原因不同，可将难产分为产力性难产、产道性难产、胎儿性难产。

1. 产力性难产

阵缩及努责微弱；阵缩及破水过早及子宫疝气。

2. 产道性难产

子宫位置不正；子宫颈、阴道及骨盆狭窄；产道肿瘤。

3. 胎儿性难产

胎儿过大、过多；胎儿姿势不正（头、前后肢不正）；胎儿位置不正（侧位、下位）；胎儿方向不正（竖向、横向）。

在以上三种难产中，以胎儿性难产最为多见，在牛的难产中约占 3/4；在马、驴难产中可达 80%；而在猪中，以胎儿过大引起的难产较多。在临床中，难产的出现往往并不是由单一因素引起，如子宫颈狭窄伴以胎儿姿势反常、前肢和头部姿势可能同时发生不正等。在各种家畜中，由于牛的骨盆比较狭窄，骨盆轴不像马那么直而短，分娩时不利于胎儿通过，所以难产要比马、羊多见。

（二）难产的检查

为了判明难产的原因，除了检查母畜全身状况外，必须重点对产道及胎儿进行检查。

1. 产道检查

主要检查是否干燥、有无损伤、是否水肿或狭窄，子宫颈开张程度（母牛子宫颈开张不全较多见），硬产道有无畸形、肿瘤，并注意流出的液体和气味。

2. 胎儿检查

不仅要了解其进入产道的程度、正生或倒生以及姿势、胎位、胎向的变化，而且要判定胎儿是否存活。

检查的要领是：正生时，将手指伸入胎儿口腔，或轻拉舌头或按压眼球或牵拉刺激前肢，注意其有无生理反应，如口吸吮、舌收缩、眼转动、肢伸缩等；也可触诊颌动脉或心区，感觉其有无搏动。倒生时最好触到脐带查明有无搏动，或将手指伸入肛门或牵拉后肢，注意有无收缩或反应。如胎儿已死亡，助产时可不顾忌胎儿的损伤。

（三）难产的救助原则及方法

难产的种类复杂，助产的方法也较多。但不管哪一种难产的助产，都必须遵守一定的操作原则。助产的目的不仅是保住母畜的性命、救出活的胎儿，还要尽量避免产道的感染和损伤，尽量保证母子平安，必要时可舍子保母。

发现母畜难产，首先查明难产的原因和种类，对症助产。产力不足引起的难产，可用催产素或拽住胎儿的前置部分，将胎儿拉出体外。硬产道狭窄及子宫颈有瘢痕，胎儿过大引起的难产，可实行剖宫产术。如软产道轻度狭窄造成的难产，可向产道内灌注石蜡油，然后缓慢地强行拉出胎儿，并注意保护会阴，防止撕裂。当胎儿过大单独引起的难产时，可用强行拉出胎儿的办法救助，如拉不出则实行剖腹产；如胎儿死亡，可实行截胎手术。对胎势、胎向、胎位异常引起的难产，应先加以矫正，然后拉出胎儿；矫正有困难时，可实行剖腹产或截胎手术。

母畜横卧保定时，尽量将胎儿的异常部分向上，以利操作。为了便于推回或拉出胎儿，尤其是产道干燥时，应向产道内灌注润滑剂，如肥皂水或油类。矫正胎儿反常姿势时，应尽量将胎儿推回到子宫内，否则产道容积有限不易操作，推回的时机应在阵缩的间歇期。前置部分最好栓上产科绳。

拉出胎儿时，应随母畜的努责而用力，对大家畜人数不宜过多，并在术者统一指挥下试探进行。注意保护会阴，特别是初产母牛胎头通过阴门时，会阴容易撕裂。

（四）难产预防

难产虽不是十分常见的问题，但极易引起仔畜死亡，且若处理不当，会使子宫及软产道受到损伤或感染，轻者影响生育，重者危及生命。一般预防措施如下。

（1）切忌母畜过早配种　否则由于母畜尚未发育成熟，分娩时容易发生骨盆狭窄，造成难产。

（2）妊娠期间合理饲养　对母畜进行合理饲养，给予完善营养以保证胎儿的生长和维持母畜的健康，减少分娩时发生难产的可能性。怀孕末期，适当减少蛋白质饲料，以免胎儿过大。

（3）安排适当的使役和运动　提高母畜对营养物质的利用；使全身及子宫肌的紧张性提高。分娩时有利于胎儿的转位、防止胎衣不下及子宫复位不全等。

（4）做好临产检查　对分娩正常与否作出早期诊断的时间：牛从开始努责到胎膜露出或排出胎水这一段时间；马、驴是尿膜囊破裂，尿水排出之后，胎儿的前置部分进入骨盆腔的时间。检查方法：将手臂及母畜的外阴部消毒后，手伸入阴门，隔着羊膜（不要过早撕破，以免胎水流失，影响胎儿的排出）或伸入羊膜（羊膜已破时）触诊胎儿。如果摸到胎儿是正生，前置部分（头及两前肢）正常，可任其自然排出；如有异常应及时矫正。因此时胎儿的躯体尚未楔入骨盆腔，难产的程度不大，胎水尚未流尽，子宫内滑润，矫正容易。如马、牛的胎头侧弯较常见，在产出期，这种反常只是头稍微偏斜，少加扳动，即可拉直。

七、产后母畜及新生仔畜的护理

（一）产后恢复

产后恢复指胎盘排出、母体生殖器官恢复到正常不孕的阶段。此阶段是子宫内膜的再生、子宫复原和重新开始发情周期的关键时期。

1. 子宫内膜的再生

分娩后子宫黏膜表层发生变性、脱落，由新生的黏膜代替曾作为母体胎盘的黏膜。在再生过程中，变性的母体胎盘、白细胞、部分血液及残留胎水、子宫腺分泌物等被排出，最初为红褐色，以后变为黄褐色，最后为无色透明，这种液体叫恶露。恶露排出的时间：马为 2～3d，牛为 10～12d，绵羊为 5～6d，山羊为 14d 左右，猪为 2～3d。恶露持续时间过长，说明子宫内有病理变化。

牛子宫阜表面上皮，在产后 12～14d 通过周围组织的增殖开始再生，一般在产后 30d 内才全部完成；马产后第一次发情时，子宫内膜高度瓦解并含有大量白细胞，一般产后 13～25d 子宫内膜完成再生；猪子宫上皮的再生在产后第一周开始，第三周完成。

2. 子宫复原

子宫复原指胎儿、胎盘排出后，子宫恢复到未孕时的大小。子宫复原时间：牛需30～45d，马产驹1个月之后，绵羊24d，猪28d。

3. 发情周期的恢复

牛：卵巢黄体在分娩后才被吸收，因此产后第一次发情较晚。若产后哺乳或增加挤奶次数，发情周期的恢复就更长。一般产犊后卵泡发育及排卵常发生于前次未孕角一侧的卵巢。

马：卵巢黄体在妊娠后半期开始萎缩，分娩时黄体消失。因此分娩后很快就有卵泡发育，且产后发情出现的早。一般产后十几天便发生第一次排卵。

猪：分娩后黄体很快退化，产后 3～5d 便可出现发情，但因此时正值哺乳期，卵泡发育受到抑制，所以不排卵。

（二）新生仔畜的护理

1. 注意观察脐带

脐带断端一般于生后1周左右干缩脱落，仔猪生后 24h 即干燥。

此期注意观察，勿使仔畜间互相舔吮以防止感染发炎。如脐血管闭锁不全，有血液滴出，或脐尿管闭锁不全，有尿液流出，应进行结扎。

2. 保温

新生仔畜体温调节能力差，体内能源物质储备少，对极端温度反应敏感。尤其在冬季，应密切注意防寒保温，例如：采用红外线保育箱（伞）、火炕（墙、炉）、暖气片或空调等，确保产房温度适宜。

3. 让新生仔畜早吃和吃足初乳

初乳不仅含有丰富的营养（大量的维生素 A 有利于防止下痢，大量的蛋白质无须经过消化可直接被吸收）及较多的镁盐（软化和促进胎粪排出），而且含有大量抗体，可增加仔畜抵抗力。

4. 预防疾病

由于遗传、免疫、营养、环境等因素以及分娩的影响，仔畜常在生后不久多发疾病，如脐带闭合不全、胎粪阻塞、白肌病、溶血病、仔猪低血糖、先天性震颤等。因此，应积极采取预防措施：一是做好配种时的种畜选择；二是加强妊娠期间的饲养管理；三是注意环境卫生。对于发病者针对其特征及时进行抢救。

（三）母畜产后护理

母畜在分娩和产后期，生殖器官发生了很大变化。分娩时子宫收缩，子宫颈开张松弛，在胎儿排出的过程中产道黏膜表层有可能受损伤，分娩后子宫内沉积大量恶露，为病原微生物的侵入和繁衍创造了条件，降低了母畜机体的抵抗力。因此，对产后期的母畜要加强护理，以使其尽快恢复正常、提高抵抗力。

母畜产后最初几天要给予品质好、易消化的饲料，约1周后即可转为正常饲养。在产后如发现尾根、外阴周围黏附恶露时，要清洗和消毒，并防止蚊、蝇叮咬，垫草要经常更换。

分娩后要随时观察母畜是否有胎衣不下、阴道或子宫脱出、产后瘫痪和乳房炎等病理现象，一旦出现异常现象，要及时诊治。

分娩后的母畜会有口渴现象，在产后要准备好新鲜清洁的温水，以便在母畜产后及时给予补水。饮水中最好加入少量食盐和麸皮，以增强母畜体质，促进母畜健康恢复。

八、拓展资源

1. 许美解，李刚. 动物繁殖技术. 北京：化学工业出版社，2009.
2. 张忠诚. 家畜繁殖学. 北京：中国农业出版社，2006.
3. 桑润滋. 动物繁殖生物技术. 北京：中国农业出版社，2001.
4. 耿明杰. 畜禽繁殖与改良. 北京：中国农业出版社，2006.
5. 《畜禽繁育》网络课程：http://portal. lnnzy. cn/kczx/xuqinfanyu/index. html.

➢ 工作页

子任务 6-2 分娩与助产资讯单见《学生实践技能训练工作手册》。
子任务 6-2 分娩与助产记录单见《学生实践技能训练工作手册》。

任务 7

胚胎移植

❖ 学习目标

- 能够根据实际生产需要，制定胚胎移植工作方案。
- 能够根据生产实际和工作方案，开展胚胎移植技术的操作和实施。

❖ 任务说明

■ 任务概述

胚胎移植技术是良种家畜扩繁的高效技术；特别针对牛方面来说相对比较成熟，逐步得到广泛应用。胚胎移植技术能够更加充分发挥母畜的繁殖潜力，对全面改善畜群结构意义重大。胚胎移植任务重点以牛为代表，涉及了胚胎的获取及检查、胚胎移植等工作内容，是实践性非常强的任务；该任务需要在充分理解工作机理基础上，能够制定实际的工作方案，并在实践中予以合理应用。

■ 任务完成的前提及要求

遗传性状优质家畜的扩繁。

■ 技术流程

供体和受体的选择 → 供体母畜超数排卵 → 受体母畜的同期发情 → 胚胎的采集 → 胚胎的检查与鉴定 → 胚胎移植及术后观察

❖ 任务开展的依据

子任务	工作依据及资讯	适用对象	工作页
7 胚胎移植	胚胎移植生物学基础、胚胎移植程序	高职生	7

❖ 子任务 7　胚胎移植

➢ 资讯

一、胚胎移植概念和意义

1. 概念

胚胎移植又称受精卵移植，俗称"借腹怀胎"。它是将体内、外生产的哺乳动物早期胚胎移植到同种的生理状态相同的雌性动物生殖道内，使之继续发育成正常个体的生物技术。提供胚胎的雌性动物叫供体，接受胚胎的动物称受体。在畜牧生产中，家畜的超数排卵和胚胎移植通常同时应用，合称超数排卵胚胎移植技术，简称为 MOET 技术。胚胎移植后代的遗传特性，取决于胚胎的双亲。

2. 胚胎移植在畜牧生产上的意义

（1）提高良种母畜繁殖力　在胚胎移植中，供体母畜职能是生产遗传性能优秀的胚胎，而胚胎后期发育完全可以由遗传性能一般的代孕受体来完成；从而可以充分发掘母畜的繁殖潜能，尤其对于繁殖力低等优良母畜效果更为明显。

（2）提升良种引进的效率　活畜引进不仅价格高、运输不便、检疫和隔离程序复杂，而且还存在风土驯化的问题。胚胎移植与胚胎冷冻技术相结合后，良种的引进可简化为冷冻胚胎的引进，不仅运输方便、检疫程序简单、成本低廉，而且后代对引种地生态环境适应性和抗病力增强。

（3）降低种质资源保存费　用胚胎移植和胚胎冷冻技术为保存国家或地区间特有的家畜品种资源，建立种质资源库提供新的技术手段。活畜保种不仅成本很高、规模有限，而且还容易发生基因漂变。

（4）加速育种进程　MOET 技术能大幅度提高母畜繁殖力，扩大优秀母畜在群体中的影响，增加后代选择强度。如在奶牛育种中，MOET 技术能获得更多具有高产性能的半同胞和全同胞，在较短的时间内达到后裔测定所要求后代的数量，提早完成后裔测定工作，增加选择强度和准确性，缩短育种进程。

（5）利于防疫　在养猪业中，为了培育无特异病原体（SPF）猪群，向封闭猪群引进新的个体时，作为控制疾病的一种措施，采用胚胎移植技术代替剖腹取仔的方法。

（6）促进生殖生理理论与胚胎生物技术的发展　胚胎移植技术是研究哺乳动物受精和早期胚胎发育机理不可缺少的手段，如受精后胚胎发育潜力的衡量、调控早期胚胎发育关键基因功能的确定、妊娠识别和胚胎附植机理的研究都需要通过胚胎移植来实现。

二、胚胎移植的生理学基础与基本原则

（一）生理学基础

1. 母畜发情后生殖器官的孕向发育

母畜发情排卵后，不论是否配种或者配种后卵子是否受精，生殖器官都会发生一系列变化。如卵巢上出现黄体，孕激素大量分泌并维持在较高的水平。在孕激素作用下，子宫内膜增厚，子宫腺体发育且分泌活性增强，子宫蠕动减弱，子宫颈被黏稠分泌物封闭等，这些变化都为早期胚胎发育创造良好环境。在正常自然状态下，母畜发情、配种、受精和妊娠是连续的、不间断的、有规律性的生理现象。因此，母畜在发情后一定时间内，无论生殖道内有无胚胎存在，生殖系统的变化都是相同的，为胚胎移植提供了可能。

2. 早期胚胎的游离状态

胚胎在附植之前一般处于游离状态，从输卵管移行到子宫角，发育需要的营养主要来源于自身贮存物质以及输卵管、子宫内膜分泌物，胚胎与子宫未建立组织联系。这一特性是胚胎采集、保存、培养和体外操作等重要理论基础。

3. 胚胎移植与免疫排斥的影响

在妊娠期，由于母体局部免疫发生变化以及胚胎表面特殊免疫保护物质的存在，受体母畜对同种胚胎、胎膜组织一般不发生免疫排斥反应。所以，在同种动物内，胚胎从一个母体子宫或输卵管移入另一个母体子宫或输卵管不仅能够存活下来，而且还可与子宫内膜

建立密切的组织联系，保证胎儿健康发育。

4. 胚胎遗传物质的稳定性

胚胎遗传信息在受精时就已确定，以后的发育环境只影响其遗传潜力的发挥，而不能改变它的遗传特性。因此，胚胎移植后代的遗传性状由供体母畜及与其配种公畜决定，代孕母体仅影响其体质的发育。

（二）胚胎移植遵循的基本原则

1. 胚胎移植前后环境的同一性

同一性的原则要求胚胎的发育阶段与移植后的生活环境相适应，这主要包括以下几个方面。

（1）胚胎供体与受体属于同一物种 分类关系较远的物种，由于胚胎的生物学特性、发育所需环境条件、胚胎发育速度与子宫环境差异太大，胚胎与受体子宫间无法进行妊娠识别和胚胎附植。

（2）生理上的一致性 胚胎发育阶段与受体发情时间上的一致性。母畜发情以后，生殖道孕向发育进程与胚胎发育阶段是一致的，不同发育阶段胚胎应移植到相应发情阶段受体生殖道内。

（3）胚胎发育阶段与受体生殖道解剖位置的一致性 早期胚胎发育是从母体输卵管向子宫角运行过程中完成的，在母体内不同发育阶段胚胎处于不同的解剖位置。同一发育阶段的胚胎在不动物内所处的解剖位置不同。如果发育阶段与所处的环境不统一，胚胎将不能正常发育或与母体的妊娠识别失败。如牛、羊16细胞之前胚胎通常移入输卵管中，而桑葚胚以后的胚胎需要移入子宫角。

2. 胚胎移植的有效时间

胚胎移植的理想时间应在妊娠识别发生之前，通常是在供体发情配种后3~8d内采集胚胎，受体也在相同时间接受胚胎移植。

3. 胚胎质量的评定

胚胎移植的全过程，需要经过胚胎的鉴定、评级，才可以用于移植；该环节对于保障胚胎移植效果十分重要。

三、胚胎移植的技术程序

胚胎移植主要包括供、受体母牛的选择，供、受体同期发情，供体的超数排卵，供体的配种，胚胎采集，胚胎质量鉴定和保存，胚胎的移植技术等环节。胚胎移植程序见图7-1。

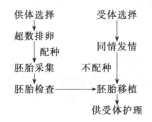

图 7-1 胚胎移植程序示意图

1. 供体和受体的选择

供体一般要求具有较高育种价值，健康，生殖功能正常，并对超数排卵反应较好的母畜。受体应该选择健康、繁殖性能良好，体型较大的母畜；并且受体发情生理周期应正常，并对同期发情反应良好为佳。

2. 超数排卵

注射外源促性腺激素，使卵巢比自然发情时有更多的卵泡发育并排卵。主要利用缩短黄体期的前列腺素或延长黄体期的孕酮，结合促性腺激素进行家畜的超数排卵。

3. 同期发情

同期发情是指是诱导家畜群体在同一时期集中发情排卵的技术；该技术除了在胚胎移植中应用外，也可为了便于组织管理和提高繁殖力等环节中应用。同期发情可以采用孕激素埋植法、孕激素引导栓法、前列腺素注射法等方法；同时经常配合使用 PMSG、FSH、LH、HCG 等。

4. 胚胎采集

胚胎的采集可采用手术法和非手术法；通常在牛上采用冲洗液从生殖道内冲取的非手术方式进行。牛胚胎采集时间一般在配种后 6～8d 进行；并且采集的部位为子宫角。

胚胎采集包括冲胚液的配制与灭菌、冲胚器械的准备、供体母畜的检查与麻醉、冲胚操作等步骤。

冲胚液目前最常用的是杜氏磷酸缓冲液（PBS）；该溶液现已经有专门的公司生产提供；这些溶液的主要成分包括无机盐、缓冲物质、能量物质、抗生素和大分子物质。冲卵前，冲卵液通常要用水浴锅或恒温箱，保持 37℃ 的温度。

冲取牛胚胎通常采用二路式或三路式冲胚管进行（图 7-2），使用前需要进行灭菌和消毒，并检查是否漏气。

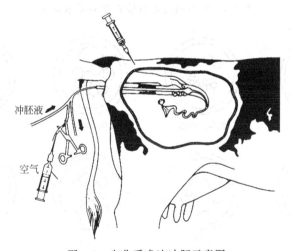

冲胚液

空气

图 7-2　牛非手术法冲胚示意图

冲取牛胚胎时，母牛用普鲁卡因等药物实施麻醉，麻醉后将尾巴竖直绑在保定架上，清除直肠内的宿粪，用 0.1% 高锰酸钾溶液冲洗消毒并用灭菌的卫生纸擦干，最后用 70% 酒精棉球消毒外阴。通过直肠把握，对青年牛可用扩张棒对子宫颈进行扩张，并用黏液去除器去除子宫颈黏液，然后把带芯的冲胚管慢慢插入子宫角，当冲胚管达到子宫角大弯处，抽取内芯；并继续向前推冲胚管到达距宫管结合部 5～10cm 处。用注射器向冲胚管中，冲入 10ml 气体，固定住冲胚管。然后，用 Y 形硅胶管将吊瓶和冲胚管连接在一起，然后将吊瓶挂在距母牛外阴部垂直上 1m 处。冲胚操作者用一只手控制液流开关，向子宫角灌注冲胚液 20～50ml 时，另一只手通过直肠按摩子宫角。在灌流的时候用食指和拇指捏紧宫管结合部；灌流完毕后关闭进流阀，开启出流阀，用集卵杯或量筒收集冲胚液，同时从宫管结合部向冲胚管方向挤压子宫角，以使灌入的胚液尽可能被回收。如此反复冲洗和回收8～10次，每侧子宫角的总用量为300～500ml。收冲胚液的集卵杯或量筒密闭后，置于37℃的恒温箱或无菌室内静置。一侧子宫角冲胚结束，用相同的方法冲洗另一侧。两侧子宫角冲胚完成后，放出气囊中的一部分气体，将冲胚管抽至子宫体，灌注抗菌药物。

5. 胚胎的检查

胚胎的检查是指在体视镜下从冲卵液回收胚胎，同时检查胚胎的数量和质量。牛不同发育阶段正常胚胎示意图见图7-3，异常胚胎示意图见图7-4。对发育正常的胚胎供移植，胚胎检查通常涉及对胚胎进行分级，一般分为A、B、C、D。

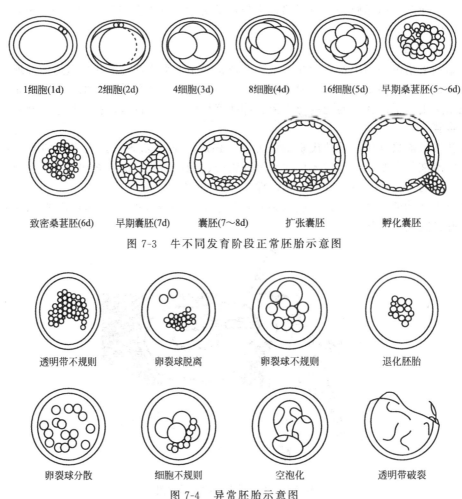

图 7-3　牛不同发育阶段正常胚胎示意图

图 7-4　异常胚胎示意图

A级胚胎发育阶段与母畜发情时间相吻合；形态完整、外形匀称；卵裂球轮廓清晰，大小均匀，无水泡样卵裂球；结构紧凑，细胞密度大；色调和透明度适中，没有或只有少量游离的变性细胞，变性细胞的比例不超过10％。

B级胚胎发育阶段与母畜发情时间基本吻合；形态完整，轮廓清晰；细胞结合略显松散，密度较大；色调和透明度适中；胚胎边缘突出少量变性细胞或水泡样细胞，变性细胞的比例为10％～20％。

C级胚胎发育阶段比正常迟缓1～2d，轮廓不清晰，卵裂球大小不均匀；色泽太明或太暗，细胞密度小；游离细胞的比例达到，细胞联结松散；变性细胞的比例为40％～30％。

D级胚胎为未受精卵或发育迟缓 2d 以上，细胞团破碎，变性细胞的比例超过 50%，死亡退化的胚胎超过 50%，死亡退化的胚胎。

A和B级胚胎可用于鲜胚移植或冷冻保存；C级胚胎只能用于鲜胚移植，不能进行冷冻保存；D级胚胎为不可用。

6. 胚胎的保存

胚胎的保存是指将胚胎在体内或体外正常发育温度下，暂时储存起来而不使其失去活力；或者将其保存于低温或超低温情况下，使细胞处于新陈代谢和分裂速度减慢或停止，即使其发育处于暂时停顿状态，一旦恢复正常发育温度时，又能再继续发育。胚胎冷冻保存应用更为普遍，便于胚胎运输、建立动物基因库。目前多采用液氮下保存动物胚胎。

7. 胚胎的移植

目前，牛主要采用非手术法移植。方法是用移植枪，通过直肠把握子宫角的方法将胚胎移入有黄体侧的子宫角内。移植采用器械为胚胎移植枪，移植枪配有塑料硬外套、无菌软外套。

胚胎移植前一天要检查黄体的发育状况，黄体的直径应在 11～15mm 以上，手感弹性好，质地软而充实。可选用非优良品种个体，但应具有良好的繁殖性能和健康体况，可选择与供体发情周期同步的母牛为受体。

胚胎移植操作步骤如下。

① 受体保定，剪毛、消毒，在第 1、2 尾椎间注射 5～8ml 2% 普鲁卡因或利多卡因进行硬膜外麻醉，清除宿粪，用高锰酸钾水冲洗外阴部，用卫生纸擦干后用酒精消毒。

② 对照受体发情记录，选择合适阶段和级别的胚胎，装入细管和胚胎移植枪中，套上硬外套，用塑料环卡紧，最后套上灭菌软外套。

③ 将移植枪插入阴道子宫颈外口，捅破软外套，用直肠把握法将移植枪插入黄体侧子宫角的大弯处，推出胚胎，缓慢、旋转地抽出移植枪，最后轻轻按摩子宫角 3～4 次。

8. 受体移植后的饲养管理

受体牛在胚胎移入以后要加强饲养管理，注意补充足量的维生素、微量元素，适当限制能量饲料的摄入，避免应激反应。受体牛在胚胎移入后 60～90d 需要进行妊娠检查。妊娠母畜与空怀母畜分群饲养和管理。根据当地的疾病发生情况，适时注射疫苗，以防止胎儿流产或传染病的发生。

四、拓展资源

1. 许美解，李刚. 动物繁殖技术. 北京：化学工业出版社，2009.
2. 张忠诚. 家畜繁殖学. 北京：中国农业出版社，2006.
3. 桑润滋. 动物繁殖生物技术. 北京：中国农业出版社，2001.
4. 《畜禽繁育》网络课程：http://portal.lnnzy.cn/kczx/xuqinfanyu/index.html.

➢ 工作页

子任务 7　胚胎移植资讯单见《学生实践技能训练工作手册》。
子任务 7　胚胎移植记录单见《学生实践技能训练工作手册》。

任务 8

畜牧场繁殖综合管理

❖ 学习目标

- ■ 能够依据不同动物特点和牧场管理需要，确定牧场繁殖力评价指标。
- ■ 能够对牧场繁殖力状况进行分析；并根据分析状况提出繁殖综合管理措施。

❖ 任务说明

■ 任务概述

畜禽生产能力的管理重点之一在于繁殖管理。在生产中，一方面要重视单一动物个体繁殖性能发挥，另一方面更应该关注群体繁殖综合管理。只有系统地关注繁殖工作，牧场生产能力才有可能得到较好的保障。本任务从牧场繁殖指标确定入手，结合牧场繁殖能力分析，进而明确牧场繁殖力改进措施。该任务是畜禽繁殖工作中最具综合性和指导意义的任务。

■ 任务完成的前提及要求

主要畜禽繁殖力评价指标、正常家畜繁殖力水平。

■ 技术流程

繁殖管理 指标确定 → 牧场繁殖 能力分析 → 确定改进牧 场繁殖力措施

❖ 任务开展的依据

子任务	工作依据及资讯	适用对象	工作页
8-1 畜牧场繁殖管理指标	各动物繁殖指标	中职生	8-1
8-2 畜牧场繁殖综合管理措施	各动物繁殖力及影响繁殖因素	高职生	8-2

❖ 子任务 8-1　畜牧场繁殖管理指标

➤ 资讯

一、繁殖力的概念

繁殖力是畜牧场管理指标评价的基本依据。繁殖力是指家畜维持正常繁殖功能、生育后代的能力。

牧场通过繁殖力的测定，可以随时了解畜群的繁殖水平，反映生产管理和技术措施对繁殖力的影响，并有助于发现畜群的繁殖障碍，以便采取相应的措施，不断提高畜群的生产能力。

对于家畜个体而言，繁殖力是家畜繁殖功能水平的综合体现。对于种畜来说，繁殖力就是它的生产力。对母畜来说，繁殖力是一个包括多方面的综合性概念，它表现在性成熟的早晚，繁殖周期的长短，每次发情排卵数目的多少，卵子受精能力的高低，妊娠、分娩及哺乳能力高低等。概括起来，集中表现在一生或一段时间内繁殖后代数量多少的能力，其生理基础是生殖系统（主要是卵巢）功能的高低。对于公畜来说，主要表现为能否产生品质良好的精液和具有健全、旺盛的性行为。因此，公畜的生理状态、生殖器官特别是睾丸的生理功能、性欲、交配能力、配种负荷、与配母畜的情期受胎率、使用年限及生殖疾病等都是公畜繁殖力所涵盖的内容。

就整个畜群来说，繁殖力高低是综合个体的上述指标，以平均数或百分数表示之。如总受胎率、繁殖率、成活率和平均产仔间隔等。

繁殖力的影响因素很多，包括繁殖方法、技术水平、家畜本身的生理条件、牧场综合管理水平等。

二、评价繁殖力的主要指标及方法

不同品种家畜，各自的饲养管理条件和繁殖方法的不同，表示繁殖力的指标也不尽相同，目前国内外通常应用的主要有以下几种。

1. 受胎率

受胎率是评定母畜的受胎能力或公畜的受精能力的综合性指标。常有以下几种表示方法。

（1）情期受胎率　即表示妊娠母畜头数占配种情期数的百分率。

$$情期受胎率 = \frac{妊娠母畜数}{情期配种母畜数} \times 100\%$$

可按月份、季度进行统计。它在一定程度上更能反映出受胎效果和配种水平，能较快的发现畜群的繁殖问题。一般来说，情期受胎率要低于总受胎率。

情期受胎率又可分为第一情期受胎率和总情期受胎率：

① 第一情期受胎率　即第一情期配种的妊娠母畜数占第一情期配种母畜数的百分率。

$$第一情期受胎率 = \frac{第一情期配种的妊娠母畜数}{第一情期配种母畜数} \times 100\%$$

② 总情期受胎率　即配种后最终妊娠母畜数占总配种母畜情期数（包括历次复配情期数）的百分率。该指标可反应畜群的复配情况。

$$总情期受胎率 = \frac{最终妊娠母畜数}{情期配种母畜数} \times 100\%$$

（2）总受胎率　即最终妊娠母畜数占配种母畜数的百分率。一般在每年配种结束后进行统计，在计算配种头数时，通常建议把有严重生殖系统疾病和中途失配的个体排除。

$$总受胎率 = \frac{最终妊娠母畜数}{配种母畜数} \times 100\%$$

（3）不再返情率　即配种后某一定时间内，不再表现发情的母畜数占配种母畜数的百分率。但使用不返情率时，必须冠以观察时间，如 30～60d 止不返情率等。配种后母畜不发情的时间越长，不再发情率越接近实际受胎率。常用于猪、牛和羊。

$$不再返情率 = \frac{不再发情的母畜数}{配种母畜数} \times 100\%$$

2. 繁殖率

繁殖率即指本年度内出生仔畜数占上年度终存栏适繁母畜数的百分率。主要反映畜群增殖效率。

$$繁殖率=\frac{本年度内出生仔畜数}{上年度终存栏适繁母畜数}\times100\%$$

3. 成活率

成活率一般是指断奶成活率,即断奶时成活仔畜数占出生时活仔畜总数的百分率;或为本年度终成活仔畜数(可包括部分年终出生仔畜)占本年度内出生仔畜的百分比。

$$成活率=\frac{断奶时成活仔畜数}{出生时活仔畜数}\times100\% \quad 或 \quad 成活率=\frac{本年度终成活仔畜数}{本年度内出生仔畜数}\times100\%$$

4. 繁殖成活率

繁殖成活率即本年度内成活仔畜数占上年度终适繁母畜数的百分率。

$$繁殖成活率=\frac{本年度内成活仔畜数}{上年度终(本年初)适繁母畜数}\times100\%$$

5. 产犊指数

产犊指数是指母牛两次产犊所间隔的天数,也称产犊间隔。常用平均天数表示,奶牛正常产犊指数约为 365d,肉牛为 400d 以上。

6. 产仔窝数

产仔窝数一般指猪或兔在一年之内产仔的窝数。

7. 窝产仔数

窝产仔数即猪或兔每胎产仔的总数(包括死胎和死产)。是衡量多胎动物繁殖性能的一项主要指标。一般用平均数来比较个体和群体的产仔能力。

8. 产羔率

产羔率主要用于评定羊的繁殖,即产活羔数占分娩母羊数的百分率。

$$产羔率=\frac{产活羔羊数}{参加配种母羊数}\times100\%$$

除此之外,衡量繁殖力的指标还有配种率、流产率和空怀率等。

测定繁殖力的最好方法,一般是根据过去的繁殖成绩进行统计和比较。如:测定人工授精的种公牛繁殖力,需对公牛的精液进行大群的受胎试验,了解与配母牛的受胎情况;测定个别母牛的繁殖力,可根据每次受胎的配种情期数,配种期的长短和产犊间隔来比较。

其他家畜繁殖力的测定大致与牛相同。为了使畜群保持较高的繁殖力,必须经常整理、统计、分析有关生产技术资料(如配种、妊娠、产仔记录等),以便发现存在的问题并及时做出改进方案。

三、拓展资源

1. 许美解,李刚. 动物繁殖技术. 北京:化学工业出版社,2009.

2. 张忠诚. 家畜繁殖学. 北京:中国农业出版社,2006.

3. 桑润滋. 动物繁殖生物技术. 北京:中国农业出版社,2001.

4. 耿明杰. 畜禽繁殖与改良. 北京:中国农业出版社,2006.

5. 《畜禽繁育》网络课程:http://portal. lnnzy. cn/kczx/xuqinfanyu/index. html.

➤ 工作页

子任务 8-1　畜牧场繁殖管理指标资讯单见《学生实践技能训练工作手册》。

子任务 8-1　畜牧场繁殖管理指标记录单见《学生实践技能训练工作手册》。

❖ 子任务 8-2　畜牧场繁殖综合管理措施

➤ 资讯

一、家畜的正常繁殖力

所谓正常的繁殖力是指在正常的饲养管理条件下，所获得的最佳经济效益的繁殖力。在生产实际中，即使是满足家畜的正常繁殖功能的生理要求，在一个家畜群体中，也很少能达到 100％ 的繁殖率。

1. 牛的正常繁殖力

母牛的繁殖力常用一次受精后受胎效果来表示。此数值随着妊娠天数的增加，至分娩前达到最低数值。母牛一次配种后，虽然在第一月不再发情者可高达 71％ 以上，但最终产犊者一般为 50％～60％。根据奶牛场统计，牛的情期受胎率为 40％，全年可达 90％。

每头受胎母牛需要配种情期数越多，则实际受胎率越低。因此，在由于生育原因淘汰的母牛中，配种次数越多，淘汰比例也应越大。

在合理的饲养管理条件下，公牛产生正常而有受精能力的精子，同时要保持旺盛的性功能和较高的交配能力，以保证其精液通过自然交配或人工授精的方法得到较高的受精妊娠率。因此，认真检查公牛睾丸和生殖器官各部位的生理功能，测定公牛的性欲和交配能力，是保证公牛正常繁殖力和选择有最大繁殖潜力公牛的有效措施。

公牛具有高繁殖力的主要指标为：膘度适中、健壮、性欲旺盛、睾丸大而且有弹性、精液量大、精子活率高而密度大、畸形精子的比率低等。

2. 猪的正常繁殖力

公猪的繁殖力高低对母猪的受胎率、产仔数等有明显影响。要求公猪有旺盛的性欲，保证其顺利地完成交配和采精。其次，公猪精液的品质和射精量是影响其繁殖力的重要因素。

在正常情况下，母猪的实际繁殖力也低于其可能达到的水平。影响母猪的繁殖力因素除受胎率外，更重要的是年产仔窝数和断奶仔猪数。

猪的情期受胎率一般在 75％～80％，总受胎率可达 85％～90％，平均窝产仔数为 8～14 头。猪的繁殖力受品种、胎次、年龄等因素影响很大，不同品种、同一品种不同家系之间的繁殖力不同。

3. 羊的正常繁殖力

母绵羊的正常繁殖力因品种和饲养条件而定。在气候和饲养条件不良的高纬度、高原地区，母羊一般产单羔；但在低纬度和饲养条件较好的地区，如我国的小尾寒羊和湖羊等品种大多产双羔，有时产三羔以上。表示母羊繁殖力的方法，常用每 100 头配种母羊产羔羊数来表示。

对于进行自然交配的种公羊来说，正常情况下交配而未孕的母羊百分数，可反映出不同公羊的繁殖力。对于各品种的公羊来说，这一指标有一个平均的范围，一般在 0～30％之间。若低于 5％可认为是繁殖力很高的公羊。除此之外，目前把睾丸的大小、质地，精液品质和性欲等作为公羊繁殖综合评定的主要依据。

4. 马的正常繁殖力

一般来说，马的繁殖力比其他家畜低。我国东北马匹集中地区多年来的民马繁殖情况，一般情期受胎率为 50％～60％，全年受胎率为 80％左右。由于流产现象较多，实际繁殖率为 50％。

二、繁殖障碍

繁殖障碍是指家畜生殖功能紊乱和生殖器官畸形以及由此引起的生殖活动的异常现象。繁殖障碍是使家畜繁殖力降低的主要原因，因此了解引起繁殖障碍的原因，对于正确治疗繁殖疾病、提高家畜繁殖率具有重要意义。

（一）公畜繁殖障碍

1. 功能性繁殖障碍

（1）隐睾 隐睾症为隐性遗传病，发病率以猪最高，可达 1％～2％，牛为 0.7％，犬为 0.05％。一侧或两侧睾丸位于腹股沟或腹腔内，因为温度较高，所以不能产生正常的精子。在群体中，一旦发现隐睾症个体，就应该淘汰所有与之有亲缘关系的个体。

（2）睾丸和附睾发育不全 公畜生殖道发育不全或一部分缺失，睾丸发育不全通常表现为精细管生殖层的不完全发育。所有家畜均可发生睾丸发育不全，发病率较隐睾症高，在一些牛群中可达 20％，在一些猪群中可达 60％，一些病例只有一侧睾丸发育不全，有的则为两侧睾丸发育不全。睾丸发育不全的公畜应及早淘汰。如果是遗传原因引起的睾丸发育不全，还应淘汰其同胞甚至其父母。

（3）性欲缺乏 是指公畜在交配时性欲不强，以致阴茎不能勃起或不愿意与母畜接触的现象。公马和公猪较多见，其他家畜也常发生。

（4）交配困难 主要表现在公畜爬跨、阴茎的插入和射精等交配行为发生异常。爬跨无力是老龄公牛和公猪常发生的交配障碍。蹄部腐烂、四肢外伤、后躯或脊椎发生关节炎等，都可造成爬跨无力。阴茎发育不良或不能充分伸出，交配时限制或妨碍阴茎插入引道。

神经过度兴奋的公马，虽然性欲十分旺盛，阴茎充血勃起，迫切需要交配，但由于生殖道痉挛性收缩，往往经过多次交配仍然不能射精。此外，假阴道如果压力不够、温度过高或过低、采精时操作错误或粗暴等，均可直接影响公马的正常射精。

（5）精液品质不良 是指公畜射出的精液达不到使母畜受精所要求的标准，主要表现为射精量少，无精子、死精子、精子畸形和活力不强等。此外，精液中带有脓液、血液和尿液等，也是精液品质不良的表现。

（6）染色体畸变 染色体发生 1/29 罗伯逊易位是引起不育较常见的遗传疾病，可引起公畜无精。此外，染色体嵌合、镶嵌，常染色体继发性收缩等，均可引起公畜不育。

2. 营养性繁殖障碍

饲养水平能影响公畜的发育及初情期的到来，长时间营养不良能对公畜生理造成极大损害。一岁内公猪饲养不足，身体大小、睾丸重量和产生精子的功能都会受到抑制。维生素 A 缺乏，降低公畜性欲。

3. 生殖器官炎症

（1）睾丸炎及附睾炎 本病多来自于外伤或病原微生物感染所引起。临床上可见阴囊红肿、增大，运动谨慎小心，局部温度升高。引起牛睾丸炎的细菌主要有布氏杆菌、化脓性球菌，结核病菌和牛放线菌；引起猪睾丸炎的病原菌主要为布氏杆菌；引起羊睾丸炎的主要病原菌为布氏杆菌、化脓性球菌等。

（2）外生殖道炎症 外生殖道炎症包括阴囊炎、阴囊积水、前列腺炎、精囊腺炎、尿道球腺炎和包皮炎等。阴囊炎和睾丸炎可导致不育。

阴囊积水多发生于年龄较大的公马和公驴，外观上可见阴囊肿大、紧张、发亮，但无炎性症状，触诊时可明显地感到有液体波动，随时间的延长往往伴有睾丸萎缩、精液品质下降。

前列腺炎在农畜中发病率较低，但在犬中常见，易引起排尿困难，会阴痛等症状。

精囊腺炎多为尿道炎继发，较常见于公马和公牛。急性的可出现全身性症状，如走动时步履谨慎，排粪时有疼痛感并频繁作排尿姿势。直肠检查时可发现精囊腺显著增大，有波动感。慢性的则腺壁变厚。炎性分泌物在射精时混入精液内，使精液的颜色呈现混浊黄色，或含有脓液，并常有臭味，精子全部死亡。

包皮炎可发生于各种动物。在马常常由于包皮垢引起，在猪则由于包皮憩室的分泌物所引起，牛和羊多由于包皮腔中的分泌物腐败分解造成。其临床表现为包皮及阴茎的游离端水肿，疼痛，溃疡甚至坏死。包皮炎虽然对精液品质无影响，但严重影响交配行为及采精。

4. 免疫性繁殖障碍

引起公畜繁殖障碍的免疫性因素使精子易发生凝集反应。哺乳动物的精子至少含有三种或四种与精子特异性有关的抗原。在病理情况下，精子抗原进入血液与免疫系统接触，便可引起自身免疫反应，即产生可与精子发生免疫凝集反应的物质，引起精子相互凝集而阻碍受精，使受精率降低。

（二）母畜繁殖障碍

1. 功能性繁殖障碍

（1）生殖器官发育不全和畸形　母畜生殖器官发育不全主要表现为卵巢和生殖道体积较小，功能较弱或无生殖功能。如正常牛的卵巢直径可达1～2cm以上，而卵巢发育不全的牛卵巢直径小于1cm；正常母猪的卵巢重量可达5g，而发育不全的卵巢重量不到3g，即使有卵泡存在其直径也不超过2～3mm。幼稚型动物的生殖器官常常发育不全，即使到达配种年龄也无发情表现，偶有发情，但屡配不孕。

（2）雌雄间性　又称两性畸形，指同时具有雌雄两性的部分生殖器官的个体。

如果两性的生殖腺一侧为睾丸，另一侧为卵巢，或者两侧均为卵巢和睾丸的混合体即卵睾体，这种现象称为真两性畸形。真两性畸形在猪和山羊中比较多见，而牛和马极少发生。性畸形的睾丸通常位于腹股沟皮下或腹腔内，无生精功能。

性腺为某一性别，而生殖道属于另一种性别的两性畸形，称为假两性畸形。如雄性假两性畸形性腺均为睾丸，但生殖道像雌性，即无阴茎而有阴门。雌性假两性畸形有卵巢和输卵管畸形以及肥大的阴茎，但无阴门。

（3）异性孪生母犊　异性孪生母犊中约有95％患不育症，主要表现为不发情、体型较大、阴门狭小、阴蒂较长、阴道短小、子宫角非常细、卵巢极小，乳房极不发达，常无管腔。

（4）种间杂交　种间杂交的后代往往无生殖能力。如马与驴杂交所生的后代骡子，因巢中卵原细胞极少，睾丸中精细管堵塞，不能产生精子，所以均无生殖能力。黄牛和牦牛杂交所生的后代犏牛，雌性有生殖能力，在青海省大通牛场进行自然交配的情期受胎率可达74％，但雄性无生殖能力或生殖能力降低。同样，双峰驼与单峰驼杂交所生的后代，雌性也有生殖能力。

2. 免疫性繁殖障碍

母畜因免疫性因素引起的繁殖障碍主要表现为受精障碍、早期胚胎丢失或死亡、死胎及新生死亡，引起屡配不孕、流产或幼畜成活率低。

(1) 受精障碍 精子具有免疫原性，可以刺激异体产生抗精子抗体。母畜接受多次输精后，如果在生殖道损伤或感染情况下，精子抗原可刺激机体产生精子抗体，可与外来精子结合而阻碍精子与卵子结合，使受精困难，引起屡配不孕。

(2) 胎儿和新生儿溶血 红细胞和其他有核细胞一样，具有特征性表面抗原，即血型抗原。一个动物的红细胞进入另一个动物体内时，如果供体红细胞所带血型抗原与受体血型抗原相同时，就不会产生免疫应答反应。相反，如果供体红细胞带有受体没有的抗原，则由于天然同族抗体的存在，将迅速产生免疫，引起红细胞凝集或溶血而危及生命。在家畜中，这种免疫性溶血主要发生于骡驹，有时也发生于马驹，在仔猪和牛上偶尔也发生。

(3) 胚胎早期死亡 胎儿中的一半遗传物质对于母体来说是"异体蛋白"，均有可能刺激机体产生抗胎儿的抗体而对胎儿产生排斥反应。但在正常情况下，母体和胚胎均可以产生某些物质，如输卵管蛋白、子宫滋养层蛋白、早孕因子等，可对胎儿和母体产生免疫耐受反应，从而维持胎儿不被排斥。相反，如果这些产生免疫耐受效应的物质分泌失调，则有可能引起早期胚胎丢失或死亡。

3. 卵巢疾病

(1) 卵巢功能减退、萎缩及硬化 卵巢功能减退是由于卵巢暂时受到扰乱而处于静止状态，不出现周期性活动，故又称为卵巢静止。如果功能长久衰退，则可引起卵巢组织萎缩、硬化。治疗此病最常用的药物是 FSH、hCG、PMSG 和雌激素等；用量根据体重和病情按照制剂说明而定。

(2) 持久黄体 妊娠黄体或周期黄体超过正常时间而不消失，称持久黄体。持久黄体在组织结构和对机体的生理作用方面与妊娠黄体或周期黄体没有区别，同样可以分泌孕激素，抑制卵泡发育和发情，引起不育。此病常见于母牛，约占 20% 以上。舍饲时，运动不足、饲料单纯、缺乏矿物质及维生素等均可引起持久黄体。产乳量高的母牛的冬季易发生持久黄体。此外，子宫积水、子宫内有异物、干尸化等，都会使黄体得不到消退而成为持久黄体。前列腺素及其合成类似物对治疗持久黄体有显著的疗效，应用后大多数患畜在 3~5d 内发情，配种能受胎。

(3) 卵巢囊肿 卵巢囊肿可分为卵泡囊肿和黄体囊肿两种。

卵泡囊肿是由于发育中的卵泡上皮变性，卵泡壁变薄，有的结缔组织增生而变厚，几乎没有颗粒细胞，卵母细胞化或死亡，卵泡液增多、体积增大，但不排卵。卵泡囊肿多发生于奶牛，尤其是高产奶牛泌乳量最高的时期，猪、马、驴也可发生。卵泡囊肿最显著的临床表现是出现"慕雄狂"。

黄体囊肿是由于未排卵的卵泡壁上皮发生黄体化，或者排卵后由于某些原因而黄体化不足，在黄体内形成空腔并蓄积液体而形成。黄体囊肿与卵泡囊肿相反，患畜表现为长期的乏情。直肠检查时，牛的囊肿黄体与囊肿泡大小相近，但壁较厚而软，不那么紧张。

卵巢囊肿的治疗多采用激素疗法，治疗卵泡囊肿可用促排 2 号。而治疗黄体囊肿，可使用氯前列烯醇等药物。

4. 生殖道疾病

(1) 子宫内膜炎 子宫内膜炎是子宫黏膜慢性发炎。此病发生于各种家畜，常见于奶牛、马和驴，而且为母牛不育的主要原因之一。

子宫内膜炎有急性、慢性之分。慢性子宫内膜炎由急性转变而来。大部分为链球菌、葡萄球菌及大肠杆菌所引起。输精时消毒不严格，操作不规范，分娩、助产时不注意消毒，可将微生物带入子宫，引起子宫感染；胎衣不下或胎衣排出不完全、牛布氏杆菌病和马沙门杆菌病都可并发子宫内膜炎。此外，公畜生殖器官的炎症也可通过交配而传给母畜，发生慢性子宫内膜炎。

根据炎症的性质，可将慢性子宫内膜炎分为隐性子宫内膜炎、慢性卡他性子宫内膜炎、慢性卡他性脓性子宫内膜炎和慢性脓性子宫内膜炎四种。

（2）子宫积水　慢性卡他性子宫炎发生后，如果子宫颈管黏膜肿胀而阻塞子宫颈口，以致宫腔内炎症产物不能排出，使子宫内积有大量棕黄色、红褐色或灰白色稀薄或稍稠的液体，称为子宫积水。此病在各种家畜都可见到，以牛较多见。患有子宫积水的母畜往往长期不发情，除了子宫颈完全不通时不排出分泌物外，往往不定期从阴道中排出分泌物。直肠检查触诊子宫时感到壁薄，有明显的波动感，两子宫角大小相等或者一角膨大，有时子宫角下垂无收缩反应，卵巢上有时有黄体。阴道检查时有时可见到子宫颈腹部轻度发炎。

（3）子宫蓄脓　又称子宫积脓，是指子宫内积有大量脓性分泌物，子宫颈管黏膜肿胀，或黏膜粘连形成隔膜，使脓液不能排出，积蓄在子宫内。此病常见于牛，马属动物较少见，主要由化脓性子宫内膜炎引起。

5. 产科疾病

（1）流产　母畜在妊娠期满之前排出胚胎或胎儿的病理现象称为流产。流产的表现形式有早产和死产两种。隐性流产的发病率很高，猪、马、牛、羊均易发生，在马有时可达30%～20%，在牛有时可达40%～50%。对于卵巢功能正常的母畜，如果配种后一个情期未发情，说明已妊娠；如果在配种后第二情期才开始发情，表明发生隐性流产。猪的隐性流产可能是全部流产，也可能是部分流产。

流产时，大部分家畜由阴道排出胚胎或胎儿和胎盘及羊水等，但也有一些家畜流产实际已经发生，而从外表看不出流产症状，即排出物中见不到胚胎或胎儿。除上述隐性流产见不到胚胎外，胎儿干尸化、胎儿半干尸化或胎儿浸溶时也不排出胎儿，这种流产又称为延期流产。

引起流产的原因很多，生殖内分泌功能紊乱和感染某些病原微生物，是引起早期流产的主要原因；管理不善，如过度拥挤、跌倒、跳踢、外伤等，是引起后期流产的主要原因。通常，人们习惯于将由传染性疾病、寄生虫和非传染性疾病引起的流产，分别称为传染性流产、寄生虫性流产和普通流产三类。每类流产又可分为自发性流产和症状性流产两种。自发性流产是指胎儿和胎盘之间的联系受到影响时发生的流产；症状性流产是指妊娠母畜在某些疾病的影响下出现的症状，或者是饲养管理不当引起的流产。由生殖器官疾病或生殖内分泌激素紊乱引起的流产，每次发生于妊娠一定时期，故又称为习惯性流产或滑胎。

如果流产时动物出现类似分娩的征兆，即临床上出现腹痛、起卧不安、呼吸脉搏加快等现象，称为先兆性流产。发生先兆性流产时，如果阴道检查未见子宫颈开张，子宫颈黏液栓塞尚未流出，直肠检查发现胎儿还活着，则可应用抑制子宫收缩（孕激素类）或镇静（溴剂、氯丙嗪等）的药物进行治疗。

（2）难产　是指母畜分娩超出正常持续时间的现象。根据引起难产的原因，可将难产分为产力性、产道性和胎儿性三种。前两种由于母体原因引起，后一种由于胎儿原因引起。

难产的发病率与家畜种类、品种、年龄、饲养管理水平等因素有关，一般以胎儿性难产发生率较高，约占难产总数的80%。母体原因引起的难产较少发生，约占20%。夏洛来牛由于胎儿体型较大易发生产道性难产，难产率较高（30%～10%），一般牛群在2%～10%。初产母畜的难产率高于经产母畜。

（3）胎盘滞留　母畜分娩后胎盘（胎衣）在正常时间内不排出体外，称为胎盘滞留或胎衣不下。各种家畜在分娩后，如果胎衣在以下时间内不排出体外（马1.5h，猪1h，羊

4h，牛12h），则可认为发生胎衣不下。各种家畜都可发生胎衣不下，相比之下以牛最多，尤其在饲养水平较低或生双胎的情况下，发生率最高。奶牛胎衣不下的发病率，一般在10%左右。猪和马的胎盘为上皮绒毛膜型胎盘，胎儿胎盘与母体胎盘联系不如牛、羊的子叶型胎盘牢固，所以胎衣不下发生率较低。

除饲养水平低可引起胎衣不下外，流产、早产、难产、子宫捻转都能在产出或取出胎儿后由于子宫收缩乏力而引起胎衣不下。此外，胎盘发生炎症、结缔组织增生，使胎儿胎盘与母体胎盘发生粘连，易引起产后胎衣不下。

胎衣不下有部分和全部不下之分。发生胎衣全部不下时，胎儿胎盘的大部分仍与子宫黏膜连接，仅见一部分胎膜悬挂于阴门之外。

（三）引起繁殖障碍的因素

1. 先天性疾病因素

公畜的隐睾症、睾丸发育不良、阴囊疝和生殖器官先天性畸形等遗传疾病，均可引起雄性不育和雌性不孕，造成繁殖障碍。

2. 饲养管理因素

（1）营养水平　营养水平过低，导致家畜生长发育不良，可使初情期延迟，公畜精液品质降低，母畜乏情或配种后胚胎发生早期死亡。此外，母畜营养不良时，胎衣不下、难产等产科疾病的发病率增高，泌乳力下降，仔畜成活率低。营养水平过高也可引起繁殖障碍，主要表现为性欲降低、交配困难。此外，母畜如果膘情过肥，使胚胎死亡率增高、护仔性减弱、仔畜成活率降低。营养水平与家畜生殖有直接和间接两种关系。直接作用可引起性细胞发育受阻和胚胎死亡等；间接作用通过影响家畜的生殖内分泌活动而影响生殖活动。

饲草和饲料中的维生素和矿物质元素等营养物质对动物生殖活动有直接作用。例如，维生素A和维生素E对于提高精液品质、降低胚胎死亡率有直接作用；矿物质元素碘、锌和硒等缺乏时，精子发生和胚胎发育等均受影响。

（2）饲料中的有毒有害物质　某些饲料本身存在对生殖有毒性作用的物质，如大部分豆科植物和部分葛科植物中存在植物激素，主要为植物雌激素，对公畜的性欲和精液品质都有不良影响，造成配种受胎率下降，对母畜引起卵泡囊肿、持续发情和流产等；棉籽饼中含有的棉酚，对精子的毒性作用很强，并可引起精细管发育受阻而导致雄性不育，影响母畜卵子的受精与胚胎正常发育，可使胚胎成活率和受胎率降低。

（3）管理因素　在母畜妊娠期间如果管理不善，造成妊娠母畜跌倒、挤压、使役过度、长途运输、惊吓或饲喂冰冻的青贮饲料及饮冷水等，易导致流产。母畜分娩时，如果得不到及时护理，易发生难产和幼畜被压死、踩死或冻死等。采精或配种时，如果操作不当，易损伤公畜阴茎、造成阳痿等。发情鉴定不准、配种不适时是引起家畜繁殖障碍的重要管理原因之一。某些动物如水牛的发情表现不明显，加上水牛喜好泡在水中，更不便于观察外阴变化情况，易导致水牛发情而未及时配种；在黄牛和奶牛人工授精中，大多数配种员都已熟练掌握输精技术，但真正掌握牛的卵泡发育规律、并根据直肠触摸卵巢方法准确进行发情鉴定的配种员数量不多，这是降低配种受胎率的原因之一。

3. 环境因素

高温和高湿环境不利于精子发生和卵泡的发育及胚胎发育，对公、母畜的繁殖力均有影响。绵羊和马为季节性繁殖动物，在非繁殖季节公畜无性欲，即使用电刺激采精方法采集精液，精液中的精子数也很少。母畜在非繁殖季节卵泡不发育，处于乏情状态，卵巢静止。猪对气候环境的敏感性虽不如绵羊和马明显，但也受影响。

4. 传染病因素

生殖器官感染病原微生物是引起动物繁殖障碍的重要原因之一。母畜生殖道可成为某些病原微生物生长繁殖的场所。被感染的动物有些可表现明显的临床症状，有些则为隐性感染而不出现外观变化，但可通过自然交配传染给公畜，或在阴道检查、人工授精过程中由于操作不规范而传播给其他母畜，有些人畜共患病还可传染给人。某些疾病还可通过胎盘传播给胎儿（垂直感染），引起胎儿死亡或传播给后代。此外，感染的孕畜流产或分娩时，病原微生物可随胎儿、胎水、胎膜及阴道分泌物排出体外，造成传播。公畜感染后能寄生于包皮内或生殖器官成为带菌者。如果精液被污染，危害性更大。

三、提高繁殖力措施

（一）加强公、母畜的选育

繁殖力受遗传因素影响。虽然繁殖性状的遗传力较低，但培育具有高繁殖力特性的家畜新品种或新品系，一直受到发达国家的重视，尤其在蛋禽、肉畜和毛用家畜育种中，现已培育了许多繁殖力高的新品种或新品系。例如，美国、英国、法国、意大利等国从我国引进太湖猪的主要目的，是用于改良当地猪种的繁殖性能。我国地方畜禽品种如湖羊、太湖猪、四季鹅、小尾寒羊等的繁殖力高，与当地长期以来在选种选育过程中十分重视繁殖性能有关。公畜精液品质和受精能力与其遗传性能密切相关；母畜的排卵率和胚胎存活力与品种有关。

因此，在公母畜选育中，要将繁殖力作为育种指标进行考虑；并及时淘汰具有遗传缺陷的种畜。如异性孪生的母犊应及时进行淘汰。

（二）加强饲养管理

1. 保证营养供应

营养缺乏、能量不足以及饲料配合不合理是造成母畜不育的重要原因之一。如果营养不良，又使役繁重，母畜瘦弱，生殖功能就会受到抑制。饲料过多且营养成分单纯，缺乏运动，可使母畜过肥，也不易受孕。如长期饲喂过多的蛋白质、脂肪或碳水化合物饲料时，可使卵巢内脂肪沉积，卵泡发生脂肪变性，这样的母畜临床上不表现发情。直肠检查发现卵巢体积缩小，没有卵泡或黄体，有的子宫颈缩小、松软。

2. 防止饲草饲料中有害物质中毒

棉籽饼中含有的棉酚和菜籽饼中含有的硫代葡萄糖苷素，不仅影响公畜精液品质，还可影响母畜受胎、胚胎发育和胎儿的成活等；豆科牧草和葛科牧草中存在的雌激素，既可影响公畜的性欲和精液品质，又可干扰母畜的发情周期，还可引起流产等。因此，在种畜的饲养中应尽量避免使用或少用这类饲草和饲料。此外，饲料生产、加工和贮存过程也有可能污染或产生某些有毒有害物质。如饲草饲料生产过程中可能残留或污染农药、化学除草剂、兽药以及寄生虫卵等，加工和贮存过程中有可能发生霉变，产生诸如黄曲霉菌毒素类的生物毒性物质。这些物质对精子生成、卵子和胚胎发育均有影响。

3. 保证维生素和微量元素充足

长期大量饲喂青贮饲料，可引起慢性中毒；饲料中维生素 A 不足或缺乏，可使子宫内膜上皮角质化，影响胚胎附植；B 族维生素缺乏时，发情周期失调，生殖腺变性；维生素 E 缺乏时，母畜受胎率下降，胚胎易被吸收，胎盘坏死及死胎等；维生素 D 缺乏，影响钙、磷代谢，间接引起不育；饲料中缺钙、磷时，可使卵巢功能受到影响，卵泡生长和成熟受阻，青年母畜性成熟延迟，成年母畜出现安静发情或不排卵，还能导致胎儿畸形、死胎、幼畜成活率降低等。

4. 强化环境控制

天气寒冷，加之营养不良，母畜就会停止发情或出现安静发情；而天气炎热，受胎率也会下降。长途运输，环境突然改变等应激反应，使生殖功能受到抑制，造成暂时性不孕。所以不论是种畜场还是生产场，对场址的选择和畜舍建筑除应充分考虑有利于环境控制外，还应注意夏季防暑降温、冬季防寒保暖。在种畜场（包括运动场）多栽种一些落叶乔木，除了美化环境外，还具有遮荫降温和减轻风沙的作用。在高温夏季进行喷水降温，在寒冷季节用塑料薄膜覆盖畜舍（即温室养畜）等，是防暑降温、控制环境的有效措施之一。另外，应尽量减小运输、气温、饲养条件改变、过度使役等应激反应。

（三）提升繁殖管理水平

1. 提高种公畜的繁殖功能

将公畜与母畜分群饲养，采用正确的调教方法和异性刺激等手段，均可增强种公畜的性欲，提高种公畜的交配能力。对于性功能障碍的公畜可用雄激素进行调整，对于长时间调整得不到恢复和提高的公畜予以淘汰。加强饲养和合理使用种公畜，是提高公畜精液品质的重要措施。在自然交配条件下，公畜的比例如果失调，或者母畜发情过分集中，易引起种公畜因使用过频而降低精液品质。这种现象在经济不发达地区经常发生，常常使一头种公畜在同一天或同一时期内配种多头母畜，导致母畜受胎率降低。此外，因饲喂含有毒有害物质或被污染、发霉的饲草饲料，或长期缺乏维生素和微量元素而引起公畜精液品质降低的现象在生产中也常有发生。

2. 提高母畜受配率和受胎率

（1）维持母畜在初情期后正常发情排卵 一些家畜生长速度虽然很快，但在体重达到或超过初情期体重后仍无发情表现，即初情期延迟。从国外引进的猪种易发生初情期延迟，防治的办法是定期用公猪诱导发情，必要时可用促性腺激素、雌激素或三合激素进行诱导发情。

（2）缩短产后第一次发情间隔 诱导母畜在哺乳或断奶期后正常发情排卵，对于提高受配率、缩短产仔间隔或繁殖周期具有重要意义。在正常情况下，马、驴、牛、羊等家畜在哺乳期均可发情排卵，猪一般在断奶后一周左右发情排卵（部分太湖猪在哺乳期也可发情排卵），如果发情时子宫已基本复原（马例外）便可配种。但在某些情况下，一些母畜在产后2～3个月仍无发情表现，因而延长产仔间隔，降低繁殖力。

（3）提高情期受胎率 适时配种正确的发情鉴定结果是确保适时配种或输精的依据，适时配种是提高受胎率的关键。在马、牛、驴等大家畜的发情鉴定中，目前准确性最高的方法是通过直肠触摸卵巢上的卵泡发育情况，在小家畜则用公畜结扎输精管的方法进行试情效果最佳。此外，同时结合应用酶免疫测定技术测定乳汁、血液或尿液中的雌激素或孕酮水平，进行发情鉴定的准确性也很高，而且操作方便，结果判断客观。

（4）运用人工授精技术进行配种时，常常容易忽视的问题主要是在精液解冻或输精器清洗消毒过程中的细节问题，致使精液的渗透压发生改变。

（5）治疗屡配不孕 屡配不孕是引起母畜情期受胎率降低的主要原因。造成屡配不孕的因素很多，其中最主要的因素是子宫内膜炎和异常排卵。而胎衣不下是引起子宫内膜炎的主要原因。因此，从母畜分娩时起就应十分重视产科疾病和生殖道疾病的预防，同时要加强产后护理，对于提高情期受胎率具有重要意义。

（6）降低早期胚胎丢失和死亡率 胚胎丢失或死亡的发生率与家畜的品种、母畜年龄、饲养管理和环境条件以及胚胎移植的技术水平等因素有关。正常配种或人工授精条件下，使情期受胎率降低的主要原因是早期胚胎丢失或死亡。通常，胚胎在附植前后容易发生丢失或死亡。其中牛、羊的胚胎死亡率最高可达40％～60％，一般在10％～30％；猪的胚胎死亡率最高可达30％～40％，一般在10％～20％。因此，如何降低早期胚胎丢失或死亡率是提高母畜繁殖率的又一重要措施。

3. 加强对繁殖场的规范化管理

繁殖场需持有经主管部门认可的种畜经营许可证。场舍建设与饲养管理应符合种畜的生产和防疫的要求，建立和健全公、母畜的系谱与繁殖性能档案，按照品种的标准严格进行选育和遗传品质鉴定，对遗传与繁殖性能低下者严格淘汰，对技术人员进行专业化操作程序的规范化培训与管理。

（四）合理应用繁殖新技术

随着超低温生物技术的发展，该技术在提高种公畜利用率方面所起的作用更大。目前，人工授精技术在牛、猪、羊的生产中推广应用比较普及，尤其在奶牛和黄牛生产中，冷冻精液人工授精技术得到迅速地普及和发展。

提高母畜繁殖利用率的技术主要有发情控制技术、超数排卵和胚胎移植技术（即MOET技术）、胚胎分割技术、卵母细胞体外培养、体外成熟技术和体外受精技术、母牛孪生技术等。这些技术目前已研究成功，并在一定范围内得到推广应用。

（五）控制繁殖疾病

控制公畜繁殖疾病的主要目的是通过预防和治疗公畜繁殖疾病，提高种公畜的交配能力和精液品质，最终提高母畜的配种受胎率和繁殖率。

母畜繁殖疾病主要有卵巢疾病、生殖道疾病、产科疾病三大类。卵巢疾病主要通过影响发情排卵而影响受配率和配种受胎率，某些疾病也可引起胚胎死亡或并发产科疾病；生殖道疾病主要影响胚胎的发育与成活，其中一些还可引起卵巢疾病；产科疾病轻则诱发生殖道疾病和卵巢疾病，重则引起母体和幼畜死亡。

繁殖疾病除了由上述直接因素控制外，还与下列常发的传染病与寄生虫病有相应关系。如布氏杆菌病、钩端螺旋体、弧菌病、成年牛病毒性腹泻及毛滴虫病等，皆可引起妊娠母畜早期胚胎的丢失、死亡及不同发育阶段胎儿的流产。

四、拓展资源

1. 许美解，李刚. 动物繁殖技术. 北京：化学工业出版社，2009.
2. 张忠诚. 家畜繁殖学. 北京：中国农业出版社，2006.
3. 桑润滋. 动物繁殖生物技术. 北京：中国农业出版社，2001.
4. 耿明杰. 畜禽繁殖与改良. 北京：中国农业出版社，2006.
5. 《畜禽繁育》网络课程：http://portal. lnnzy. cn/kczx/xuqinfanyu/index. html.

➢ 工作页

子任务 8-2　畜牧场繁殖综合管理措施资讯单见《学生实践技能训练工作手册》。
子任务 8-2　畜牧场繁殖综合管理措施记录单见《学生实践技能训练工作手册》。

参 考 文 献

[1] 许美解，李刚. 动物繁殖技术. 北京：化学工业出版社，2009.

[2] 张忠诚. 家畜繁殖学. 北京：中国农业出版社，2006.

[3] 桑润滋. 动物繁殖生物技术. 北京：中国农业出版社，2001.

[4] 耿明杰. 畜禽繁殖与改良. 北京：中国农业出版社，2006.

[5] 杨利国，张家宝. 动物繁殖学. 长春：吉林科学技术出版社，2003.

[6] 张周. 家畜繁殖. 北京：中国农业出版社，2001.

[7] 欧阳叙向. 家畜遗传育种. 北京：中国农业出版社，2001.

[8] 张沅. 家畜育种学. 北京：中国农业出版社，2001.

[9] 赵寿元. 现代遗传学. 北京：高等教育出版社，2001.

[10] 徐崇任. 动物生物学. 北京：高等教育出版社，2000.

[11] 朱兴贵等. 畜禽繁育技术. 北京：中国轻工业出版社，2012.

[12] 徐相亭等. 动物繁殖技术. 第2版. 北京：中国农业大学出版社，2011.

[13] 徐英. 李石友. 家禽生产技术. 北京：化学工业出版社，2015.

[14] 符彦君. 有机畜禽高效养殖技术宝典. 北京：化学工业出版社，2014.

畜禽繁育课程

学生实践技能训练工作手册

子任务 1-1　性状的遗传基础资讯单

姓　名			
班　级		组　别	

1. 细胞的结构主要有哪些？简要说明主要细胞器的基本功能。

2. 染色体的基本结构有哪些？染色体是如何实现高度压缩的？

3. 染色体的形态特点有哪些？进行核型分析的意义是什么？

4. 遗传物质的基本标准是什么？为什么说 DNA 是遗传信息的载体？

5. 中心法则的内容是什么？有何生物学意义？

子任务 1-1　性状的遗传基础记录单

时间：	地点：

小组成员

实施计划

计划名称：

需要物品：

操作步骤设计：

讨论建议：

实
施
结
果

　细胞结构：

　染色体结构：

　遗传物质：

　中心法则：

　结论：

操作情况评价

现场操作评价：
（指导教师）

完成效果综合评价：
（指导教师）

子任务 1-2　性状的表达方式资讯单

姓　名			
班　级		组　别	

1. 举例说明分离现象是什么,如何鉴别杂合子?

2. 举例说明自由组合现象,为什么生物的性状众多?

3. 举例说明连锁与互换现象是什么,二者有何区别?

4. 基因互作的形式有哪些？如何区别自由组合与基因互换现象？

5. 遗传定律的基本内容有哪些？有何新发展？

子任务 1-2 性状的表达方式记录单

时间：	地点：

小组成员

实施计划

计划名称：

需要物品：

操作步骤设计：

讨论建议：

实
施
结
果
　　分离现象：

　　自由组合现象：

　　连锁现象：

　　互换现象：

　　结论：

操作情况评价

现场操作评价：
（指导教师）

完成效果综合评价：
（指导教师）

子任务 1-3 性别的决定方式资讯单

姓　名			
班　级		组　别	

1. 举例说明影响性别发育的因素有哪些,如何控制?

2. 举例说明伴性遗传在动物育种上有何意义。

3. 举例说明为什么某些疾病雄性的发病率明显高于雌性。

4. 在山羊养殖中,如何降低中间性山羊的比例?

5. 为什么异卵双生的母牛不能作为种用? 有何危害?

子任务 1-3　性别的决定方式记录单

时间：	地点：

小组成员

实施计划

计划名称：

需要物品：

操作步骤设计：

讨论建议：

实施结果	性别决定方式：
	伴性遗传现象：
	自由马丁的危害：
	中间性山羊：
	结论：

操作情况评价

现场操作评价：
（指导教师）

完成效果综合评价：
（指导教师）

12

子任务 1-4　性状的变异现象资讯单

姓　名			
班　级		组　别	

1. 举例说明变异现象是什么,是否所有变异都可以遗传给后代?

2. 举例说明基因突变现象是什么,在家畜育种上有何意义?

3. 举例说明染色体变异现象,在家畜育种上有何意义?

4. 如何及时发现个体的变异现象？如何加强和控制生物的变异方向？

5. 影响基因突变的因素有哪些？如何提高基因突变的频率？

子任务 1-4　性状的变异现象记录单

时间：	地点：

小组成员

实施计划

计划名称：

需要物品：

操作步骤设计：

讨论建议：

<table>
<tr><td rowspan="5">实
施
结
果</td><td>染色体数目变异：</td></tr>
<tr><td>染色体结构变异：</td></tr>
<tr><td>基因突变：</td></tr>
<tr><td>变异的利与害：</td></tr>
<tr><td>结论：</td></tr>
</table>

操作情况评价

现场操作评价：
（指导教师）

完成效果综合评价：
（指导教师）

16

子任务 1-5　群体遗传的特征资讯单

姓　名			
班　级		组　别	

1. 举例说明人工选择如何影响群体遗传结构变化的。

2. 保种时要求有一定的样本含量,举例说明小样本保种时有什么弊端。

3. 结合实例,说明随机交配与自然交配存在哪些异同点。

4. 哈代-温伯格定律的要点是什么,该定律实现的前提条件是什么?

5. 简述影响群体遗传结构的因素,如何保持群体结构恒定不变?

子任务 1-5 群体遗传的特征记录单

时间：	地点：

小组成员

实施计划

计划名称：

需要物品：

操作步骤设计：

讨论建议：

实
施
结
果

基因频率分析：

基因型频率分析：

基因平衡定律：

影响基因平衡的因素：

结论：

操作情况评价

现场操作评价：
（指导教师）

完成效果综合评价：
（指导教师）

子任务 1-6　性状的研究方法资讯单

姓　名			
班　级		组　别	

1. 举例说明畜禽常见的质量性状和数量性状,二者之间有何异同点?

2. 为何家畜优良性状的选择效果随着代数的增加而变得不明显?

3. 影响选择效果的因素有哪些? 如何提高数量性状的选择反应?

4. 两个优秀个体的后代未必更优秀,如何解释这种现象?

5. 为何在优良环境中选育出的优秀个体在较差条件下的表现却不如原条件下较差的个体?

子任务 1-6　性状的研究方法记录单

时间：	地点：

小组成员

实施计划

计划名称：

需要物品：

操作步骤设计：

讨论建议：

实
施
结
果
　　畜禽常用质量性状：

　　畜禽主要数量性状：

　　三大遗传参数：

　　数量性状的研究方法：

　　结论：

操作情况评价

现场操作评价：
（指导教师）

完成效果综合评价：
（指导教师）

24

子任务 2-1 品种识别资讯单

班　级		姓　名		组　别	
小组成员					

1. 畜禽品种应满足的条件有哪些？

2. 我国畜禽品种资源现状如何？

3. 如何识别主要畜禽品种？

4. 我国五大黄牛品种都有哪些?

5. 我国主要猪品种都有哪些?

子任务 2-1　品种识别记录单

时间：	地点：

小组成员

实施计划

计划名称：

需要物品：

操作步骤设计：

讨论建议：

实
施
结
果

　　血统来源：

　　产地分布：

　　外形特征：

　　生产性能：

　　结论：

操作情况评价

现场操作评价：
（指导教师）

完成效果综合评价：
（指导教师）

班　级		姓　名		组　别	
小组成员					

1. 什么是系谱？系谱的种类有哪些？

2. 如何编制横式系谱和竖式系谱？

3. 畜群系谱如何编制？

4. 如何进行系谱审查?

5. 简述结构式系谱和箭头式系谱转换方法。

子任务 2-2 系谱审查记录单

时间：	地点：

小组成员

实施计划

计划名称：

需要物品：

操作步骤设计：

讨论建议：

实
施
结
果

操作情况评价

现场操作评价：
（指导教师）

完成效果综合评价：
（指导教师）

子任务 2-3 外形鉴定资讯单

班　级		姓　名		组　别	
小组成员					

1. 生长发育的计算方法有哪些?

2. 外形鉴定的注意事项有哪些?

3. 常用体尺都有哪些? 请列出估测体重的公式。

4. 简述肉眼鉴定的方法及注意事项。

5. 体尺测量的注意事项有哪些？

子任务 2-3　外形鉴定记录单

时间：	地点：

小组成员

实施计划

计划名称：

需要物品：

操作步骤设计：

讨论建议：

实

施

结

果

操作情况评价

现场操作评价：
（指导教师）

完成效果综合评价：
（指导教师）

<h1>子任务 2-4 生产性能测定资讯单</h1>

班　级		姓　名		组　别	
小组成员					

1. 畜禽生产性能的种类都有哪些？

2. 测定畜禽生产性能时应注意哪些问题？

3. 选择畜禽测定性状时应注意哪些问题？

4. 产肉性能和产奶性能的具体指标都有哪些？

5. 如何分析畜禽生产性能测定结果？

子任务 2-4 生产性能测定记录单

时间：　　　　　　　　　　　　　　　　　　　　　地点：

小组成员

畜种：　　　　　　　　　　　　　　　　　　　年龄：

体况初步评价：

实施计划

方法名称：

需要物品：

操作步骤设计：

讨论建议：

实
施
结
果

操作情况评价

现场操作评价：
（指导教师）

完成效果综合评价：
（指导教师）

子任务 2-5 种畜选择资讯单

班　级		姓　名		组　别	
小组成员					

1. 简述后裔鉴定的优点和缺点。

2. 简述同胞鉴定的优点和缺点。

3. 种畜的单性状选择方法都有哪些？请分析各种方法的特点。

4. 种畜的多性状选择方法都有哪些？请分析各种方法的特点。

5. 简述育种值估计的方法及步骤。

子任务 2-5　种畜选择记录单

时间：	地点：
小组成员	

畜种：　　　　　　　　　　　　　　　年龄：

体况初步评价：

实施计划

计划名称：

需要物品：

操作步骤设计：

讨论建议：

实
施
结
果

操作情况评价

现场操作评价：
（指导教师）

完成效果综合评价：
（指导教师）

子任务 3-1　选配方案的制订资讯单

班　级		姓　名		组　别	
小组成员					

1. 简述选配的基本原则。

2. 简述如何制订选配计划。

3. 制订选配计划时应注意哪些事项？

4. 选配实施之前都有哪些准备工作？

子任务 3-1　选配方案的制订记录单

时间：	地点：

小组成员

实施计划

计划名称：

需要物品：

操作步骤设计：

讨论建议：

实
施
结
果

操作情况评价

现场操作评价：
（指导教师）

完成效果综合评价：
（指导教师）

子任务 3-2　选配方案的确定资讯单

班　级		姓　名		组　别	
小组成员					

1. 选配的作用是什么？选配分为哪几种类型？

2. 品质选配和亲缘选配有何不同？制作表格对比各种选配方法。

3. 简述近交系数和亲缘系数不同点。

4. 近交系数如何计算？今有两个由 100 只母鸡和 10 只公鸡组成的鸡群,分别采用随机留种法和各家系等数留种法,要求计算出各自的群体有效含量和近交速率,然后加以比较和文字说明。

5. 分析近交衰退的原因并提出应采取的方法。

6. 今有一保种核心群,拟选集 100 只优秀母羊,每代近交增量控制在 1% 左右,试问需要多少只公羊和采用何种方式,才能使群体有效含量保持为 100 头? 如采用随机留种法,公羊需增加到多少只?

子任务 3-2　选配方案的确定记录单

时间：	地点：

小组成员

实施计划

计划名称：

需要物品：

操作步骤设计：

讨论建议：

实
施
结
果

操作情况评价

现场操作评价：
（指导教师）

完成效果综合评价：
（指导教师）

子任务 3-3 选配效果的评价资讯单

班　级		姓　名		组　别	
小组成员					

1. 为了提高地方品种猪的产肉性能，需要引进种猪。请制定出引种方案。

2. 某猪场欲建立一条年产 1 万头商品肥猪的生产线，请根据以下资料，通过杂种优势分析，设计该生产线的纯种生产和杂交生产的繁育体系，并作出经济分析。

3. 引入杂交和级进杂交有何区别？

4. 简述常用的杂交方式。

5. 选择杂交亲本时应考虑哪些问题?

6. 欲建庄河大骨鸡快慢羽雌雄自别品系,请制定出建系方案及步骤。

子任务 3-3 选配效果的评价记录单

时间：	地点：

小组成员

实施计划

计划名称：

需要物品：

操作步骤设计：

讨论建议：

实
施
结
果

操作情况评价

现场操作评价：
（指导教师）

完成效果综合评价：
（指导教师）

子任务 4　发情鉴定的资讯单

姓　　名			
班　　级		组　　别	

1. 家畜发情阶段怎么划分？每个阶段呈现什么样的特征？

2. 家畜的发情是怎么被调控的？其原理是什么？

3. 以牛和猪为代表,说明发情鉴定操作需要做哪些准备,操作的要点有哪些?

4. 对于一个畜群,如何对其发情状态是否正常和发情效果进行评价?

子任务 4　发情鉴定记录单

时间：	地点：

小组成员

畜种：　　　　　　　　　　　　　　　年龄：

体况初步评价：

发情鉴定实施计划

发情鉴定方法名称：

需要物品：

操作步骤设计：

讨论建议：

实
施
结
果

发情阶段：

发情表现：

操作情况评价

现场操作评价：
（指导教师）

完成效果综合评价：
（指导教师）

子任务 5-1 采精资讯单

姓　名			
班　级		组　别	

1. 公畜的主要生殖器官包括哪些？它们有哪些机能？

2. 公畜到达可供采精的阶段要经历哪些变化？如何进行判断？

3. 采精前应该做哪些准备？

4. 采精的方法都有哪些?

5. 采精过程中应该采集哪部分? 对于所获精液应该注意哪些问题?

子任务 5-1　采精记录单

时间：	地点：

小组成员

畜种：　　　　　　　　　　　　　　　　　年龄：

体况初步评价：

采精实施计划

采精方法名称：

需要物品：

操作步骤设计：

讨论建议：

实施结果

精液量：_____；精液颜色：_____；

精液气味：_____；其他：_____。

操作情况评价

现场操作自我检查：

精液质量评价：
（下一任务中进行）

完成效果综合评价：
（指导教师）

子任务 5-2　精液品质检查资讯单

姓　名			
班　级		组　别	

1. 精液评价的指标有哪些？这些指标评价的依据是什么？

2. 根据所学知识,如何检查精液质量好坏？

3. 精液评价的程序是如何制定的?

子任务 5-2 精液品质检查记录单

时间：	地点：

小组成员

实施计划

计划名称：

需要物品：

操作步骤设计：

讨论建议：

实
施
结
果

精液量：_____；密度：_____；

活力：_____；畸形率：_____。

精液检查操作评价

现场操作自我检查：

完成效果综合评价：
（指导教师）

姓　名			
班　级		组　别	

1. 精液稀释有哪些方法？这些方法怎么操作？

2. 精液保存方式有哪些？它的实施依据是什么？

3. 不同保存方式的精液,在运输过程中应该注意哪些问题?

子任务 5-3　精液处理记录单

时间：	地点：

小组成员

实施计划

计划名称：

需要物品：

操作步骤设计：

讨论建议：

实
施
结
果

处理方式：_____

处理效果检测：_____

_____

操作情况评价

现场操作
自我评价：

完成效果综合评价：
（指导教师）

子任务 5-4 输精资讯单

姓　名			
班　级		组　别	

1. 针对不同畜种,输精的方法有哪些?

2. 输精的过程如何进行? 期间应该注意哪些问题?

3. 输精效果可以通过哪些方面进行评价？

子任务 5-4　输精记录单

时间：	地点：

小组成员

实施计划

计划名称：

需要物品：

操作步骤设计：

讨论建议：

实
施
结
果

输精对象基本信息：_____

输精方法：_____

输精时间：_____输精量：_____

操作情况评价

现场操作
自我评价：

完成效果综合评价：
（指导教师）

子任务 6-1　妊娠诊断资讯单

姓　　名			
班　　级		组　　别	

1. 妊娠母畜的生殖器官有哪些变化?

2. 母畜体在妊娠后全身有哪些变化?

3. 猪、牛、羊、狗、猫、兔的妊娠期各是多少天?

4. 写出常见家畜的预产期推算方法。

5. 妊娠诊断的基本方法有哪些?

6. 牛直肠检查法的要领是什么?

子任务 6-1　妊娠诊断记录单

时间：	地点：

小组成员

实施计划

计划名称：

需要物品：

操作步骤设计：

讨论建议：

实施结果	外部检查法：
	阴道检查法：
	直肠检查法：
	超声波诊断法：
	结论：

操作情况评价

现场操作评价：
（指导教师）

完成效果综合评价：
（指导教师）

子任务 6-2　分娩与助产资讯单

姓　名			
班　级		组　别	

1. 分娩的机理是什么？

2. 影响分娩的因素有哪些？

3. 常见家畜分娩前有哪些预兆？

4. 分娩过程分几期？

5. 怎样实施助产？

6. 说一说难产的救助原则及方法。

7. 说一说新生仔畜的护理方法。

子任务 6-2 分娩与助产记录单

时间：	地点：

小组成员

实施计划

计划名称：

需要物品：

操作步骤设计：

讨论建议：

实施结果	分娩征兆：
	难产的原因：
	实施助产方法：
	新生仔畜的护理方法：
	结论：

操作情况评价

现场操作评价：
（指导教师）

完成效果综合评价：
（指导教师）

子任务 7 胚胎移植资讯单

姓　名			
班　级		组　别	

1. 胚胎移植的概念是什么？有哪些意义？

2. 胚胎移植的生理学基础有哪些？

3. 胚胎移植遵循的基本原则有哪些?

4. 胚胎移植应遵循什么样的基本程序?

子任务 7 胚胎移植记录单

时间：	地点：

小组成员

实施计划

计划名称：

需要物品：

操作步骤设计：

讨论建议：

实
施
结
果

操作情况评价

现场操作评价：
（指导教师）

完成效果综合评价：
（指导教师）

子任务 8-1　畜牧场繁殖管理指标资讯单

姓　名			
班　级		组　别	

1. 什么是家畜的繁殖力？对于不同家畜表现的特点有什么？

2. 常用的繁殖力评价指标都有哪些？分别怎样评价？

89

3. 结合实训牧场,从管理的角度分析应该选择什么样的繁殖力评价指标?

子任务 8-1　畜牧场繁殖管理指标记录单

时间：	地点：

小组成员

实施计划

计划名称：

需要物品：

操作步骤设计：

讨论建议：

实
施
结
果

操作情况评价

现场操作评价：
（指导教师）

完成效果综合评价：
（指导教师）

姓　名			
班　级		组　别	

1. 不同家畜正常的繁殖力水平如何？

2. 影响家畜繁殖力因素有哪些？

3. 公母畜可能出现繁殖障碍的情况有哪些？

4. 结合实训牧场实际情况,试提出改进畜牧场繁殖管理的措施。

子任务 8-2 畜牧场繁殖综合管理措施记录单

时间：	地点：

小组成员

实施计划

计划名称：

需要物品：

操作步骤设计：

讨论建议：

实
施
结
果

操作情况评价

现场操作评价：
（指导教师）

完成效果综合评价：
（指导教师）